知味

味即道

中华饮食与文化十一讲

高成鸢 著

生活·讀書·新知 三联书店 生活書店出版有限公司

图书在版编目（CIP）数据

味即道 / 高成鸢著 .—北京：生活书店出版有限公司，2018.2
ISBN 978-7-80768-177-9

Ⅰ．①味… Ⅱ．①高… Ⅲ．①饮食－文化－中国
Ⅳ．① TS971

中国版本图书馆 CIP 数据核字 (2016) 第 261686 号

责任编辑　廉　勇
装帧设计　罗　洪
责任印制　常宁强
出版发行　生活書店出版有限公司
（北京市东城区美术馆东街 22 号）
邮　　编　100010
印　　刷　北京市松源印刷有限公司
版　　次　2018 年 2 月北京第 1 版
2018 年 2 月北京第 1 次印刷
开　　本　880 毫米 ×1230 毫米 1/32　印张 14.25
字　　数　310 千字　图 42 幅
印　　数　0,001–8,000 册
定　　价　45.00 元
（印装查询：010－64052612；　邮购查询：010－84010542）

前　言

三十年前“文化热”，有位青年才子写道：“不能把我一棒子打蒙的书，我不读。”对于他的厌倦平庸，我有强烈的共鸣；不过多了个想头：如果有本书能“一棒子”把人打醒，岂不更重要？人在特殊场合清醒过来，首先会想到“我是谁？从哪里来？”。我们是华人，我们比任何民族更清楚自己的由来，因为独具详备的史书。

世界公认，唯有古怪的中华文化历来没有被游牧者冲散、打断。它从远古就形成了“繁生—聚居”的“基因”。农夫天然不是游牧者的对手，我们的祖先却同化了无数游牧部族，奇妙的法宝，是人多势众、以柔克刚，还有崇尚孝道，因为老人是聚居的核心。我意外地发现，孝道兴起之前两千年间，早有完备的伦理，就是“尚齿”尊老；尽管经典对此有很多确凿的记载，但相关的研究还是一大空白。我有幸承担史学国家课题，来论证“尚齿”是中华文化的“精神本源”。在探究中我又突然想到，古怪中餐的由来跟上古尊老礼俗不可分离。

干旱的黄土地生态恶劣，人多又不挪地儿，必然导致“饥饿—灾荒”的不良循环；神农经过“茹草”而筛选出细小的草籽做“主食”，又发明了“下饭”的羹（“菜”），通过交替入口的反衬而发现“味道”。于是我受强烈兴趣的驱使，不惜背弃自己开辟的学术坦途

（曾得到季羡林先生的支持）[1]，转而探究中华文化的“物质本源”，即饮食的“歧路”。[2]不久，张岂之先生就来信为他主编的《华夏文化》约撰关于中国饮食之“道”的文章[3]，显示他对上述观点的认同。

王蒙先生认为，中华文化最突出的特色，一是汉字，一是中餐。它俩又以哪个为主？可说有大量汉字是“吃”出来的。拿常用虚字“即”“既”来看，其篆体，左边同是食具的象形；右边都是人形而方向相反：“即”是凑上前去吃，“既”是吃后背身而去。

《红楼梦》的主题是“坐吃山空”，这句成语还有惊人的后半句“立吃地陷”。老牌散文家夏丏尊说，中国人见面问吃，“两脚的爷娘不吃，四脚的眠床不吃”，都是“饿鬼投胎”。华人之吃的命运，我曾概括为“苦尽甘来”，后来发觉这个成语西文只能译成“雨过天晴”。有猎牧基因的民族没吃过草，bitter（苦）的观念来自只差一个字母的bitten（被咬）；人家更不懂为什么不苦就叫“甘”。

中华经典《礼记·礼运》断言，“礼”（大致相当于文化）始于饮食；《荀子·礼论》和《礼记·曲礼》的注释揭示，当初制礼主要是为避免因饥饿而“争饱”。跟中华文化相反，西方文化一直无视饮食，甚至羞于谈吃，觉得那会接近于动物。这是被骂为“西崽”的林语堂首先发现的。三十年前“文化研究”（Cultural Studies）学科兴起，饮食文化才借着对摇滚乐、麦当劳快餐等低俗

[1] 蔡德贵编：《季羡林书信集》，长春出版社，2010年，第121页。
[2] 高成鸢：《食·味·道：华人的饮食歧路与文化异彩》，紫禁城出版社，2011年。
[3] 高成鸢：《中国烹饪之道》，《华夏文化》，1994年第5、6期合刊。

文化的批判，从下水道进入学术殿堂。

吃在中西文化中的地位有天地之殊，而中餐、西餐的本质可说又有水、火之别（煮蒸 VS 烧烤）。这些都是怎么形成的？中华文化的种种"古怪"，相信无不有其特殊缘由，以吃为典型。循着若隐若现的踪迹仔细追寻，就会发现：中餐演进过程的漫长曲折，华人美食现象的光怪陆离，其实都可以分析为"因果关系的环环相扣"。"吃"的日常实践对华人极为重要，影响到文化的诸多方面，往往有"内在理路"（inner logic）可循。

屈原名篇《天问》提出问题 172 个，都没有答案。若借用"民以食为'天'"的老调，本书针对华人之"食"的"天问"达 200 个以上；跟《天问》不同的是，每问都给出了自圆其说的解答。此外还引出了无数惊人的发现。例如"鸡肋"成语，从《三国志》的"食之无肉"变为后世的"无味"，千古谬误没人觉察，而我借着"冤案"的侦破，讲清了华人之"味"与"食"发生"异化"、味反而成为食之代称的道理。

重要发现再举几项：甲、"道"分阴、阳，"味"合鲜、香，舌与鼻、滋味与气味两两对应，因此可说"道可道，是味道"；乙、"内向（倒流）嗅觉"的发现，这已被 2004 年诺贝尔奖项证实；丙、"鲜"味的发明（第五味觉，堪比"新大陆"的发现）；丁、数字的"万本位"（与西方的"千本位"对应）来自谷穗（每穗有小穗百个，各有百粒）；戊、从中式烹调抽象出华夏文明轴心的"水火"范畴（"水火不容"西文无法翻译，遑论"相济"）。

我对美食并无嗜好，对烹调也没有兴趣，但发表的论述颇受行家重视，以至 20 世纪 90 年代《中国烹饪》杂志（早期唯一学术园地）肯于为我开辟《饮食之道》专栏。新时期出现的"饮食文化研究”圈的同道，大多成为我的好友，他们的学生有人说“我们是读着您的书长大的”。我曾说，“全球化”倘若实现，中华文化的最后堡垒必定是中餐。但我目睹谈吃之书从横遭禁绝到严重泛滥，反而变得日渐悲观：由于全民不懂“饭菜交替”的“味道”密码，青年一代跟风外来烧烤、冷饮食俗，这甚至会危及中华文化的“老根”。

写作本书的十多年，我饱受精神磨难。文本的进程，不是以字句，而是以观点为步伐的；观点越生越多，以至“触处逢源”；为使大小观点摆布合理，不得不反复推倒重来。奇妙的心得，起先会使我自喜，不久就变为对探索对象的高度敬畏，甚至为之毛骨悚然。古人说“语不惊人死不休”，本书则是“理不惊人死不休”；古人又说“文章本天成，妙手偶得之”，对于本书中的内容，没有任何人配称“妙手”；造就此理此文的，唯有华夏文化本身，而其代价是世代的亿兆饿殍。

陈寅恪先生有名言说：学术的重大发展，“必有其新材料与新问题”。他指的是发现敦煌石窟之类，但中餐“活化石”的重要，何啻众多敦煌？从饮食入手探究中华文化的理路，显然是个大好课题，但两次“文化热”中经过“地毯式”的发掘，何以空白至今？饮食之“道”的难被发现，可能缘于其入口压在未经发掘的“暗堡”下面，就是上述的尊老课题。“双重秘宝”等待的绝不是某人的才学，而是某人的际遇。

我能碰到这个重大的综合课题，或许正缘于图书馆生涯的“务广而荒”，这是恩师黄子坚馆长（西南联大元老，人多不知其所终）对我的指斥[1]。这一弱点唯独在本课题中反而成为优长。但我深知

[1] 高成鸢：《被遗忘的大教育家黄钰生》，《社会科学论坛》，2014年第5期。

“鸟瞰百科”不足为研究之资。论学识，我不及千百学者之什一，加上当年缺少外国文献可供参考。既然在未知领域中犯难涉险，我早已做好恭迎指斥的准备。

本书还给我以特殊折磨：从始到今一直伴随着“被埋没”的恐惧。

其一，评价体制的缺乏。西方文化无视饮食，忝为全国“核心期刊”评委[1]，我最早发现并提出“饮食文化”在西来的学科体系中毫无地位。近百年前，日本学者研究“中华料理”的论文就吃过人文学刊的闭门羹，只能在英国生物化学刊物上发表。尽管公认重大创新多出于自由探索，但现行学术体制难以面对“创新幅度过大”的成果。吃，涉及自然科学等众多学科；中国的现状是“通识型”人士较少，众学者的明智态度当然是视而不见、避免置评。

其二，著者“人微言重”。尽管近年来举国上下对“国学创新”“文化强国”期待日甚，但学术“资质”的门槛也日益加高。我来自并非正统学术机构的图书馆，尽管有关尊老的专著被认定“有开拓之功”[2]，但谁让你见异思迁，自行从学界消失十多年？

为了尽量避免被埋没的命运，有效的途径只剩一条：先诉之于公众读者，形成文化热点，以待学术的发展。如今，只有“大奇之书”才有可能。浏览本书的目录或稍稍翻阅，就会看出这是奇书一本，奇在跨文化（中西比较）、跨领域（文史哲与自然科学）、跨体裁（随笔趣谈加学术引据）。

本书出版过程意外地不顺。有的延误出于我的“刁钻”，例如

[1] 《中文核心期刊要目总览》，北京大学出版社，2008年，第13页。

[2] 李岩：《近二十年来中国古代尊老养老问题研究综述》，《中国史研究动态》，2008年第5期。

我坚持恢复采用“小字夹注”的中华传统，在多家出版社被抵制，直到在香港三联书店实现。[1]在内地，大出版社由于内部的门类分工，又碍难处置“生活—学术”两栖的特殊选题。此外更遇到种种意外，年复一年的延误，使不信命运的我也想到“天秘其宝”之说。

动手写书时，我已预见到传统阅读的没落，但本书延误出版期间，纸质阅读消失之快还是大出所料。尽管如此，我仍自信“人当无不喜斯书”（紫禁城版“前言”）：无论社会风习怎么变，人的不变需求是吃。何况书中的新异道理又像文化“探案”，读来会让人觉得津津有味。

---

[1] 高成鸢：《从饥饿出发：华人饮食与文化》，香港三联书店，2012年。

目　录

第一部　食物逆境与中餐的由来

第一讲　“得天独薄”的肉食时期

第二讲　“曲径通幽”的粒食歧路

第三讲 “饭”“菜”分野与“味”的启蒙

第二部 “味道”的研究

第四讲 华人“味道”感官功能的调适

第五讲 中餐“味道”审美内涵的形成

第三部 中餐烹调与欣赏原理

第六讲 从“水火”关系分析中餐原理

第七讲　从“时空”关系分析中餐原理

第八讲 华人别有“口福”

第四部　吃与中西文化及人类文明

第九讲　“调和”与华人的人生哲学（伦理、艺术）

第十讲　饮食文化比较观

第十一讲　饮食歧路遇宝多

第一部

食物逆境与中餐的由来

第一讲

“得天独薄”的肉食时期

- 人之初与食之初
- 兽肉匮乏，渔压倒猎
- 史上被忽视的吃鸟阶段
- 龙、凤来自华夏先祖的肉食

第一节　人之初与食之初

上帝 VS 祖先：吃与文化

洋人每顿饭之前都要祷告感谢上帝，而从前的华人，收获了新粮食要首先用来给祖先的灵位献祭，让他们先品尝。

可怪得很，关于“人之初”，华人“老古董”的常识，竟比西方现代的研究成果还要大大超前。先秦古书常从会搭窝的“有巢氏”说起，例如《庄子·盗跖》《韩非子·五蠹》等篇。接下来是燧人氏、伏羲、神农，这“三皇”是人格化了的符号，代表文明进化的三个阶段：燧人氏开始用火熟食、伏羲打猎驯兽、神农种粮，统统不离一个“吃”字。

关于“吃对文化的意义”，中西的反差特大。汉语里本来没有“文化”一词，与之相当的是“礼”。前辈社会学家李安宅曾说：“‘礼’就是人类学上的‘文化’，包括物质与精神两方面。”[1]而中华经典断言，文化是来自饮食的。《礼记·礼运》：“夫礼之初，始诸饮食。”这话能叫洋人大吃一惊，西方学术至今还离这个结论很远很远。

都说洋人长于探索，可是西方文献里几乎找不到先民生活的记载。缘由何在？恐怕在于洋人笃信世间的一切都出于上帝的安

[1] 李安宅：《〈仪礼〉与〈礼记〉之社会学的研究》，四川人民出版社，1990年，第9页。

排。《圣经》说，上帝造人之前就先让世上生长出草木、牲畜。《旧约·创世记》。没有上帝的华人，相信文化来自世代祖先的积累，所以《礼记·郊特牲》说："万物本乎天，人本乎祖。"在西方，直到20世纪"文化人类学"兴起，"文化进化"的观念才开始流行。据"维基百科"，以英国泰勒的《原始文化》（1871）、美国摩尔根的《古代社会》（1877）为代表。人类学家复原出来的先民进化过程，跟中国古书的描述一模一样。他们的根据呢？除了考古发掘，只有对美洲原始部落的考察；明明说的是当代，专著的题名却是《古代社会》。

关于"人之初"，现代的共识是：非洲古猿靠摘吃果子活命，后来通过打猎吃肉而进化成人。恩格斯说从猿到人的过程中"最重要的还是肉类食物对于脑髓的影响"，打猎导致的直立，利于脑的发育。[1]西方几十年前才问世的首部《全球通史》，第二章的题目就是"人类——食物采集者"（接着是"人类——食物生产者"），其中说采集的是水果、坚果及小动物，又说火的运用大大增加了食物的来源。[2]对比中国古书记载的"昼拾橡栗，暮栖木上"（《庄子·盗跖》）、"民食果蓏蚌蛤，……有圣人作，钻燧取火，以化腥臊……"（《韩非子·五蠹》），完全不谋而合。关于吃的历史，先秦华人的知识比西方现代的要超前2500多年。至今西方也没人说过"文化始于饮食"。

人类分化成不同种族，当是出于不同地域环境的影响。转移地域为什么？八成儿为食物。食物决定文化，道理够明显，最早看出此理的却只有华人。冰河时代过后非洲变干旱了，森林消失逼着原始人转移他乡。去了欧洲的一支，遇到莽莽森林、野兽成群，吃

[1] ［德］恩格斯：《自然辩证法》，人民出版社，1971年，第155页。
[2] ［美］斯塔夫里阿诺斯：《全球通史》上册，上海社会科学院出版社，1999年。

兽肉穿毛皮，丰衣足食；辗转来到中国西北部的一支，遇上干旱的黄土地带，植被稀疏，主要是灌木、草地。关于华人始祖的环境生态，曾有长期争论，先前笔者认同“缺少森林”，是出于跟本书观点体系的高度“自洽”，待读了华裔史学家何炳棣先生的《中国文化的土生起源》[1]，内心的不安才烟消云散。何炳棣引据出土花粉化石的资料，证实黄土高原草多树少，得到美国人类学权威的赞赏，遂成铁案。

缺乏密林大兽，就没肉食可吃。大史学家汤因比（Arnold Joseph Toynbee，1889—1975）有个著名理论：生存逆境的挑战能激发人类的创造力，造就各大文明。见汤因比《历史研究》中“挑战和应战”一节。[2]生存的首要条件是食物，最大的挑战莫过于群体的饥饿。普遍认同的汤因比假说并没有史料可据，中国古书的记载则是有力的印证，但华人自己还没有正视，岂能为洋人注意力所及？

用“信仰上帝”来解释西方饮食史料的缺乏，肯定会遭到质问：古希腊时代哪有基督教？各民族的早期历史都包含着不少神话，希腊神话远比中国的发达，但众神都“不食人间烟火”。洋人得天（上帝）独厚，没有经历过饥饿的挑战，就没有关注饮食史的诱因。“饱汉不知饿汉饥”，我们岂能跟着人家假装饱汉？

为什么管洋人叫“禽兽”？

早期闯进中国的洋人惊奇地发现，自己竟然被当作禽兽看待，甚

[1]［美］何炳棣：《读史阅世六十年》，广西师范大学出版社，2009年，第408～413页。
[2]［英］汤因比：《历史研究》上册，上海人民出版社，1997年。

至“禽兽不如”。《剑桥中国晚清史》说，华人认为“西洋人实际上禽兽不如。……在书写西方国家的名称时，一般是加上兽字的偏旁（通常是犬字旁）”。[1]洋人觉得这是奇耻大辱，人家不会说“妈妈的”，一声beast（兽）就是最恶毒的詈骂。其实这里面有误会：汉语“禽兽”未必是骂人，它跟“蛮貊”一样是对异文化人群的称呼。孔颖达解释《尚书·武成》说“蛮貊”指“戎、夷”，分别为西邻、东邻部族。“蛮”属于“虫”（动物总称），“貊”是野兽。

“蛮貊”受敌视，不能怪受害者华人。定居的农人千辛万苦，盼到庄稼长成又担惊受怕，怕临近的猎（游）牧部落来抢。对方等的也是这一天，抢了粮给牛羊加“料”，好度过没有鲜草的冬季。抢掠是游牧者的本性，这是生存方式决定的，谈不到善恶，古华人对此最有认识。司马迁说匈奴人光盯着眼前利益，不懂何为礼义。《史记·匈奴列传》：“苟利所在，不知礼义。”晋代游牧民族大举南下，朝臣说他们“人面兽心”。《晋书·刘曜传》：“彼戎狄者，人面兽心，见利则弃君亲，临财则忘仁义者也。”成吉思汗有一段名言，是游牧者掠夺本性的暴露：“男子汉最大的乐趣”就是“战胜敌人，……夺取他们所有的一切；……将他们的美貌的后妃的腹部当作睡衣和垫子，……”[2]

猎牧者的抢劫真像“探囊取物”。没有像样的反抗，因为受害者绝对不是他们的对手。猎人天天骑马射箭，日常打猎就等于练武，作战时人人奋勇争先。《史记·匈奴列传》：“逐水草迁徙，……宽则随畜，因射猎禽兽为生业，急则人习战攻以侵伐，其天性也。”研究“草原文化”的学者孟驰北提出重大观点体系时说：“牧业文化是动态文化，……战争对他们来说是一种娱乐。”相反，“农业社会是静态社会”，惧怕战争。[3]可

[1] [美]费正清等编：《剑桥中国晚清史》下卷第三章，中国社会科学出版社，2006年。
[2] 余大钧：《一代天骄成吉思汗——传记与研究》，内蒙古人民出版社，2002年，第433页。
[3] 孟驰北：《草原文化与人类历史》，国际文化出版公司，1999年。

惜他的巨著《草原文化与人类历史》没有引起应有的反响。

远古的周部落可以作为最早定居务农者的代表，他们在被侵掠时的表现，能把今天的“爱国愤青”气死：毫不抵抗，反而多次送礼求饶。掠夺者是不可感化的，“惹不起躲得起”，最后只好忍痛放弃故土，首领带着部众躲往他乡。《孟子·梁惠王下》：“昔者大王居邠，狄人侵之；事之以皮币，不得免焉；事之以犬马，不得免焉；事之以珠玉，不得免焉。”于是“去邠，逾梁山，邑于岐山之下居焉”。这段历史非常重要，历来却很少引起注意。

有个事实能给洋人消消气：古代最早被称为“蛮貊”的其实也有炎黄子孙。据《史记·匈奴传》，匈奴也是“夏后氏之苗裔”，跟中原的尧帝是近亲。学界公认的“华夏”概念既不是地理的也不是血缘的，而是纯属文化的。明清之际的大学者王夫之曾宣称：黄帝以前的华夏人都是夷狄，伏羲以前的都是禽兽。《思问录·外篇》：“中国之天下，轩辕以前，其犹夷狄乎！太昊以上，其犹禽兽乎！”国学大师钱穆引古人的名言说：只要实行中国的礼仪，虽是夷狄也算中国；反之，虽是诸侯也被视为夷狄。韩愈《原道》：“诸侯用夷礼，则夷之；进于中国，则中国之。”[1]

前边说“礼”来自饮食，这里谈谈理由。王夫之说区分人兽的标准是吃，凡是吃饱了把剩下的食物扔掉的，就是禽兽。“所谓饥则呴呴，饱则弃余者，亦直立之兽而已矣。”定居务农以前的先民就是走到哪儿吃哪儿。荀子制“礼”就是为了避免争夺食物引起混乱。《荀子·礼论》：“人生而有欲，欲而不得，则不能无求。求而无度量分界，则不能不争；争则乱，乱则穷。先王恶其乱也，故制礼义以分之，……故礼者，养

[1] 钱穆：《中国文化史导论》（修订本），商务印书馆，1994年，第41页。

也。”养就是营养，英文为 nutrition，也当食物讲。这反映了先民因饥饿而争吃的历史。

年轻力壮争得多，老人只能饿死。中华文化崇尚家族聚居，老人是凝聚的核心，必须用“礼”来确保他们的寿康。笔者在“尚齿”传统的探究中发现，古书中最早的礼仪——虞舜时代的“燕礼”，就是用美食奉养部族里的高年者。[1]“尚齿”大致相当于尊老（后者偏重于青年对老年，前者按年齿递尊），是西周形成孝道以前的伦理。先民看不惯游牧民族把好肉给青壮年吃，筋骨留给没牙佬；所以孟子骂那些主张平等、不懂尊老孝亲的墨子学派是“禽兽”。《史记·匈奴列传》：“壮者食肥美，老者食其余。”《孟子·滕文公下》：“墨氏兼爱，是无父也。无父无君，是禽兽也。”凭力气抢吃的，那不跟野兽一样吗？

尽管洋人早已转为以航海经商为业，但确是游牧文化的继承者。中华文化的长期封闭使华人保持着盲目的优越感，所以到了近代还把祖先对游牧者的鄙视错加到洋人身上。

“粒食者”，华人的正式自称

古华人认为“夷狄”跟自己之本质上的不同，在于夷狄不吃颗粒状的弄熟的食物，所以称之为“不粒食者”。《礼记·王制》：“东方曰夷，被发文身，有不火食者矣；……西方曰戎，被发衣皮，有不粒食者矣；北方曰狄，衣羽毛穴居，有不粒食者矣。”“不火食者”就是生吃东西的野人。在“不粒食者”的反衬下，先民的正式自称就是“粒食者”。今天人们对“粒食”

[1] 高成鸢：《中华尊老文化探究》，中国社会科学出版社，1999年，第20页。

这个词儿已很陌生了，但它在古书里的出现却惊人地频繁。“粒食之民”常作为“老百姓”的同义词：先秦的墨子说“四海之内，粒食之民……”；《墨子·天志》。汉代的王充更从反面说“四海之外，不粒食之民”。《论衡·儒增》。翻阅《大戴礼记》，仅《用兵》《少闲》两篇中，“粒食之民”就出现七次之多。

“粒食”可以简化成“粒”，还能当动词用，表示中华农耕文化开始，就是《书经》（即《尚书》）说的“乃粒”。《尚书·益稷》：“烝民乃粒，万邦作乂。”孔颖达解释说，“乃粒”是从饥饿及吃鱼鳖改为吃米的标志，其上文有“艰食”，意为找不到食物；又有“鲜食”，意为吃鱼鳖。“粒食”包括农耕收成的粟、黍、豆等“杂粮”及南方的稻米，排除的是前农耕时期所吃的坚果及猎获的禽兽。至于平民称贵族为“肉食者”，那不过是粒食文化内部的修辞问题（贵族“食必粱肉”，粱指细粮），跟“不粒食者”没有等同关系。今天从字面上看，“粒食”也该排除“面食”，小麦磨成的面粉到汉代才从西域传来；近世，面粉、玉米面成了北方的主食，“粒食”一词不再流行，但雅语中仍旧沿用。例如明代工艺百科全书《天工开物》第一章讲农业，题目就叫“乃粒”，其中说从神农到唐尧“粒食已千年矣”。“绝粒”至今还是“不吃一点儿东西”的文雅说法。

“粒食”的本义特指粟（小米），因为在华夏文化中，粟（及黍）比稻更具有文化本源的意义。《书经》说，种粟为生的同时，中原正式进入治理状态。《尚书正义》：“人非谷不生，政由谷而就；言天下由此谷为治政之本也。”“粒食”是古华人“纯农定居”的标志，也是“礼”文化确立的基础。

只有粒食者才算人，反过来说，粒食也只能供人吃。先秦古书中有个故事，洋人听了也会吃惊：邹国君主规定，宫廷里喂鸭子必须用秕谷（不能供人吃的带壳瘪粟），秕谷用光了，还得拿好小米跟百姓家换；民间秕谷也不多，竟用两斗贵的换一斗贱的。有个官员说这太可笑了，君主便怒斥他不懂道理，说："粟米，人之上食也，奈何其以养鸟！" 汉代贾谊《新书·春秋》。中华文化以粮食为神圣，"民以食为天"，用粮食喂禽兽是伤天害理。成语"暴殄天物"出自古老的《书经》。昔日华人吃饭，泥地上掉个饭粒，都要拣起来放进嘴里。华人听说美国种的大豆、玉米都喂养了牲畜时，会替他们感到"罪过"；尽管华人也知道牲口光吃草不行，还得加"料"。《现代汉语词典》："喂牲口用的谷物，如'草料'。" 中西方两种观念的巨大反差，当然要追溯到肉食、粟食文化类型的歧途。

牧牛阳关道，种粟独木桥

从打猎到畜牧，其实是很自然的过渡，只需要自然而轻松的两步。

第一步，夸张一点儿可说是"走享其成"。一位英国人类学家生动地描述了这个过程：猎人凭经验改变了"战略"，从追捕、围捕个别野兽，改进成尾随大兽群。于是兽群就变成了"移动的食物储藏所"。《人类文明的演进》（英国国家广播公司电视系列节目的讲稿）：猎人发现"最好的方法是追随兽群，不要失去它们，学习和观察，最后适应了它们的迁徙习性"。[1] 这样就省去了奔走之劳，却随时都有吃不完的肉。这不正是《史记·匈奴传》描写游牧民族的"逐水草而居"吗？

---

[1] ［英］布朗诺斯基（J. Bronowski）：《人类文明的演进》，台湾世界文物出版社，1975 年，第 50 页。

第二步，夸张一点儿可说是“吃饱了撑的”。打猎时代常有这种情况：猎人跟随兽群，吃掉母兽，见小兽怪好玩的就养着，其长大自然变得驯服依人，所以说最早蓄养动物是“供娱乐”。这是从吕叔湘翻译的人类学名著中读到的。《文明与野蛮》：“初民开始畜养动物，并不是为的图利，却是由于……带在身旁做伴侣或是供娱乐。”被饲养的兽类，由于无须生存竞争，变得“逐渐和野种不同”[1]。

中华文化独有繁多的古代史书，能给人类史共通的远古史提供依据。《庄子·盗跖》说“古者禽兽多而人少”，这可能是先民初到中土，甚至到来之前的记忆。一切种族都要经过食肉阶段，先民毫不例外，这在古文献中能找到不少记载，只需要引用汉代权威文献《白虎通·号》的总结性论断“古之人民，皆食禽兽肉”，然而此书接着转到“禽兽不足”的食物危机。《礼记》记载，吃肉时连毛皮都要强嚼强咽，为的是“助饱”。《礼记·礼运》：“昔者……食草木之实、鸟兽之肉，饮其血，茹其毛。”古疏曰：“虽有鸟兽之肉，若不得饱者，则茹食其毛以助饱也。”这样的环境谈不到驯养野兽，况且也没有无边的草原可供游牧。随着人口增长，向畜牧生活的过渡必然“此路不通”，只有定居务农是条生路。文明史上所谓“务农”都是半农半牧，牧业史专家李根蟠先生论之最详。[2]

美国华裔史学家许倬云先生做出了权威的判断：跟欧亚大陆上的众多民族比，中国文化没有经历过游牧阶段。他认为华人早在新石器时代就开始农耕生活。他说，跟农牧渔林等“已见的生产方式”不同，古

[1] [美]罗伯特·路威（Robert Heinrich Lowie）著、吕叔湘译：《文明与野蛮》（*Are We Civilized？—Human Culture in Perspective*），生活·读书·新知三联书店，1984年，第58页。

[2] 李根蟠等：《原始畜牧业起源和发展若干问题的探索》，《农史研究》第五辑，农业出版社，1985年。

人“由新石器时代已选择了农业为基本的生产方式”。[1]这绝不是说我们的祖先不懂牧业，一般认为黄帝本来就是游牧部落的领袖，还战胜了务农的炎帝部落，而后自己也定居务农。《左传·熹公二十五年》有“阪泉之战”，西晋杜预注：“黄帝与神农之后姜氏战于阪泉之野，胜之。”这种情况在中国此后的历史上反复重演，成为了规律。

都知道研究“生产方式”是马克思的专长，但他到了晚年却发现印第安文化是个异类，竟然越过畜牧阶段直接进入了“园艺时代”[2]。如果马克思有机会了解华人的发展经历，他会陷入巨大的困惑中：印第安人越过畜牧阶段，事出有因——美洲不存在可供驯养的动物。《全球通史》用最新的研究成果证实了这个论断。书中还说欧亚非三洲各民族“非常幸运”，找到了能提供肉类、牛奶、羊毛的动物。[3]再看古华人，很早就“六畜”俱全，《三字经》：“马牛羊，鸡犬豕，此六畜，人所饲。”为什么黄帝部落荒废了畜牧的旧业，让整个族群放弃了“肉食者”的贵族享受？显然是别有特殊缘由。

后来大多数民族或多或少地也都从事农业，麦类成为全世界普遍的主粮。神农子孙同样会种麦类，为什么却选定狗尾草草籽似的粟作为主粮？按理说，这实在反常，所以本书初版曾经题为“华人的饮食歧路”。是什么特殊缘由逼着我们的祖先离开了人类共同的畜牧阳关道，而走上了危险的粟食独木桥？这样重大的问题，历来竟没有引起人们足够的注意。

---

[1] [美]许倬云：《求古编》，新星出版社，2006年，第4、9页。

[2] [德]马克思：《摩尔根〈古代社会〉一书摘要》，人民出版社，1978年，第7页。

[3] [美]斯塔夫里阿诺斯：《全球通史》上册，上海社会科学院出版社，1999年，第84页。

第二节　兽肉匮乏，渔压倒猎

始祖伏羲：黄土高原→黄河泽国

探究中华饮食文化得从传说中的“三皇五帝”起步。西学传来后，“疑古”思潮盛行，“炎黄”都成了胡编乱造；李学勤先生说：“炎黄二帝的事迹几乎全被否定了。”[1]近年大批出土文书证明，古老的传说并非没有根据。钱穆先生早就断言：“各民族最先历史无不从追记而来，故其中断难脱离‘传说’与带有‘神话’之部分。”[2]笔者研读过前人的纷纭之说，写出几章草稿，因怕增加读者的负担而一笔勾销。

长话短说：始祖首要的功业是谋食，燧人氏、伏羲、神农“三皇”可以说是食物史三阶段的人格化符号。吕思勉先生说，古代传说“总把社会自然的事情归功于一两个，尤其是酋长”[3]。燧人氏进了用火熟食的文明入口，此外没的可说；伏羲大致是肉食阶段，要应对环境埋伏的饥饿挑战；神农则过渡到“粒食”，走上饮食的

[1]　李学勤：《走出疑古时代》，辽宁大学出版社，1997年，第38页。
[2]　钱穆：《国史大纲》上册，商务印书馆，1996年，第8页。
[3]　吕思勉：《中华民族源流史》，九州出版社，2009年，第19页。

"歧路"。过渡不需要延续太久，所以食物史研究的重点是伏羲阶段。伏羲阶段不仅时间漫长，有学者认为时间跨度达两三千年。[1]空间上更有辽远的转移：古书记载互相矛盾，一说他生活在黄土高原，一说黄河湿地。《水经注》引古书说"伏羲生成纪"（今属甘肃）；《左传·昭公十七年》："陈（河南），大皞（伏羲之号）之虚也。"

古书《尸子》说伏羲时代"天下多兽"，所以他"教民以猎"。《太平御览》有佚文。人类初来中国落脚时，黄土高原的河谷林木应当较多，人口稀少的猎民还感受不到兽肉的匮乏。另有古书印证了所谓多、少是相对的。《庄子·盗跖》说："古者禽兽多而人少。"小片的栖息之地，生态很容易遭到破坏，伏羲部落开始向东移动。有古书说伏羲出生在"雷泽"，记载传说的"纬书"说："大迹（脚印）出雷泽，华胥履之，生庖牺（伏羲）。"[2]顾名思义，是广阔的湖泊湿地。《尚书·禹贡》说的"雷、夏既泽"，指的是后来夏族发源的山西、河南交界一带。雷泽位置的其他说法更接近黄河下游。从追逐食物的过程来理解，地域的矛盾也就解决了。许倬云先生概括说，发源于甘肃渭水上游的中华文化，逐渐沿着渭水向东发展。[3]

从黄土高原到黄河低地，生态差异巨大。原有的兽类不能养活逐渐增多的猎民，这就逼着伏羲部族从吃兽肉变为吃水生的动物，所以《尸子》又说"天下多水，故教民以渔"。但这话的前半句表示时间是"燧人之世"，而且说在伏羲教民以猎的前边；吃鱼在先吃兽在后，岂不跟前说相悖？再说，"燧人"只表示原始人类的用火，不涉及民族之别、吃兽吃鱼之别。问题的复杂，

---

[1] 王大有：《三皇五帝时代》，中国社会出版社，2000年，第602页。

[2] 《太平御览》卷七八引《诗含神雾》。

[3] [美]许倬云：《求古编》，新星出版社，2006年，第45页。

可能在于“天下多水”的模糊传说，跟人类共有的“大洪水”的远古记忆混成一片迷茫。闻一多先生曾列举中国、亚洲的类似传说25项之多。[1]《史记》开篇的帝尧时代还到处是“洪水滔天”，连山陵都被包围，直到大禹治水才有耕种谷类的广大旱地。从人类学转入史学研究的徐旭生先生就有这种想法，他曾详细探讨冰河时代之后的世界大洪水跟黄河泛滥的错综关系。他考证“洪水”即“共水”，也叫洚水，《说文解字》解释“洚”是“水不遵道”使黄河支流泛滥，而那里正是周人聚居的地带。他还发现，王夫之300年前就有此观点。《洪水解》自注。[2]

限于篇幅，更限于学识，笔者还是避免去蹚这无边的大水吧。综合的推想是，中国先民的狩猎生活非常短暂，在黄河中游定居后，又苦于长久持续的洪水，于是在中国的文化记忆中，冰河后期的大水跟早期黄河流域的洪水，模糊地连贯成——“泽国之梦”。伏羲活动的地带名叫“雷泽”，可见是汪洋一片，先民当然主要靠水生动物充饥。

靠水吃水：“渔猎”与“舟车”

最早的民歌描写的环境常弥漫着一派水汽。心上的美人“宛在水中央”，“君子好逑”也使人联想到“在河之洲”。见《诗经·秦风·蒹葭》《诗经·周南·关雎》。其他古文明也多处于同样的环境。地球变得干

---

[1] 闻一多：《神话与诗》，华东师范大学出版社，1997年，第9页。

[2] 徐旭生：《中国古史的传说时代》，第三章“洪水解”，广西师范大学出版社，2003年，第148～189页。

旱，驱赶人类迁徙到多水的地带去生活。文明史权威汤因比所引资料描述的古尼罗河三角洲跟《诗经》中的泽国何其相像。“在最浅水的季节，它的表面只比河面高出几公分，如果水位上涨半公尺，那边立刻就出现一大片汪洋。这些沼泽地带到处都是茂密的水草，无论在哪一个方向都是一直浸延到天边。”[1]

因为缺乏大兽，来到中土的初民不得不从打猎吃肉，变成捞食鱼鳖之类的水生动物。反映在词语中，汉语总是渔在猎先。西方文献谈到史前的“食物采集”时代，常是先说兽，后说鱼。若不是谈到沿海，往往只提兽不提鱼。斯塔夫里阿诺斯的《全球通史》第二章中“原始人（食物采集者）的文化”就是这样。中文译本也使用“渔猎”一词，只能表明汉语习惯的强固。[2]

跟“渔猎”相应，古书里提到交通工具总是说“舟车”。如《墨子·辞过》说：“圣王作为舟车。”说“车舟”的几乎没有。这也表明初民的生存环境是水多于陆。《易经》谈到初民的“引重致远”，先说坐舟后说骑牛马，车则根本没有提。《周易·系辞下》：“刳木为舟，……服牛乘马……”原始的独木舟的主要功用可能是捕鱼；最早的工具，骨质的鱼钩、鱼叉，使用时最好能“稳坐钓鱼舟”。

上古时代华人曾经以鱼为食，可以从考古中得到印证。在汾水之畔的丁村遗址，这一带后来是唐尧、虞舜时代直至夏代的活动中心。曾出土长达一米半的各种鱼类化石。参见宋兆麟等著《中国原始社会史》。[3]据检索，《诗经》提到鱼之处多达49处，而出人意料的是“肉”字竟找不到一个。兽名是有的，羊15处、豕2处。形成强烈反差的是，其他原始人群却普遍很少吃鱼。《人类学词典》“捕鱼”条目：“在人类发展很晚时期以前，

---

[1] ［英］汤因比：《历史研究》上册，上海人民出版社，1997年，第88页。

[2] ［美］斯塔夫里阿诺斯：《全球通史》上册，上海社会科学院出版社，1999年，第68页。

[3] 转引自王学泰：《华夏饮食文化》，中华书局，1993年，第12页。

捕鱼大概一直没有成为食物的主要来源。……在某些地区，旧石器晚期的人可能已擅长捕食大马哈鱼。”[1]

说中国上古时代兽少鱼多，从“鲜”也能看出。鲜的字形本是“鱻”，意为新杀的兽之肉。《周礼·天官·庖人》提到“供王之膳”的鲜物、干物（“物”指兽类），郑氏的古注却断言“鲜，谓生肉”。用一堆鱼来表示兽肉，是否表明造字的时代鱼已成为普遍的肉食？

宋朝有一段笔记说，甘肃洮河中的鱼像椽柱般肥大，当地的羌人从来没尝过，见到汉人捕捉还惊奇地说：“这玩意儿也能吃？”南宋吴曾《能改斋漫录》卷一五“羌俗不食鱼”：“其民相与嗟愕曰：‘孰谓此堪食耶？’”“羌”带羊字头，牧民可以尽情吃羊肉，怎么会想到下河捉腥鱼？

猎神伏羲不识弓箭？

汉语“渔猎”的顺序，应当理解为捕鱼的重要性一贯压倒打猎。中华文化始祖伏羲的主要功绩，是开创了打猎吃肉的生活方式。晋代学者皇甫谧在《帝王世纪》中总结先秦记载说：“庖羲（牺）……取牺牲以供庖厨，食天下。”“庖羲”“伏羲”为一音之转。另一说法，“伏”意为制伏、驯养野兽，《礼记·月令疏》：“德能执伏牺牲，谓之伏牺。”所以他堪称“猎神”。

打猎用什么工具？谁都会说是弓箭。使用弓箭是原始人类进化必经的阶段。恩格斯说：蒙昧时代最初吃鱼，更高的阶段“从弓箭的发明开始……

[1] 吴泽霖编译：《人类学词典》，上海辞书出版社，1991年。

猎物便成了日常的食物”。[1] 伏羲的传说中有个谜：不少古书说他制伏了野兽，可奇怪的是没一个字提到他使用过弓箭。根据众多古书记载，伏羲是最早的大发明家，发明了网（谯周《古史考》："伏羲氏作网"）、结绳记事（《文子》）、皮衣（《白虎通·号》）、琴瑟（《广雅·释乐》）、杵臼（桓谭《新论》）、八卦（《周易·系辞》）等等。偏偏没有那件最该由他发明的弓箭。根据比较权威的古书记载，渔网的发明权肯定属于伏羲。《周易·系辞下》说他“作结绳而为网罟”。结绳是作网的前提，顺便也用于记事。两项发明能互相参证。

人类都来自非洲，可能来中国的一支早就会用弓箭了，那为什么在伏羲的传说中还不见踪迹？只有一种解释：中华文化发祥地有特殊的生存环境、生活方式，使得弓箭无用武之地。石头或铜的箭镞曾有出土，却不够多。

笔者带着“肉食匮乏”的观点，在文献中着意寻找材料，发现中国先民打猎基本上只用网。参照世界史，恰好绝少有古人类用网的记载。权威的《全球通史》记述旧石器时代发明的工具有“用于捕牛的一端系有重球之绳索、投石器、投矛器和弓箭”[2]，就是没提到网。

读者也许会生气：说祖先不会用弓箭？会的，不过都是用在战争上了。《书经》《诗经》中都有“弓矢”一词，古代不说“弓箭”，《说文解字》还解释箭是做“矢”的竹子。《尚书·费誓》："备乃（你）弓矢，锻乃戈矛。"《诗经·大雅·公刘》："弓矢斯张，干戈戚扬。"演义中倒常提到将军用箭射鸟，但都是夸耀弓法的百发百中，譬如《水浒传》中

[1] ［德］恩格斯：《家庭、私有制和国家的起源》，人民出版社，1972年，第20页。
[2] ［美］斯塔夫里阿诺斯：《全球通史》上册，上海社会科学院出版社，1999年，第68页。

的花荣。

古代传说中有个善射的英雄叫“羿”，据《楚辞·天问》《淮南子·本经》，羿曾射下十个太阳中的九个，救了几乎被烤焦的人类。他是游牧部落的首领。徐旭生先生说，《左传》有“夷羿”之称，羿前加夷，“足以证明他属于东夷集团”。[1] 羿的部落在今河南省东北部，对于农耕文化中心的虞、夏而言，算是东方。钱穆先生认为，虞、夏位于山西南部与陕西交界，以及河南西部。[2] 东方民族叫“夷”，是拉大弓的游猎者。《说文解字》的解释很明确：“夷，东方之人也，从大、从弓。”

“捕兽机”：分布全球，中国独无

断言远古中原“缺少密林大兽”，肯定会引起不少读者的反感。从凶恶的熊罴到温顺的麋鹿，先秦典籍里、考古报告中记载还少吗？反问得好。研究离不开比较，离不开“参照系”。研究东亚最好参照西欧。

在法国跟西班牙边界的山区，人们发现了大量的史前洞穴岩画，真实地反映着原始人的生活图景。人类学家说，约有两万年历史的一些岩穴图绘，“重现了猎人的生活方式”，可以当作“历史的一瞥”。[3] 科学家断定岩画属于冰河时期，以及“间冰期”，大约两万到八千年前。画的是无数大象、野牛、鹿等。见德国人类学著作《事物的起源》。特别值得注意的是，在野兽的巨大形体上还画着一些建筑框架似的结构。

[1] 徐旭生：《中国古史的传说时代》，广西师范大学出版社，2003年，第63页。

[2] 钱穆：《国史大纲》上册，商务印书馆，1996年，第16～19页。

[3] [英] 布朗诺斯基：《人类文明的演进》，台湾世界文物出版社，1975年，第55页。

“国学”学者不管多博古，可能也没人能猜出那是什么；西方人类学家却说，“我们……可以毫不困难地认出”那是“重力捕机”，因为“今天全世界原始部落还在使用这种捕机”[1]。当中提到的原始部落，遍布于美洲、非洲、大洋洲。可奇怪的是，在亚洲，却止于中国的西部。

“捕机”英文是trap，汉语里没有对应的词儿，一般《英汉词典》只好列举陷阱、罗网、夹子等五六种东西。吴泽霖编译的《人类学词典》把trap译为“捕兽机”，作为猎用工具总称。同时列出带有trap的猎具十来条，各有全然不同的结构，如“陷阱”（pit trap）、“弹性捕捉设施”（spring trap）、“环形捕兽器”（有的书译为“钉轮捕机”，wheel trap）等，包括“捕鱼篓”（cage trap）。唯独不提捕鸟的“罗网”。[2]人类学专著《事物的起源》里有对各类“捕机”的详细介绍，译者不称“捕兽机”，显然是考虑到中国读者对捕鸟猎具更为熟悉。主要的是“重力捕机”，这类猎具跟陷阱大约同时出现，其重要性远远超过陷阱。它的结构还相当复杂，以至被称为最早的“机器人”。[3]基本原理是猎物咬动诱饵时会碰倒支撑着上方的重物（如大石、巨木等）的细棒，利用重物落下时的力量捕杀猎物。后来为了防止动物偷吃掉诱饵而不触动机闸，更发展出利用诱饵制成减力杠杆等扳机装置。通常是将几十根大木桩编结在一起，借助“减力杠杆”系统而用细棒支撑，野兽一触动，机关就会自动把它抓住。重力捕机英文是gravity trap，但这个词语在一般词典里却被翻译成“重力式凝汽阀”。大概是个蒸汽机部件吧。《人类学词典》的中文编译者也只能描述为“重力捕兽设施”，它本来就是为捕大兽而发明的。兽的本义是“牲”，《说文解字》：“兽，牲也。”牲就是牛，

[1] [德]利普斯（Julius E. Lips）：《事物的起源》，四川民族出版社，1982年，第74页。
[2] 吴泽霖编译：《人类学词典》，上海辞书出版社，1991年，第702页。
[3] [德]利普斯：《事物的起源》，四川民族出版社，1982年，第75页。

冰川时期绘画中的重力捕机

现代原始民族使用的重力捕机

像牛那样的庞然大物才有足够大的重力，才能触动笨重的捕机。上图：重力捕机，采自《事物的起源》第 74 页。

重力捕机是人类文明史上一类极其重要的工具，空间上覆盖了五洲之广，时间上绵亘了万年之长。各种文明常见，唯独华人闻所未闻。《事物的起源》译者汪宁生教授的注释说，只有在汉代与匈奴交界处的居延一带曾发现“钉轮捕机”，即 wheel trap，轮上有内向的钉刺。传说中的黄帝时代就发明了复杂的指南车，华人绝非不够聪明，之所以没有捕机而只有简单的陷阱，道理显然在于可供猎取的大兽太少，生产不能形成规模，收益也就抵不过重型设备的成本了。

第三节　史上被忽视的吃鸟阶段

子曰："鸟……"汉语中为何鸟在兽先？

孔夫子曾叹道："鸟兽不可与同群！"意思是说他不得不跟低俗的人们共处，见《论语·微子》。按照进化论，人的前身猿猴接近于兽，孔夫子又没长翅膀，他假想自己跟动物为伍时，为什么先想到鸟后想到兽？动物跟人的关系，首先在于肉食的提供。兽的肉多，鸟的肉少，兽自然远比鸟重要。跟中国的"鸟在兽先"相反，西方的人类学著作总是只提兽，很少提鸟。其实老夫子也只能这样说，在他之前，汉语说"鸟兽"早已成为习惯了。更有甚者，大智者庄子竟说"古者禽兽多而人民少，于是民皆巢居以避之"，先民的巢是搭建在树上的，《庄子·盗跖》说人"暮栖木上"。可他还是先说"禽"后说"兽"；躲避的是兽而不是鸟，却偏要爬到树上，这个大笑话却历来没人觉察。

《十三经》中"鸟兽"打头的句子就有12句之多。西方词语则相反，《汉英词典》中的"鸟兽"也得颠倒过来翻译成beasts and birds（兽鸟）。华人骂人常说"禽兽不如"，洋人若问这是怎么回事，我们只有瞠目结舌。洋人骂人有骂兽的，没骂鸟的。《英汉词典》中beast（兽）的第二义项就是“人面兽心的人”，至于中国粗话管男根叫“鸟”，更能表明鸟在中华文化中的重要。

更加耐人寻味的是“禽”字的来历，还有它跟“擒”字的同一。《说文解字》没有“擒”字，只有“禽”字，两字通用。“禽”被解释为“走兽总名”。进一步的考证表明，“禽”本是个动词，意思是抓获。文字学家马叙伦在《六书疏证》中说：“禽，实‘擒’之初文，‘禽兽’皆取获动物之义。”例如《战国策·秦策》说“黄帝伐涿鹿而禽蚩尤”。“禽”字甚至还表示打猎，例如古书描写天子沉溺于女色、打猎，便说他“色荒”“禽荒”。《尚书·五子之歌》：“内作色荒，外作禽荒。”擒攫的“攫”带个“提手”，属于手部，主要构件的“隹”字，本义也是短尾巴的鸟类。甚至进入农耕时代以后，表示收获庄稼的“穫”，仍然沿用带鸟的字，可见鸟的观念已固化在中华文化的基因中了。

但后来禽的意义来了个特大变化，从“鸟（走）兽总名”变为专指鸟类，排除兽类。这个变化过程表明，打猎的先民起先也是以走兽为目标的。到后来能抓获的绝大多数只剩飞鸟了，于是不得不重新区分名词的禽（鸟）跟兽，让禽、兽俩字并列。汉代字书《尔雅·释鸟》：“二足而羽谓之禽，四足而毛谓之兽。”

“隹”的篆字

“隹”的甲骨文

“禽”字，或者它的本义“擒”，纵然后世可以用在人身上，却从来没见用到鱼上的。《说文解字》说“禽”是个象形字，上部表示脑袋，那是鸟兽与人都有而鱼没有的。这可能是因为捕鱼要比擒鸟容易得多。

老祖先吃鸟，还有人类学的上古“图画”可作为有力的佐证："焦"字就是火（灬）上烧鸟（隹）的象形。米字旁的"糊"，汉代《说文解字》里仍没出现。炊具的"镬"（金属的煮锅），也不能摆脱"隹"（鸟）的印记。说到"隹"想起只（隻）、双（雙），连人的一双手也成了鸟爪。即使是只（隻）兔子也用鸟（隹）作量词。这么惊人的现象，仅仅用"商族信奉'鸟图腾'"的影响来解释，有点说不过去吧？

鸟在兽先，跟渔在猎先一样，反映出中国文化早在肉食时代就发生了饥饿的危机。

捕鱼得鸟：从捕鱼篓到"天罗地网"

前述的"捕机"对于华人也可说并不陌生：一根草棍支起个箩筐就能捕鸟。当然，靠这种成本不值一文的小孩玩意儿是没法儿解决饱肚问题的。从吃鱼转为吃鸟，缘由是鱼类资源不足。照韩非说，早在食物采集阶段，人们用瓜果来果腹的同时，就也吃蚌蛤之类的小东西来充饥。蚌蛤容易腐臭，幸亏燧人氏教给民众用火，解决了拉肚子的危机。《韩非子·五蠹》："民食果蓏蚌蛤，腥臊恶臭而伤害腹胃，民多疾病。有圣人作，钻燧取火，以化腥臊……"如果椽木般的大鱼吃不完，谁还费事去剥蛤蜊壳？

"罹"（罗）的篆字

"渔"属于比较低级的文化阶段，用网捕鱼比较容易，网的发明也比弓箭或捕机简单得多。原始的渔具是柳条编成的"鱼篓"，笔者在海南的"黎族博物馆"里见过。鱼篓在古代叫"筌"，《辞海》："筌，竹制捕鱼器，也为捕鱼用具之总称。”古书里也写成“荃”。《庄子·外物》：“荃（筌）者所以在鱼，得鱼而忘荃。”《人类学词典》里有 trap basket，翻译成“篮筐形捕鱼器”。[1] 伏羲发明网，按理说该是受了鱼篓的启示。“罗（羅）网”带“丝”旁，带“竹”头的“箩”是它的前身。偏旁也有混用的，“罩”字带个“网”字头，《辞海》的解释是“捕鱼或鸟的竹器”。

古代中国从捕鱼到捕鸟的进步，首先表现为工具的扩大运用，而不是新工具的发明。中国文化史上一件绝妙的事，就是捕鱼的网又被用来猎取鸟兽。对成批鸟类的捕猎，有效的工具不能是小罗而是大网。值得注意的是，西方人类学家谈“捕机”，完全忽视了这一大类。中国的罗网特厉害，因为用独有的蚕丝做质料，纤细结实，隐蔽性强。罗也是高级透明丝织品的名称。古罗马的贵夫人哪里想得到，她们所“穿”的，在其祖国本来是派生于“吃”的。

俗话“天罗地网”，最早该说“水网地罗”。网是捕鱼的，罗是捕鸟的。“罗”（羅）字上部是“网”的变形，下部有“隹”（鸟）字，“丝”旁是后加的。比网更简单的还有专门捕鱼的“罟”。《周易·系辞下》说，“（伏羲）作结绳而为网罟”，释文说“取兽曰网（事实上更多的是取鸟），取鱼曰罟”。透露了文字形成之时，鸟作为吃食，其重要性已经压倒了鱼。

网的功用从捕鱼到捕鸟的发展，在经典里有引人入胜的踪迹可寻。《诗经》的一处描写很有启发：渔网本是为了捕鱼的，却发生了意外的情节：正在捉鱼的水鸟被挂在网上。《诗经·邶风·新台》：“鱼网之设，鸿则离之。”（“离”的意思是接触）闻一多先生在《诗新台鸿字说》一文中认

[1] 吴泽霖编译：《人类学词典》，上海辞书出版社，1991 年，第 702 页。

为“鸿”即蛤蟆，虽然稍觉费解，倒也无妨于“网的用处从鱼扩大到鸟兽”的观点。[1]后来也用网捕兔子等小兽。《说文解字》中有“兔罟”一词。

中华文化之外，绝少有用网捕鸟兽的记载。《史记》谈到匈奴人，也光提弓箭不提网。《史记·匈奴传》：“射猎禽兽为生业。”纵有涉及，要么当地人同时具备捕鱼的条件，要么跟华人有亲缘关系。文化史专著《事物的起源》说埃及尼罗河畔从法老时代就有“猎网”，白令海峡的因纽特人（或与华人有血缘关系）用网捉兔子。[2]欧洲则未见猎人用网的记载。他们若是懂得用轻便的网，又何必发明笨重的捕机？

“网开一面”与“鸿荒之世”

商代是中华历史的正式开始，先前的夏代缺乏考古学的证实，洋人暂不承认。开国者汤王很讲仁德，看见臣民打猎时“张网四面”，祷告“自天下四方，皆入吾网”，便惊呼“禽兽要灭绝了！”，《史记·殷本纪》：“汤曰：‘嘻，尽之矣！’”遂命令“网开一面”，以免一网打尽。这个掌故反映出那时肉食已开始变得珍贵，所以宫廷厨师伊尹才能借助鲜美的羹汤向汤王讲述治国原理。《史记·殷本纪》说，伊尹背着大锅、案板，用“滋味”做比喻，游说汤王，最终帮他取得政治上的成功。

用鸟肉做羹汤的掌故出自屈原的《楚辞·天问》，但其中有两处互相矛盾：羹的原料，前边提到的是“鹄”，即天鹅；原文“缘鹄饰玉，后帝是飨”，最早的注释者、东汉的王逸说烹羹汤的肉料是“鹄”，但后世多解释为

---

[1] 闻一多：《闻一多全集》（第二册），生活·读书·新知三联书店，1982年。

[2] [德] 利普斯：《事物的起源》，四川民族出版社，1982年，第64页。

食器上的装饰纹样。后边又提到“雉”，即山鸡，原文是：“彭铿斟雉，尧帝何飨？”美味羹的创造者，一说是伊尹，王逸《楚辞章句·天问》：“后帝，谓殷汤也。言伊尹始仕，因缘烹鹄鸟之羹……以事于汤。”一说是彭祖；其享用者分别是商汤王、尧帝。[1]还有个不可信的说法是活了八百岁的彭祖。

如果说吃鸟是饥饿所迫，读者会反驳：鱼类资源都缺乏了，鸟类资源难道就更丰富？那得看是什么鸟。鹄，鸟类学家认为就是天鹅，中国古代“鸿鹄”连称。从前老师斥责学生听课走神，常引孟子的话说“一心以为鸿鹄将至”，《孟子·告子上》。怎么会扯到鸿鹄上？因为幻想吃肉的美事。鸿就是雁。《诗经·小雅·鸿雁》：“鸿雁于飞。”古人解释说：“大曰鸿，小曰雁。”鸿雁是爱成群的候鸟，可以远飞万里，形容人有远大志向时说“鸿鹄之志”。个儿大肉多，尤其重要的是可供先民群体充饥。鸟类必然是大群水鸟。黄河中游的河谷低地一带，广阔的沼泽、湿地，正是大群水鸟繁生的乐园。

“鸿”是个很重要的字，意义远远超过鸟名，令人深思。“鸿”字跟“洪”通用，洪水也叫鸿水，甚至简称鸿。《史记·夏本纪》：“当帝尧之时，鸿水滔天。”《荀子·成相》更单用“鸿”字表示洪水，说“禹有功，抑下鸿”。鸿等于大，至今商店的匾额上常见“大展鸿图”。更值得注意的是，鸿字还组成“鸿蒙”“鸿荒”等词语，表示开天辟地之前的混沌迷蒙状态。《西游记》第一回说：“自从盘古破鸿蒙，开辟从兹清浊辨。”扬雄《法言》说“鸿荒之世”。中国人以文字记载下来的民族记忆，开始于被称为“大泽”的浩渺湿地，想象雾气迷蒙中有千万只天鹅、大雁、野鸭之类的水鸟翻飞、起落，水中有各种鱼类，是它们无尽的食物，也是先民的食物。人们在独木舟上用网捕鱼，偶尔捉到水鸟，跟鱼一

[1]〔汉〕王逸：《楚辞章句·天问》注，台湾艺文印书馆，1970年。

起煮食，发现其味道鲜美远远胜过兽、鱼。后来便用“鸿”代表最大的鸟及硕大渺远的事物，以至无垠的宇宙。这都关联着先民的经历：鸿曾经是他们主要的食物。

八卦三画爻：稀泥上的鸟爪印

有个成语“雪泥鸿爪”（雪地上的鸟爪印迹），出自苏东坡的诗句。《和子由渑池怀旧》：“人生到处知何似？应似飞鸿踏雪泥。泥上偶然留指爪，鸿飞那复计东西？”笔者在饮食研究中重读此句时，脑袋里灵光一闪：这提示了鸟爪跟八卦由来的关系。

伏羲发明八卦的诱因，除了仰观天、俯察地外，首先是“观鸟兽之文”。《周易·系辞下》：“古者包牺氏之王天下也……观鸟兽之文……于是始作八卦。”按通行的解释，“文”是鸟兽毛羽的斑纹、色彩。南怀瑾先生的白话译文就说“又观察鸟兽羽毛的文采”。[1]笔者认为更准确的解释是鸟爪的印痕。斑斓的色彩得用数码照相机才能复制，朴拙的先民哪能把握？再说，为了提炼一套简单符号也没必要。《说文解字》对“文”的解释是“错画”，就是错综的线条。“文”的同义词是“象”，高诱注《淮南子·天文训》：“文者，象也。”“象”又恰好是《周易》最重要的构成部分：包括由六“爻”组成的“卦象”以及文字解释的“象辞”。

“八卦”先有符号，后有文字解释。八卦符号跟鸟爪的印痕对照，可说“酷似”。组成“卦象”的是三道细细的笔画，叫作“卦爻”，那不正像是由三个细趾组成的鸟爪吗？《周易正义》：“观鸟兽之文……者，言取

[1] 南怀瑾、徐芹庭：《周易今注今译》，台湾商务印书馆，1974年，第393页。

象细也。”一画的“爻”又分两类：连成横线的叫“阳爻”，中间有隔断的叫“阴爻”。恰好鸟的每个趾头又有趾节，主要的是两节。鸟爪的印痕当然有轻有重，重的连成一道，轻的趾节会断开。两类分别叫“刚爻”“柔爻”，刚、柔恰好表示鸟爪重力的不同。每只鸟爪有三画印痕，两只爪加起来是六道，恰好是组成一组“卦象”。

鸟爪的印痕之所以能成为八卦与《周易》高级智慧的灵感，是由于它对先民生活的无比重要与亲切：直接关系到维持生命的食物。细小的鸟爪必须非常清晰才能引起注意，这又只有“画”在稀软的黏土地上才行。恰好黄河低地到处是洪水浸泡的稀泥。发明八卦的先民根据稀泥上的脚印，就能观察到鸟们的踯躅、交配以及跟猛禽野兽的搏斗，对于总结万物的运动变化规律，岂不比静态的羽毛色彩重要得多？

琢磨上面这些，是为了证明我们的祖先生活在黄河低地多水的稀黏的黄土地带，吃鸟为生。关于吃鸟，下文还要论证。

神秘的“弋”：带线的箭射什么鸟？

群体靠捕捉水鸟充饥，个体最大的鸿就成了最受注意的目标。庞然大鸟是不适合用网的，需要个别对付。用一般的弓箭，鸿必然会带箭飞去。“需要是发明之母”，既非网又非箭的新猎具——带线绳的箭便应运而生了。

笔者忽然对鄙名“鸢”字大感兴趣，越想越兴奋。上面的

“弋”字够冷僻的了吧？但在中国文化中它曾是常用的东西。陈寅恪先生有句名言：“凡释一个字，即是作一部文化史。”[1]岂容忽视？“弋”是带细绳的短箭，还能做动词用，表示一种特殊的猎取法——射中了还要用线绳拉回来。先秦古书里的“弋”可不少。例如孔子说不要“弋”夜眠中的鸟。庄子说鸟高飞是为了躲避“弋”。《论语》：“弋不射宿。”《庄子·应帝王》：“且鸟高飞以避矰弋之害。”

用“弋”猎野兽，那线能不断吗？可射鸟倒能行，中了箭就像牛顿的苹果一样往地下掉。但鸟的高度得比线绳短，所以难得射到飞着的鸟，而多是栖息的。《淮南子·原道训》所谓“强弩弋高鸟，走犬逐狡兔”，有些夸张。树上的鸟没太大的，难以解饱，所以“弋”的理想目标是栖息在水边芦苇丛中的水鸟、成群的大雁野鸭。恰好古人有无数诗文描写用“弋”射取大鸟，可以互相参证。《诗经·郑风·女曰鸡鸣》：“将翱将翔，弋凫（野鸭）与雁。”《辞源》《汉语大字典》中各相关字、词的解释中举出的例句就有几十条，这里不烦多引。直到宋代，陆游的诗句提到从停泊的船上偷弋群雁，目标逼近，很容易缴获大猎物。陆游《东斋夜兴》：“忽忆江湖泊船夜，号鸣避弋闹群鸿。”另外，作为弋射的目标，“鹄”字竟有了抽象的词义，即射箭瞄准的箭靶。《礼记·射义》：“射者各射己之鹄。”还用“鹄的”表示目的。例如《战国策·齐策》：“今夫鹄的，非咎罪于人也，便弓引弩而射之。”现代人翻译洋书时还在使用。尼采《查拉斯图拉如是说》：“他距离他的鹄的仅仅咫尺；但他倦怠得固执地在尘土中躺下了，这勇敢的人！”[2]

“弋”字的重要还在于其派生能力，不少词语跟它相关。箭上

[1] 转引自沈兼士：《沈兼士学术论文集》，中华书局，1986年，第202页。

[2] [德]尼采著、尹溟译：《查拉斯图拉如是说》，文化艺术出版社，1987年，第249页。

的细线专名叫“缯”，又常用“矰”。“缯”是用丝做的，老子曾拿它跟钓鱼丝“纶”并提。《史记·老子韩非列传》：“游者可以为纶，飞者可以为缯。”“缯”还有个同义词“缴”，常当动词用，如“缴枪不杀”。

原来现代军事上的“缴获”武器，是从缴获鸟儿派生出来的，上古一根细线竟牵连到现代的坦克。动词的“弋”，历代典籍里随处可见。《吕氏春秋·处方》谈到某诸侯“出弋”，古人注释：“弋”，猎也。《晋书·谢安传》：“出则渔弋山水。”更进一步，“弋”还直接当打猎讲，《诗经》里就有例句。《诗经·郑风·女曰鸡鸣》：“弋凫与雁。”疏：“弋，谓以绳系矢而射之也。”“渔弋”竟能代替通用词语“渔猎”。那么，要说中国先民几乎没兽可猎，能算是无稽之谈吗？

弋射的失传，推想原因是生态破坏导致水鸟的减少，以及粮食生产的进步。在洋人眼里，“弋”该是中华文化的一个最奇特的标

汉墓画像砖《弋射收获图》的拓片。画面上部的二人正要张弓射击莲池上的水鸟

记。英文没法翻译，只能用一堆词儿来描述。《汉英词典》："a retrievable arrow with a string attached to it"（上面系着线绳的、可以拉回来的箭）。

"疑古"成性的学者也许会说弋的记载全是幻想，然而著名的汉墓画像砖《弋射收获图》中细致描绘的弋射场面，也是考古学家认定的！现藏于四川大学博物馆。笔者曾向一起参加研讨会的几位考古专家请教过，他们的反应都有些茫然，有一位犹豫了一会儿说"应该没有问题"。或许是因为弋的丝绳容易腐烂，箭头又太小，容易忽略？既然文献里大量出现，考古学家就该主动地从出土文物里寻求印证。死守西方的研究方法，会使人类文化遗产大量流失。

第四节　龙、凤来自华夏先祖的肉食

肉食短缺与“饕餮”神话

对野牛之类的大兽的猎取、分配，能促进社会关系的形成。德国人类学著作说“单独猎人若无他人合作是不可能杀死任何巨兽的”，于是要合作生产；另一方面，“一个猎物的肉的数量远远超过个体家庭的需要”，因而才有集体分配。[1]然而中国古书里几乎没有怎样猎取大兽的记载。《礼记》说先民吃鸟兽肉，连毛皮都要强吞下去。《礼记·礼运》：“食草木之实、鸟兽之肉，饮其血，茹其毛。”古疏曰：“虽有鸟兽之肉，若不得饱者，则茹食其毛以助饱也。”靠鸟肉吃不饱，甚至要用涩硬的栎树坚果来充饥。《庄子·盗跖》：“昼拾橡栗。”

先民渴望老天赐给他们肉吃，就幻想出“自来肉”的神话。《山海经》中不止一处提到叫“视肉”的怪东西，割下一部分吃了，很快又长成原样。郭璞注释《海外南经》：“聚肉，形如牛肝，有两目也；食之无

[1]［德］利普斯：《事物的起源》，四川民族出版社，1982年，第78页。

铜鼎上的饕餮纹

尽，寻复更生如故。”[1] 把“视肉”解释成有眼，不如解释成速生之肉，眼看着就长大。“视肉”又当动物讲，《辞源》中它的第一解释就是“借指禽兽”。神话说它样子像牛肝，可能反映了人们对大兽的期盼。后世的神话也说有一种肉干，吃了一片又生一片。南北朝《神异经·西北荒经》：“西北荒中有玉馈之酒……石边有脯焉，味如獐鹿脯……其脯名曰追复，食一片复一片。”

文明史上有个重要概念叫“图腾”，是原始部落的形象标记。部落崇奉的图腾多是其主要肉食动物的图案。严复不得不把英文 totem 音译为“图腾”[2]，因为中华文化里连近似的东西都找不到。上世纪有学者提出，古书中的“饕餮”就是“图腾”的音变。“饕餮”普通话读作 tāo tiè，古汉语读音为〔t'ott'im〕。[3] 笔者喜欢其观点的鲜明，却不能苟同，因为图腾让人感到亲切，饕餮让人恐惧，二者恰好相反。

饕餮是吃人怪兽的图案，普遍铸在商周的青铜鼎、尊等贵族的食器（同时又是象征政权的礼器）上。古书解释它的形象，说

[1] 袁珂译注：《山海经全译》，贵州人民出版社，1991 年，第 198 页。

[2] [英] 甄克斯著、严复译：《社会通诠》，商务印书馆，1904 年。

[3] 岑仲勉：《饕餮即图腾并推论我国青铜器之原起》，《东方杂志》第 41 卷第 5 号，1945 年。

是吃了人没等下咽就撑死了，所以光有大嘴没有身体。《吕氏春秋·先识览》说："周鼎著饕餮，有首无身，食人未咽，害及其身。"从石器时代起，装饰纹样是为了表现美感，恶兽纹样的装饰是为吓跑饥饿百姓的，就像猫儿龇牙"护食"一样。另一方面，鼎中的美食都是剥削来的"民脂民膏"，所以要警告贵族不要过于贪婪，免得引起饥民暴动，危及政权稳定。《淮南子·兵略训》："贪昧饕餮之人，残贼天下，万人搔动。"

饕餮纯属中国饥饿文化的产物。中华文化没有图腾，缘由可能是自古就缺少兽类，没有稳定的肉食动物资源，靠鱼鳖蚌蛤及鸟类充饥，难以形成图腾观念，只能综合多种动物的特点拼合成龙、凤的形象。因为贵族才有肉食的特权，所以龙、凤便成为贵族身份的标记。

"鱼龙（水蛇）混杂"：水怪臆造缘于食物

龙的臆造综合了多种动物的特点，最突出的是有鳞，所以能成为水族之王。《大戴礼记·易本命》："有鳞之虫三百六十，而蛟龙为之长。""鳞虫"实际包括各类水生动物。宋代的《太平御览》改称鳞类为"鳞介类"，蛇、鳖、蚌都在其中。京剧里给龙王"跑龙套"的喽啰都背着蛤壳。

无数现代学者研究过龙，我们则从食物的全新角度来考察。古老的神话说，伏羲所在的雷泽有人头龙身的神。《山海经·海内东经》："雷泽中有雷神，龙身而人头。"闻一多认为这个龙头的水神就是伏羲。[1]古书又说他长着蛇身，《帝王世纪》："庖牺氏……蛇身人首。"蛇身、龙身混同并不奇怪，华人观念中从来就是"龙蛇混杂"，成语辞典引《敦煌变文集·伍子胥变文》例句。后世演变出更流行的成语"鱼龙混杂"。蛇、鱼跟龙的混杂不分，可以从食物的角度来解释：跟鱼一样是解饱的"鳞虫"。

比蛇更重要的食物是鳖，两者都是卵生的爬行动物。荀子用"鱼鳖"来概括泥鳅、鳝鱼等水生动物，他教人定期封禁水面以保护生态，说那样就会有足够的"鱼鳖"供百姓食用。《荀子·王制》："洿池渊沼川泽，谨其时禁，故鱼鳖优多而百姓有余用也。"直到明朝还用"吃饱鱼鳖"来形容西南少数民族过上了富足日子。《明史·列传·外国》卷二一四："食足鱼鳖，衣足布帛……熙熙然而乐。"鳖简直成了主食，然而这东西浑身都是铁甲般的硬壳，下大功夫剥开却没有多少肉，真跟吃蚌蛤一样可怜。

蛇的肉比鳖多得多。蛇不算水生动物，但中国独有水蛇，学名特别叫作"中华水蛇"（Enhydris Chinensis），见《辞海》。"水蛇"的拉丁文本义是"中国水里的"，没提是蛇，是否有点怪物的意味？水蛇跟龙的关联还没人提到，就连一般的蛇跟龙也有一体化的关系，古代的史料说不完。《史记·外戚世家》褚少孙引《传》："蛇化为龙，不变其文。"沈括《梦溪笔谈·神奇》："有一小蛇登船，船师识之曰：'此彭蠡（鄱阳湖）小龙也。'"

笔者发现了一条没受到充分注意的重要史料：夏代就有养殖"龙"的专业户。《左传·昭公二十九年》记载，有个姓董的人专门"蓄龙"，舜帝赐给他"豢龙氏"的称号。这家人曾用龙做成肉酱献给夏代君王，王吃馋了不断索要，他们因为供不上需求而逃往干旱的他乡。《左传》可不是神话，得给出解释，合理的解释，养的是水蛇。

---

[1] 闻一多：《神话与诗》，华东师范大学出版社，1997年。

蛇肉自古就是中国南方的珍馐。《淮南子·精神训》："越人得髯蛇以为上肴。""髯"同"蚺"，就是大蟒蛇。个儿大肉多的蟒蛇可是丰富的肉源。元代《马可·波罗游记》作者还说他在云南看到市场上蛇肉很贵，人们认为它"比其他肉类更为精美"[1]。吃蛇古风在当代华人中变本加厉，空运香港的蛇每月以千吨计。

先民熟悉的是水蛇，后来是蟒蛇，所以蟒成为"龙"的原型，皇帝的戏装叫蟒袍。水蛇像鱼、鳖一样被吃得稀少了，在对肉食的渴望中人们把蛇的身体、鱼（蛇）的鳞、鳖的四爪融会为一体，更根据打猎吃兽肉时代留下的模糊记忆，加上了马头、鹿角、羊胡须等多种动物的特点，臆造出龙的形象。

凤＝鹏＝朋：无非大量鸟肉

龙的臆造出发点是肉食，凤的臆造出发点也一样。龙是鳞类外加兽类的代表，而凤仅是鸟类的代表。龙代表的动物包括兽类，所以比凤更重要。

古代经典说龙是鳞类之王，同时又说凤是鸟类之王。《大戴礼记·易本命》："有羽之虫三百六十，而凤皇为之长。""凰"不属鸟部，是由"皇（王）"派生的，离不开凤字。说到凤的由来，有个线索很值得大家注意："凤""鹏""朋"三字本来是一回事儿。《说文解字·鸟部》："凤，亦古文'鹏'。"这里的鹏也要读"凤"音。李富孙《辨字正俗》："古凤、朋、鹏本一字，今截然分为三字。"

凤的形象跟龙一样也是四不像，古人对此有清楚的描绘。《说

[1] 陈开俊等译：《马可·波罗游记》，福建科学技术出版社，1981年，第146页。

“朋”的篆字

“鹏”的篆字

“凤”的篆字

文解字》引古说：“凤之象也，鸿前麐（麟）后，蛇颈鱼尾……燕颔鸡喙，五色备举。”

鹏在中国文化中也很重要，但它是什么鸟却没人知道，原来跟凤一样也出于臆造。鹏的形象没任何说法，除了一个“大”。《玉篇》：“鹏，大鹏鸟。”庄子寓言中的鹏是大鱼变来的，叫作“鲲鹏”。鲲是什么鱼？人们也不知道。庄子说：鲲竟大到有几千里，鹏也有几千里，翅膀像半天的云。《庄子·逍遥游》：“鲲之大，不知其几千里也。化而为鸟，其名为鹏。鹏之背，不知其几千里也；怒而飞，其翼若垂天之云。”

遮天蔽日的鸟，不就是庞大的鸟群吗？庄子又说，鹏往南海飞，路程几万里。“鹏之徙于南冥也……抟扶摇而上者九万里。”这不活现是飞迁的候鸟大群体吗？再看“朋”。古人解释《诗经》中的“朋”，说是贝币穿成串儿。《说文解字》不收“朋”字。郑玄注释《诗经·小雅·菁菁者莪》说：“五贝为朋。”王国维说，上古用贝壳当钱时，两串叫作一“朋”。[1]“朋”字引申为“朋党”，即群体，用两个同样的符号代表，正像树林用双木代表。“朋”字属于肉部，“月”不是月亮，而是表示肉体的偏旁，即“肉月”。追查至此就会恍然大悟——大鹏不是别的，而是飞在高空中的、可望而不可即的、大量的肉。

肉食时代的饥饿民众，最渴求的是丰富的肉类资源。大鹏鸟是

[1] 王国维：《说珏朋》，《观堂集林》卷三，中华书局，1959年。

大群的天鹅或鸿雁。它们夜间会落到先民所居的沼泽地栖息，很容易用带绳的“弋”箭来“缴”获。人群有了吃的就能安居，所以凤凰的出现昭示着吉祥。《说文解字》说：“凤，……见则天下大安宁。”

“朋”字为什么曾直接用作“凤”字？段玉裁注释《说文解字》说，“未制凤字之前，假借固已久矣”。为什么“朋党”联用？“万鸟朝凤”，凤代表着“数以万计”的群鸟。《说文解字》：“凤飞，群鸟从以万数，故以为朋党字。”

参照“鲲”字的本义更使以上观点无可置疑。“鲲”就是鱼子的团块。晋代郭璞解释《尔雅》中的“鲲”字说：“凡鱼之子总名鲲。”鱼子很像粟米。满仓粟米，粒数以亿万计。清代李渔形容鱼子之多，引《诗经》语说“乃求千斯仓，乃求万斯箱”。鲲是“大鱼”，鹏则是“大鸟”。鲲变为鹏的传说，反映了肉食时代的古人从吃鱼到吃鸟的变化过程。从肉食的黄色鱼子，经过种种幻化，归结为粒食的黄色粟米，这形象地昭示着带有宿命色彩的华人食物史。

出身于鱼的龙为何飞上天？

龙、凤的前身本来都是鱼，它们又都能在天上飞行。

龙不离水。中华文化对水有最深刻的认识。都知道水性是往低处流，相反，水也能往高处升，弥漫于整个天地。《淮南子·原道训》：“上天则为雨露，下地则为润泽。”“上通九天，下贯九野。”观察水蒸气弯曲上升时，没人不会联想到蛇的形状。蛇跟龙一回事儿，龙就当然会像蒸汽一样往天上飞。

观察蒸锅，会跟天地这个大蒸锅联系起来。天气闷热时，古人常说“暑气熏蒸”。大地上的水变成汽，上升为云。古书说云是“大泽之润气也”，《太平御览》引《说文解字》。“气”就是“汽”。从汽到气，关系着本书的主题，后面要专门探讨。龙跟云又是密不可分的。《易经·文言》说“云从龙”。《管子·水地》说龙“欲上则凌于云气”。《说文解字》说龙“能幽能明，能细能巨”，形幻无定正是云和汽的形态。古文字中的“云”字，活现是龙的图像。鲤鱼变龙神话中的“天火烧其尾”情节，有“水火合一”的意蕴。唐朝“跳龙门”的新科进士要办一场答谢皇帝的宴席，叫“烧尾宴”。水火合一是蒸饭的原理，下文要专门探讨。由此推想，龙观念的形成时间当在转入粒食之初。

凤的演化也体现着水火关系。水中的鹏（凤）升天变鸟就有了火的属性。《太平御览·羽族部》引古书说：“凤，火精。”但凤也像龙一样跟雨水相关，不过龙通过云，而凤通过风。古人认为凤出于“风穴”。《说文解字》说凤“暮宿风穴”。《禽经》说凤禽“飞翔，则天大风”。有风才有云的聚集，才有大雨。神话说祈求下雨的仪式是由凤鸟主持的。《山海经·大荒东经》说“帝（帝俊）下雨坛，彩鸟是司”。当然龙是致雨的主角，凤是配角，这固已表明在龙、凤的前后次第中。

闻一多说从伏羲到大禹都以龙为“图腾”。[1]后世龙成为“天子”的象征。

龙凤呈祥：部落联姻与中餐的二元格局

历史学者公认，从三皇之首的伏羲，到五帝之三的帝喾，一般认为五帝为黄帝、颛顼、帝喾、唐尧、虞舜。一贯崇奉的是“龙图腾”。后来

[1] 闻一多：《伏羲考》，《神话与诗》，华东师范大学出版社，1997年，第58页。

肉食日渐匮乏，“龙”部落便追逐水流而往东发展[1]。神农开始转入“农耕”，到尧、舜时期才实现“粒食”。东部水面广阔，大群水鸟已成为商族“夷人”的食物资源，相应地形成了“凤”的崇奉。《礼记·王制》：“东方曰夷……有不火食者矣。”《说文解字》：“凤，出于东方君子之国。”东来的移民，部分地接受了东夷的文化，也把自己的文化带给了邻族。

文化融会的伟大过程中有一位关键人物，也可以理解为一个部落的领袖。就是五帝之中的帝喾。很有意思的是，古书谈到他的名字的由来，就是“自言其名”。《大戴礼记·五帝德》引孔子的话说他“生而神灵，自言其名”。《山海经》中有很多鸟兽的名字都说是“自呼”或“自叫”。什么鸟的叫声是“喾”（kù）？就是鸿鹄。这透露了他加入并代表鸟的部族。

关于这位古代英雄，文献记载最多也最乱，既说他是西部华族的嫡裔，《史记·五帝本纪》：“帝喾高辛者，黄帝之曾孙也。”又说他的儿子少昊是东夷族的首领，开始以鸟为“图腾”。《左传·昭公十七年》：“我高祖少皞挚之立也，凤鸟适至，故纪于鸟。”少皞（昊）即帝挚，挚、鸷通用，后者是猛禽，象征鸟部落的统治者。[2]但从饮食史的新角度，可以“快刀斩乱麻”地解决这些纠缠：帝喾娶了东夷族女子，入赘于“鸟图腾”部落，生子帝挚；帝喾还有两个儿子契和后稷，分别是殷商及周部落的父系始祖，同是殷商部落的母系始祖。换言之，帝喾是这两大部落的共同祖先。清代孙希旦《礼记集解·祭法篇》说，“殷、周皆祀喾”。闻一多在题为《龙凤》的考证文章中说：“龙与凤代表着我们古代民族中最基本的两个单元——夏民族与殷民族。”[3]帝喾通过联姻把龙凤两大部落结合起来，所以后世尊奉他为婚姻之神——“高禖”神。《礼记·月令》：“（仲春）是月也，玄

[1] ［美］许倬云：《求古编》，新星出版社，2006年，第45页。
[2] 何光岳：《炎黄源流史》，江西教育出版社，1992年，第591页。
[3] 闻一多：《神话与诗》，华东师范大学出版社，1997年，第70页。

鸟至。至之日，以太牢祀于高禖，天子亲往。”郑注以帝喾为高禖。

西鱼、东鸟两大部落有不同的肉食，不同的文化。两大部落的联姻，将两种文化密切地结合起来。龙、凤成为中华文化的一对象征。龙比凤更大更尊。这是因为帝喾乃神农—黄帝的嫡裔，当龙凤结合时，神农的后代早已部分地过上了“粟食”生活，粟食自来是中华文化的正宗。

男的是龙族，女的是凤族，龙凤呈祥。从食物来看，西部的贡献是主食之粟饭，东部的贡献是副食之肉羹。中餐特有的饭菜搭配是天作之合，早已注定。

第二讲

“曲径通幽”的粒食歧路

- “坐吃山空”：生态毁坏与饥饿绝境
- 细小的草籽萌生伟大的文化
- 畸形定居：繁生←→灾荒的恶性循环

第一节 “坐吃山空”：生态毁坏与饥饿绝境

洋人纳闷儿：饿死的伯夷何不打猎吃肉？

“坐吃山空”曾用来形容《红楼梦》中荣国府的衰败，查查成语词典，还有叫人吃惊的下半句“立吃地陷”！这是对生态破坏的强烈警告，可惜英文没法儿翻译。人家不能理解“吃”有这么可怕的后果。

要想认识中华文化中的饥饿现象，先得好好了解中土古老的生态危机。它不光是饥饿的背景，更是“繁生→夭亡→繁生”恶性循环的中间环节。

《史记》的人物传记，第一篇讲的是伯夷、叔齐哥儿俩饿死的事迹。鲁迅《故事新编》中的《采薇》一篇就是据此写成的。这俩“反革命”义士发誓不吃新政权的粮食。但他们并没想自杀，而是逃进首阳山，当时的京都附近，今陕西南部。靠采薇草充饥，实际上是饿死的。薇，俗名灰菜，生命力最强，到处都有，笔者小时候吃过，有小毒。今天西方人会惋惜这俩“不同政见者”，同时更会奇怪：他们在山林中为什么不打猎吃烤兽肉？

广袤的欧洲大森林，进不去出不来，野兽成群，“弓箭不虚发”，德国作曲家韦伯《猎人大合唱》的汉译歌词。兽肉吃不完。西方历史上少有饥饿，更没听说过吃草的事。进入畜牧时代，粮食还被用来喂牛羊呢，人怎么能像牛羊一样吃草？

就算只有植物可吃，现代科学家统计，光是适合人类食用的就有八万多种，[1]假如我们饥饿的祖先能逃往植被茂密的国度，也没人会饿死。然而洋人哪里知道，早在周朝，首阳山上的环境就已被破坏到只长薇草，几乎成为秃山一座了。古老的《山海经》已经反映出生态破坏的严重，书中用“无草木”来描述的山竟有94座之多，反映出古人见到的山不少已经光秃。同时又说“多水”，例如卷一《南山经》开篇就说，柢山等两座山都是“多水，无草木”，[2]可见并非因为干旱。你说“野火烧不尽，春风吹又生”？不，饥荒中挖光了草根。很多当代人有过这样惨痛的经历，留下了真切的记述。一篇原载于《党建导刊》的回忆说：“三年困难时期……农民靠吃草根度日，草根挖光，草长不出来了，牛多数饿死。”

“生态危机”是20世纪后期才开始出现的问题。《简明不列颠百科全书》说：生态学“自20世纪60年代起受到广泛注意。当今人类所面临的人口暴涨、食物短缺和环境污染，均为生态学问题”。但对于中国人来说，提早到上万年以前就严重到危及生存了。如今的环境保护事业用“绿色”来象征。跟绿色对立的是红，火焰的颜色。欧洲毁林的酸雨来自工业之火，华人“过日子”讲究“红火”，包括人口兴旺，反面的贫寒也用“清锅冷灶”来形容。务农的人“口”像欧洲的工业锅炉一样，要吞噬巨量的柴薪，喷着猛烈的火焰。

---

[1] 王献溥：《全球生物多样性评估巨著问世》，《生命世界》，1996年第4期。

[2] 袁珂译注：《山海经全译》，贵州人民出版社，1991年，第2页。

“茹”草：为何从人退回到畜生？

猿猴进化成为人，吃的也从果实变成以肉为主。果实是太阳能（花木结果）的直接升华，动物的肉是太阳能（动物吃草）的间接升华，可见果子、肉类属于同一个层次。草类茎叶不能充当人的食物，较低层次的畜生才吃。

然而，在神农开始种庄稼之前有一段时期，古人曾经主要靠吃草来充饥。这个说法看似新异，却有充分的文献记载支持。对于学术的突破，常用典籍中那些未被动用的史料往往特有价值。古书《淮南子·修务训》白纸黑字地说：“古者，民茹草饮水。”下文则说：“采树木之实，食蠃蛖（螺蚌）之肉……于是神农乃始教民播种五谷。”又《孟子·尽心下》：“舜之（成为‘天子’前）饭糗（稠粥或烘米）茹草。”先民草、菜不分，《说文解字》说菜是“草之可食者”。吃草的经历经常重演于历代。古书中讲吃草的专著就能开个小图书馆。宋朝印刷术刚流行就留下了林洪的《茹草记事》，明太祖的皇子朱橚著有《救荒本草》，还有《野菜谱》《茹草编》《野菜笺》《野菜博录》等，难以备举。

人吃草，是倒退到比猿猴更低级的牛羊层面了。这是极其违背自然的，必有重大缘由。人类的一支来到了中国就面临着饥饿的宿命。有记载说，用火的燧人氏，起初竟是生吞蚌蛤之类细小的东西，闹肚子也不顾。《韩非子·五蠹》：“民食果蓏蚌蛤，腥臊恶臭而伤害腹胃，民多疾病。有圣人作，钻燧取火，以化腥臊……”可见从那时起，饿就算挨上了。

较详细地记述人类生活的文献，最早当是《礼记》的《礼运》

篇。汉代郑玄注释说此篇记载“五帝三王相变易……之道”。请看其中是怎样描述饮食行为的：“（远古）未有火化，食草木之实、鸟兽之肉，饮其血，茹其毛。”“茹其毛”的“茹”已透露出了吃草的迹象。《礼记》古注说：肉不够吃，以致饥饿逼人“茹”食鸟兽的毛来“助饱”。郑玄疏：“虽有鸟兽之肉，若不得饱者，则茹食其毛以助饱也。”

这个“茹”字非常值得注意，它属于草部，却不是草名，而是个动词，例如成语“含辛茹苦”。《汉语大字典》草部字多达两千，用作动词的没有几个。字书对“茹”的解释，就是喂牲口。《说文解字》说是喂马，《玉篇》说是“饭牛也”。人跟畜生竟没有区别！

“茹”字偶尔可当形容词，字书说表示“柔软”“相牵引貌”，看来还是后一种准确，那是形容蔓生茅草嚼不断的坚韧。《易经·泰卦》：“拔茅茹，以其汇。”古注：“茹，相牵引之貌也。”《韩非子·亡征》：“柔茹而寡断。”茹还解释为“蔬菜之总称”，而字书说菜就是草。“茹”字很常用，还能做比喻。《诗经》说，硬的只好吐了，软的就茹（吞）下。《大雅·烝民》：“刚则吐之，柔则茹之。”看来中国古人常有把咬不断、嚼不烂的东西强吞下去的生活体验。吞毛的经历只是留下了口传的历史，到有文字可以追记时，强吞之物已从毛变成草，借用了“茹”这个熟词语是很自然的。

大熊猫、中国人，难兄难弟

大熊猫在19世纪被洋人“发现”。据《简明不列颠百科全书》，是耶稣会传教士大维德于1869年发现的。到20世纪末中国再次对外开放后，大熊猫曾荣任赴美国的“亲善大使”。笔者在饮食文化的探究中突发奇想：大熊猫跟华人真是难兄难弟。熊猫在动物世界里，就像华人在人类世界里一样古老。这一对“历劫犹存”的活宝，在食物上都有着为适应环境而转变的悲惨经历。

美国动物学家、作家夏勒在《最后的熊猫》一书中说，熊猫是肉食动物“食性变化”的唯一实例。可怜的熊猫，“每天要花 13 个钟头嚼竹子的枝叶，但得到的营养却很少”。竹子本来营养就不多，而熊猫能够吸收的只有 13%。鹿能吸收草类营养的 80%。熊猫本是肉食动物，《简明不列颠百科全书》说它“属于食肉目动物”。因为肉的营养容易吸收，所以，它的胃没有吃草的牛那么复杂，牛胃结构特殊，由四个胃囊组成，可以“反刍”。即重嚼咽下的草。肠子也短得多。[1]

你会说，人类虽然爱吃肉，还是属于杂食动物，哪能跟熊猫相提并论？但夏勒是不会反对这种并提的，他说“肉食类和杂食类动物都吃肉类、水果和种子”。熊猫没有肉吃，可以印证古代中国自然环境的特殊：缺少森林、缺少野兽。熊猫活过了几百万年以前的冰川时期，在那前后，中土的生态完全不同。连动物顽固的“食性”都被改造了，先民能在这样严酷的食物危机中存活下来，要经历多么了不得的转变！华人的理想食物一直是肉食，所以古书中管贵族叫“肉食者”。

华人的命运跟熊猫当然也有不同，最明显的是，熊猫成了世界上最珍稀的动物之一，据北京大学潘文石教授估计，现存野外种群的个体总量只剩一千多只。相反，中国却有了世界上最庞大的人口。这又怎么解释？其实也是一捅就破：既然作为“万物之灵”，人对环境的挑战会有意识地反应。人是社会动物，对环境的反应也是社会的，那就是形成多多生育的文化观念。华人人口反而过剩，是高级智慧“矫

---

[1] [美] 夏勒（G. B. Schaller）:《最后的熊猫》，光明日报出版社，1998 年。

枉过正”的表现，是适应力发动过度的结果。

中国人、大熊猫命运的相同，更神奇地表现在性格上。上节里说过，从远古时代，务农的周人在掠夺收成的夷狄游牧者面前一味地求饶、退让。前边我们把这归因于生产方式的决定作用；熊猫不懂生产，它变得温驯无比，完全归因于食物的改变。恰好，食物对性情的决定作用，中国人从远古就独有肯定的认识。中国经典里早就断言，吃肉的凶悍（指虎），吃谷子的智巧（指人）。《大戴礼记·易本命》说：“食肉者勇敢而悍，食谷者智慧而巧。”我很欣赏古人这个大胆的判断，但引用起来有些犯嘀咕：拿动物跟人混同，岂不荒唐？但转念一想，上述判断虽然逻辑上不严密，却是东方智慧的充分显示。食物对生物性情的影响人兽皆然，也在情理之中。

神农而非神医，尝草岂为觅药？

强吞野兽的毛，是舍不得上面那点儿血肉。强吞草的蔓茎，当然不是吃饱了撑的。从吃肉到吞草的转折，关键时期是神农之初。但人们熟悉的只是“神农‘尝’百草”的事迹，把他想象成吃饱了有闲心采药的“半仙”，却很少有人知道这故事惊人的下文：“一日而遇七十毒”，《淮南子·修务训》。更谈不到琢磨背后可怕的饥饿了。

“茹”草是被迫的，“尝”草是主动的。要不是饥饿所迫，谁肯遍尝酸甜苦辣，中毒丧命都不当回事儿？“一日而遇七十毒”，也不算夸张，只要你别把吃草看成某个人物的行为，而要看成整个部落的事儿。只有“尝”字成问题，似乎是药物学家有目的地做试验。饥肠辘辘不找吃的却玩命从事药学研究，岂有此理？

“百草”指的其实是无数植物。“百”是泛言其多，汉语不像西方那样以“千”为基数。尝百草，人们总以为说的是中草药发明的历史，却忘了主人公是“神农”而不是“神医”。至于被归于医药，可能因为后世人们更关心治病，一般人多是从医药常识的角度听说“尝百草”的。最基本的草药书就叫《神农本草经》，约成书于秦汉时代。中华文化固然食、医不分，但食跟医哪个在先？当然不会是医在先。其实更早的古书说得很清楚：神农求的是“可食之物”。徐旭生先生指出：“比《淮南子》较前的《新语·道基》篇中说：‘至于神农，以为行虫走兽难以养民，乃求可食之物，尝百草之实。’”[1]草药只能是寻找可食之物过程中的副产品。西方没有那么多草药，因为人家没挨过大饿。

部落群体一起吃草，那应该是忽然发现猎物全吃光了。开始吃草时，能吞下的都吃，慢慢才知道，有穗的草，其籽粒特别解饱，所以古书又说神农选出了上百种谷类。《礼记·祭法》说神农“能殖百谷”。今天才能认识到，穗上细小的谷粒跟果子一样属于植株的精华，其本质是太阳能热量的高度凝聚。加上等秋天谷粒变得“实成”了再收获，“粮食”的概念才算形成。从没肉可吃，到找出跟肉类同一层次的新食物——“粮食”，经历的曲折是可以想象的。所谓“神农”就是后世对这个几千年漫长时期的称呼。

人在种庄稼的实践中不断摸索，筛选出的品种从“百谷”缩小到“九谷”。《周礼·天官·大宰》郑玄注：“司农云：‘九谷：黍、稷（粟）、秫、稻、麻、大小豆、大小麦。’”生产形成规模，就能给群体提供稳定的食物，神农“尝百草”的使命才算完成。

[1] 徐旭生：《中国古史的传说时代》，广西师范大学出版社，2003年，第264页。

“炎”帝焚山一把火，“尧”帝“烧”窑万年炉

来看华夏远古的人口跟生态。缺少森林的黄土地禁不住繁生、聚居，且看燃烧的“焦”点。华人最看重吃的，但老话“开门七件事”的柴米油盐酱醋茶，头一件却是烧的。

“粒食”的生活方式可说等于持续的大火灾。最早“刀耕火种”，就是砍倒树木放火烧山。上古部落有个叫“烈山氏”的，《国语·鲁语》：“昔烈山氏之有天下也……”叫人想到神农别号“炎帝”的由来。欧洲古代也有农业，但人家不拿粮食当主食，耕作面积小，更有经常的迁徙能让森林恢复生机。在破坏山林上，如果说中国人在“放火”，那欧洲人不过是在“点灯”。

为弄熟食物而耗费的燃料，中西比较实在悬殊。猎牧者把兽肉挂在三脚架上直接烤，而华人的蒸、煮只能间接烧一个水容器。反映古代生活的文学里有个重要角色是樵夫，拿破坏山林当职业。燃料旧称“柴草”，柴不够就烧草。都知道荒年挖草根当吃的，其实常年也挖了当烧的。北方山区做饭靠“搂草”，搂光了就拔青草、挖草木根。笔者小时候就没少干这种“伤天”活儿。

燃料宝贵，为了集中热量，新石器时代的仰韶就有了灶。灶的前身不过是地上挖个坑在里面烧火，保存火种，所以灶（灶的繁体字为“竈”）属于“穴”部，上边带直立烟道的火坑，半坡遗址家家有，考古学家管它叫“地灶”，网上搜索，无数“火坑”都出自记述中国西南少数民族的论著。《人类学词典》里找不到“火坑”，表明只有在中华文化里才那么重要。灶是远古中国人的一大创造，所以灶、造两字曾经

通用。清代朱骏声《说文通训定声》:“灶，假借为造。”例句有金文“丕显朕皇祖受天命，灶有下国”。

推想灶该是陶器的前身之一。湿黄泥坑中烧火，必然造成坑壁硬结，硬坑后来用于给粟粒脱壳，就是最早的臼。古书写发明“臼”的第一步是挖泥坑;《周易·系辞》说“掘地为臼”。更重要的一步是泥坑怎么变硬，书里没说，可能有脱文。后来被人补上半句说用火烧硬。全句见《黄帝内传》:“断木为杵，掘地为臼，以火坚之，使民舂粟。”[1]硬坑偶尔跟周围的软泥分离，便是一件陶器，近似上世纪还用的水舀子和舂谷子的臼。舀的字形正是臼上有爪（手）。还有一大创造：把陶鼎的三条腿都改进成大口袋，陶鬲，这个中国怪物后面将详谈，这怪物会让洋人感到惊异：“热效能”的算计简直精明到家了。这都是燃料短缺逼出来的。

粒食生活特费柴草，岂止“烧饭”，更厉害的是制造陶器的烧窑。陶器的起源至今没弄清楚，中东的陶罐也许更早，那是盛水用的，而中国最早的陶器底上就有烟炱。例如北京大学考古系学者报告的河北阳原县于家沟遗址，年代距今约一万年。[2]早期的陶器极其粗劣，考古学家管它叫“粗陶”。说破就破，得三天两头儿地换。

甲骨文中就有“缶”字，出处编号是“一七八”。[3]是“匋（陶）”字的前身。《说文解字》:“匋:《史篇》读与缶同。”加上的外壳表示陶窑。陶窑是古华人发明的，洋人也承认，美国人类学家房龙说：“中国人发明火窑，

---

[1] 《景印文渊阁四库全书》第365册，台湾商务印书馆，1985年，第109～110页。

[2] 赵朝洪、吴小红:《中国早期陶器的发现、年代测定及早期制陶工艺的初步探讨》,《陶瓷学报》，2000年第4期。

[3] 徐中舒主编:《甲骨文字典》，四川辞书出版社，2003年，第580页。

就由巴比伦传到西方。”[1]笔者参观过西安半坡遗址的古陶窑，窑都在房舍近旁，大小才几平方米，一次只能烧四五件陶器[2]，当时就想到这得费多少柴草啊！帝尧就是凭掌握这种尖端技术而成为最高领袖的。《说文解字》段玉裁注释说：“尧、陶、窑音义相通。”尧之言至高也。甲骨文的字形，上部两个圈儿表示陶器的土坯，后来演变为繁体“尧”的三个土字。其他古文化，做陶器都用大量树木来“堆烧”，中国缺乏树木才发明了窑，窑是发明瓷器的前提，瓷器 china 成为中华的代称，根据很可能要追溯到这里。推想《史记》开篇的帝尧时代，中原的山野早就烧“焦”无数次了。

西方：近代仅一国闹过大饥荒

饥饿是先民永恒的话题。用现代学术眼光去考察饥饿问题的还不多见。较重要的只有 20 世纪 30 年代一本薄薄的《中国救荒史》，邓云特（即邓拓）著，被收入“民国丛书”中。[3]至于跟别的文明比较认识，就更谈不到了。

近代以来，洋人下功夫全面研究中国，但唯独缺了饮食方面。也难怪，他们对自己日常的“吃”都没看重，又怎么会想到他人？自打“人类学”兴起后，这不过是第二次世界大战以后的事。人的吃食才开始进了西方的学术殿堂。历史学家的断言会让我们大出意外：人类从打猎采集时代起压根儿就没怎么挨过饿。《全球通史》说：“与我们通常设想的相反，靠捕捉小动物为生的原始人在正常情况下过的并不是受

[1] [美]房龙：《人类征服的故事》，江苏人民出版社，1997 年，第 51 页。
[2] 宋兆麟等：《中国原始社会史》，文物出版社，1983 年，第 175 页。
[3] 邓云特：《中国救荒史》，“民国丛书”，上海书店，1990 年。

饥挨饿的生活。”[1]博学的“全球”史学者，对中国原始人悲惨的饥饿竟一无所知。可见本书第一版题名为“华人的饮食歧路”不算夸张。[2]

西方当然不会没有饥荒，但远没有中国那么可怕。《圣经》“大洪水”的传说中也没涉及饥饿，故事里诺亚方舟上只带上了几样“留种”的动物，《旧约·创世记》中，神吩咐诺亚：“凡洁净的畜类，你要带七公七母……可以留种。”却没提粮食种子，表明人们没有肉食短缺的观念。让我们看看《圣经》中对饥荒的描述：最严重的一次饥荒，只说用野瓜熬汤充饥，却没提到有一个人饿死。结果神人显灵，用20张麦饼喂饱了100个饥民。《旧约·列王纪下》第4章。为了标榜圣迹，得把食物说得极少，居然还有那么多大饼！对比中国古书记载的“人相食”的饥荒，是多么悬殊！

以色列所处的中东，自然条件有点儿像中国，干旱而缺少大森林，但人们遇到灾荒可以远走异国。《旧约》提到的“饥荒”是小事一桩，只说一家四口迁往外地。摩西的庞大家族就是在埃及繁生的。《旧约·出埃及记》。从地理上看中国，则几乎是个封闭的空间。东南有大海，西南、西北是高山及沙漠。从历史来看当然也一样。

中国人胆小，“好死不如赖活着”，不到万不得已绝不造反。就这样，历史书里还充满了“农民起义”，成功的、失败的，真是“更仆难数”，都是饿出来的。欧洲历史上很少发生农民起义，更没一次成功。为了对比研究，笔者费了九牛二虎之力找材料，才在国人写的书里找到“中古农民起义”一节[3]，笔者戴上“阶级斗争”

[1] [美]斯塔夫里阿诺斯：《全球通史》上册，上海社会科学院出版社，1999年，第83页。
[2] 高成鸢：《食·味·道：华人的饮食歧路与文化异彩》，紫禁城出版社，2011年。
[3] 郑之等：《世界中古史纪略》，黑龙江人民出版社，1984年。

的红眼镜极力查找，够规模的起义只有两三次。14 世纪以前基本没有。1381 年英国的瓦特 · 泰勒起义（Wat Tyler's Revolt）规模不大。1524 年闵采尔（Thomas Müntzer）领导的德国"农民战争"号称历史之最，也不过十多万人。更值得注意的是，没一次是由饥饿引发的。

从第一本欧洲饮食史专著来看，章节标题中的"饥饿"只出现于近代。德国人希旭菲尔德（Gunther Hirschfelder）著《欧洲饮食文化》（*Europäische Esskultur*）第八章的副标题是"近代初期的饥饿和饱餐"。大饥荒则只有一次，发生在近代的爱尔兰，那还是农作物单一化而引起的。恩格斯说："1847 年，爱尔兰因马铃薯受病害的缘故发生了大饥荒，饿死了一百万吃马铃薯或差不多专吃马铃薯的爱尔兰人。"[1] 更有特殊缘由：能养活成倍人口的食物被出口到英格兰去喂牛。

本简体字版补记：近年，笔者在国际研讨会上跟法国社会科学院研究饮食史的萨班（Francoise Sabban）女士结识并持续通信，她读过拙著后提出异议，说欧洲到"二战"时期还有饥饿，笔者回答说，"我指的是群体持久的饥饿，从明代引进美洲高产的玉米、番薯，就彻底解决了"。

[1]［德］恩格斯：《自然辩证法》，人民出版社，1971 年，第 159 页。

第二节　细小的草籽萌生伟大的文化

“麦”=“来”：天赐瑞物，不期而来

俗话形容想美事儿，常说“天上掉馅饼”。馅饼虽是幻想，说饼是天上掉下的，还真有点儿根据，至少面粉如此，面粉合起来就是“饼”。《辞源》解释“饼”，说是“面食的通称”，饼来自合并。《释名》：“饼，并也，溲面使合并也。”麦是上帝的恩赐，是人类不劳而获的，这确是事实。

做饼的面哪儿来的？你想不到，答案就在“来”字中。汉字“麦”（麥）就是由“来”字派生的。来字属于什么部？起先它本身就是个部首。《说文解字》有“来”部，《康熙字典》则没有道理地强归于“人”部。

世界公认麦子的原产地在远离中国的亚洲西部，时间比小米要早出两千年。《简明不列颠百科全书》：“早在公元前7000年，幼发拉底河流域就种植这类禾草。”大麦更是早得惊人。人类学家说，开始种大麦是在一万年前，公元前8000多年。那时“大麦不过是蔓生在中东地区的

一种野草而已”。谁也想不到，大麦并不像谷子那样是经过人的培育改良而成的。不止一本人类学的著作断言，中亚某地的人一开始就是大麦的“收获者”，后来才成为种植者。利普斯《事物的起源》说：“只有这些不从事耕作却和农业部落同样收获的人，才能看作是农业的发明者。”[1] 布朗诺斯基《人类文明的演进》说：“杰利乔（Jerich，在约旦河西岸，公元前9000年的文化遗址）比农业还要古老，来此定居的第一批居民就是收获大麦的人，但他们却不知道如何种植大麦。”人类学家说：“冰河时代末期，大地上冒出了新生的青葱植物。”这就是大麦。后来在中东出现了“混种的大麦”。[2]《人类文明的演进》。如此看来，大麦同样可能在中国大地上“冒”出来。于省吾先生的见解恰好跟这不谋而合。他断言，甲骨文里的“麦”就是大麦，而“来”是小麦[3]。中国麦子的历史，中国社会科学院的古史专家彭邦炯先生研究得最透彻。这里引用的材料都是转引自他的长篇论文[4]。

《说文解字》对“来”的解释，也跟现代人类学家说的一模一样：麦子是最早务农的周部落意外接受的“祥瑞”之物，原文是“周所受瑞麦，来麰也”。所以就用它表示“自行到来”的动词“来”。《说文解字》的原文是“天所来也，故为行来之‘来’”。文字学家段玉裁进一步议论说：“自天而降之‘麦’，谓之‘来麰’，亦单谓之‘来’，因而凡物之（自）至者，皆谓之‘来’。”《说文解字》段注。

---

［1］［德］利普斯：《事物的起源》，四川民族出版社，1982年，第91页。

［2］［英］布朗诺斯基：《人类文明的演进》，台湾世界文物出版社，1975年，第62页。

［3］于省吾：《商代的谷类作物》，《东北人民大学人文科学学报》，1957年第1期。

［4］彭邦炯：《殷商饮食文明中的食物生产》，《中华食苑》第四集，中国社会科学出版社，1996年，第128页。

神农为何弃优取劣？

古书里管麦子叫“瑞麦”，真有点神秘难解。“瑞”是老天爷向人间兆示吉祥的、罕见的东西或现象。汉代王充《论衡·指瑞篇》中说，“瑞”是“吉祥异物”，兆示着“王者”（实际代表群体）的富贵，举出的例子有麒麟、甘露等类。“祥瑞”都是短暂出现而又很快消失的，麦子则不然。

麦子的出现，让“茹草”的神农们一步登天，吃上了“细粮”。汉朝以后麦子逐渐成了北方的粮食之一。那它又怎么能算“瑞”呢？笔者研究饮食文化之初就琢磨这个问题；当年在新辟的中餐史刊物上发表的文章，小标题就是“神农不幸失瑞麦”[1]。发现瑞物当然让人惊喜，先民的确曾对这种细粮寄予莫大的希望，然而很快就变了心。高贵的麦子是自己走来的，困苦的神农刚要热烈地拥抱它，却又背过脸去紧紧抱定土气的谷子，最终谷子成为主食。对麦子的背弃，其实是得而复失，实不得已，所以说是“不幸”。

神农及其子孙为什么要弃优取劣，舍麦而种谷？这是一大疑谜。

农史学者会说谷子更耐旱，这当然是对的。笔者一开始就是从“饥饿”这个特殊角度来关注饮食史的，经过长久琢磨而恍然大悟，提出一个新的补充理由：疑谜的答案就在半首唐诗中。连小学生都会背诵：“春种一粒粟，秋收万颗子。”这是李绅的绝句《悯农》，后两句是“四海无闲田，农夫犹饿死”。对比一下吧：一个麦穗，数一数，不过

[1] 高成鸢：《苦尽甘来：粟食的歧路》（《饮食之“道”》系列之三），系列文章由《中国烹饪》1994 年第 4 期开始陆续发表。

三四十粒。现代中国人已经懂得重视经济效益，“投入产出比”成了口头禅。放弃麦子改种谷子，可以用分量最小的种子换来分量最大的收成。麦类如此，各种五谷杂粮也一样，没有任何作物的种子跟收成的比例那样悬殊。

研究中国食物的美国学者曾谈到小麦的产量，说经常反倒赔了麦种。尤金·N. 安德森《中国食物》：“播下四五粒种子仅收回一粒在欧洲仍是常事。”[1] 试问，当人们饿蓝了眼时，还肯冒着绝收的危险，拿大把“祥瑞”的麦粒往泥土里扔吗？

为让挑剔的读者也能信服，再来个“精确化”，用数学方法比较：引用“千粒重”的农学概念。先查得谷子与小麦的“千粒重”，计算结果，每粒麦子的重量比每粒谷子大约要大出 15 倍！据百科全书，小麦“千粒重”23～58 克，每千克 17200～43400 粒；谷子“千粒重”只有 2.2～4.0 克，每千克 250000～454000 粒。换句话说，种谷子比种麦子，一个人的“口粮”，有希望“糊”住 15 个饥饿者的“口”。这是“人口”压力下的必然选择。

需要说明的是，本节只是约略概述定居务农之前的过渡时期。至于跟“畸形”定居同时选定粟米为单一作物，主要缘由更有它跟黄土特性的高度适应。

“纯农定居”：行通绝路是歧路

关于农业的由来是个很复杂的问题。《全球通史》总结了上世

[1] [美] 尤金·N. 安德森：《中国食物》（海外中国研究丛书），江苏人民出版社，2003 年，第 97 页。

纪的研究成果，肯定农业发源于中东，但同时强调指出，那是畜牧（牛羊猪）与谷物栽培（小麦大麦）相结合的混合型农业。书中说，地理环境的影响使农业形成不同的类型。例如，公元前 8 世纪初的希腊，那里没有草原可供畜牧，山地不适于种粮，只盛产两种经济作物。一部分农民只得“到海上去当海盗、商人或殖民者”，剩下的从事橄榄油、葡萄酒等商品的生产，跟海外交换粮食，这样就形成了“商业性农业”[1]。

农业也传到欧洲内陆。欧洲人是幸运儿，迁移到那片绿色大陆之前，就从祖先那里继承了种粮食的技能。马克思说，没有谷物，雅利安人“便不能带着他们的畜群再回到……欧洲的森林地带去”。[2] 至于游牧者为什么要种粮食，答案会叫华人大吃一惊：“谷物的种植极可能是由于饲养家畜的需要而产生的”，“园艺之起……与其说是由于人类的需要，不如说是由于家畜的需要”。[3]

畜牧与农耕的互补，是自然发展的结果，却像经济奇才的高明设计。例如，农作物的秸秆可做牲畜的饲料，而牲畜的粪便可做肥料。以牧为主也可能转变到以农为主。农牧互补的合理性令人叫绝，无怪乎成为普遍的经济模式。

西方人也吃面包，还曾以面包为主，但其文化基因却是肉食的。笔者注意到《旧约·创世记》令人深思的记载：“诺亚方舟”的故事说，上帝在大洪水到来前嘱咐要拯救的人，说“凡

[1] [美] 斯塔夫里阿诺斯：《全球通史》上册，上海社会科学院出版社，1999 年，第 91、202～203 页。

[2] [德] 马克思：《摩尔根〈古代社会〉一书摘要》，人民出版社，1978 年，第 8 页。

[3] 《世界食品经济文化通览》编委会编：《世界食品经济文化通览》，西苑出版社，2000 年，第 281 页。

洁净的畜类，你要带七公七母”，为了“留种，将来在地上生殖”。华人会奇怪，留的“种”为什么不是粮食。《圣经》只提动物，这透露出一个事实：尽管农业起源于中东，那里的文明“基因”还是肉食的。近代美洲出现了养牛的好条件，拿粮换牛肉变得最为合理，于是肉食基因大发作，空前地过上了以吃牛肉为主的生活。统计显示，美国人均一年吃掉粮食1500公斤，是中国人的4倍，用来转化成肉、蛋、奶的，多达90%。华人尽管吃肉最解馋，但孔夫子说总不能让肉食压倒作为基因的粒食。《论语·乡党》：“肉虽多，不使胜食气。”

《全球通史》断言，原始农业只能用“大面积的可耕地”来养活稀少的人口。这要求大量土地要处于“休耕”状态。书中说，因为没有肥料，“处于休耕状态”的土地要“远远超过正在耕种的”。中华文化的独特性就是在“休耕”问题上开始的。美国著名华裔史学家、长于考据的何炳棣先生有个重大发现，他说尽管原始农业“要休耕七年之久”，但“华北远古农夫……可以两年休耕、一年休耕”，“甚至基本上不需要休耕”。按，所谓“华北”泛指粟作区域，以别于稻作的江南。这又涉及“游耕”问题，这个名词是何先生较早提出来的。“游耕”跟“游牧”都是游动的生产方式，往往在一定范围的土地上同时构成“农牧互补”的初期形式。何先生明确提出了“古华人没有经过游耕阶段”的论断[1]。

为什么粟作地区可以极少“休耕”而独能免于“游耕”？何炳棣先生论证在于黄土地肥沃，可以“自我增肥”。至于土地肥力

[1] [美]何炳棣：《华北原始土地耕作方式：科学、训诂互证示例》，《农业考古》，1991年第1期。

的释放需要水，何先生论证黄土又最能保持水分。随着人口的增加，终要依赖灌溉才能提高产量，才能吃饱，然而张京华教授却指出："中国古代的农田水利……是世界各古代文明中最晚的。"[1]怎样克服土地肥力的不足？另一位著名华裔学者许倬云先生根据先秦古籍的考证，提出"使休闲田变为常耕田"的办法是"多粪肥田"[2]。

古华人就在缺乏森林、气候干旱的恶劣生存环境下，违背世界普遍的原始农业规律，过上了高度定居的纯农业的生活。古华人在无路可走的绝境中闯出一条生路，也可说是走上歧路。人的粪便是恶臭的，人们都想躲远点，为什么唯独华人不然？原始文明还有个共通规律：人们会根据生存条件，通过杀婴来自动调节人口数量[3]，为什么古人反而崇尚繁生？这重重难题，本书都将从饮食史的角度试着提出解答或者猜想。

食物最细小，人口最庞大

华人的"粒食"，总称是"穀"（简化字以"谷"代用），都是草本植物的种子。神农在吃草生涯中有个重大发现：种子比茎叶更能充饥。经过世代筛选，种子的范围越来越小：先是"百谷"，如《礼记·祭法》说"（神农）能殖百谷"。后来减少为"九谷"，如《周礼·天官·大宰》说"三农生九谷"，"九"也是泛指其多。再减少为"五谷"。据日本学

[1] 张京华：《在厄八讲：第一讲 自然环境与农耕经济》，2002 年 5 月 20 日，北京大学讲座。
[2] [美]许倬云：《求古编》，新星出版社，2006 年，第 137 页。
[3] [美]斯塔夫里阿诺斯：《全球通史》上册，上海社会科学院出版社，1999 年，第 83 页。

者筱田统的研究，在战国时期以后才有“五谷”之说，更早的《诗经》《春秋》《国语》等书中通行的都是“百谷”。[1]

谷类古称“禾”。包括黄河流域的粟及长江流域的稻，脱壳后分别叫“小米”“大米”。小米包括几个种类，稷、粟、黍（黄米）。“稷”是什么，历来七嘴八舌。陈梦家认为是粱或黍[2]。于省吾先生认为是粟[3]。农史权威许倬云先生把古今的争议梳理得很清楚。参考了钱穆、何炳棣等中外学者的见解。他认为“稷”是“中国最古老的作物”，应当成为小米系列的总称，所以“后稷”是农神。[4]现代考古学家发现稻也很古老，8000 年前就有。[5]稻米比粟米好吃，产量又高，但在文化上注定要低粟一等。甲骨文里的“稻”，字形是“黍”字加“三点水”。[6]《辞源》对“禾”字的解释，既“泛指谷类”，又特指“粟”。例句都出自《诗经·豳风·七月》：“十月纳禾稼”“禾麻菽麦。”

洋人听说中国人拿谷子当神，皇上带头顶礼膜拜，只有天子才有资格祭祀“社稷”，而崇高的神祇“稷”就是谷子。莫不惊奇。在西欧、北美，谷子是牧草，其籽粒是喂牲口的。《简明不列颠百科全书》中有一个词叫 millet，是“用作干草、牧草和狩猎鸟类的食料”。法国汉学家谢和耐（Jacques Gernet）说，谷子就是“狗尾草”（setaria viridis），就是莠草之类[7]，成语说“良莠不分”。有经验的老农才能将其剔除，它的籽儿就

[1] ［日］筱田统：《中国食物史研究》，中国商业出版社，1987 年，第 6 页。

[2] 陈梦家：《殷虚卜辞综述》，科学出版社，1956 年，第 528 页。

[3] 于省吾：《释齐》，《甲骨文字释林·释黍》，中华书局，1979 年。

[4] ［美］许倬云：《求古编》，新星出版社，2006 年，第 114 页。

[5] 安金槐主编：《中国考古》，上海古籍出版社，1992 年，第 78 页。

[6] 《甲骨文编》卷七·一五，889 号，又附字表 3 号，转引自彭邦炯文：《中华食苑》第四集，中国社会科学出版社，1996 年，第 158 页。

[7] ［法］谢和耐（Jacques Gernet）：《中国社会史》，江苏人民出版社，1995 年，第 37 页。

是瘪瘪的稗子。《辞源》说，“稗”表示卑微，不值得重视的史料叫“稗史”。谷粒也有没长“实成”的，《论语·子罕》：“苗而不秀者有矣夫，秀而不实者有矣夫。”叫作“秕”。《尚书·仲虺之诰》：“若苗之有莠，若粟之有秕。”稗、秕，都是废物。

能让狗尾草籽儿变成粟米、黍米，谷子品种优选的过程奇妙地记录在“秀”这个汉字中。当“优秀”讲的“秀”，上边是“禾”字、下边是“人”字的变形，而“人”就是杏仁的“仁”。这等于断言：粟乃是从狗尾草籽选出的有仁儿的优“秀”者。《说文解字》段注：“秀，从禾、人……不荣而实者谓之秀……凡果实中有仁，《本草》本皆作‘人’。”“以农立国”的神农子孙，改良品种的能力了不起，但经过上万年的培育，小米才不过沙粒儿大，可见，最早的谷子多么“废物”，可见华人的饮食歧路是多么崎岖而曲折。西方人吃牛肉，牛是最庞大的家畜；中国人吃的谷子是最细小的植物，恰好是两个极端。世界上最庞大的人口，却靠最细小的食物来养活，这是多么叫人惊骇的命运！

禾：谷穗下垂之象，文化恋根之由

我们常拿“叶落归根”来形容华侨的思乡之情，那说的只是海外游子面临寿终的特定心愿。其实，古华人观念里早有“归根”情结，类似于宗教情怀：从长大成人起，总是心向着自己的生命之根。分析起来，“根”是经过父亲（母从属于父）代代上溯，直到远祖，以至养育祖先的故乡山川，最后归结为“天”（地从属于天，列祖的灵魂都在天上）。这个神圣系列，教中国人牢记“养育之恩”。有“养”然后有“育”，而“养”就是食物。英文“养育

(nurture)”也与“营养 (nutrition)”同源。

表示粮食作物的汉字都带“禾”字旁。“禾”字画的是一棵粟草，下边是茎叶，上边一撇代表穗。下垂的谷穗，是谷子跟莠草的根本不同，老农也只有等快成熟了才能根据这个来辨别。《说文解字》：“禾，从木，从省，象其穗。”段玉裁的注释说：“莠与禾绝相似，虽老农不辨，及其吐穗，则禾穗必屈而倒垂，可以识别。艹部谓莠扬生，古者造禾字，屈笔下垂以象之。”我们的祖先认为那一撇有极为神圣的意义，远远超过粮食。“锄禾日当午，汗滴禾下土。谁知盘中餐，粒粒皆辛苦。”细沙般的小米粒，凝聚的不仅是汗水，更有思念祖先的泪水。让小学生念这首诗是教他们别忘本。

《说文解字》的注释者引古书说，禾穗下垂，是老天教导人们，做人可不能忘本。段玉裁的注释引《淮南子》高诱注说，“禾穗垂而向根，君子不忘本也”。张衡《思玄赋》也说嘉禾“垂颖而顾本”。那就像屈原说的“狐狸死时必定头向着山丘”一样，《九章 · 哀郢》：“狐死必首丘。”人，就算回不了乡，死的时候也必得头向家山，向着禾田。《淮南子 · 缪称训》：“狐首丘而死，我其向粟乎！”

学贯中西的季羡林先生鼓励笔者对中华文化本源的探索，认为“尊老报德”是“东方文化的精华”。为拙著手书推荐信，致“韩国国际交流基金”[1]。他这么说的根据是经书里的“报本反始”。《礼记 · 祭义》：“教民反古复始，不忘其所由生也。”意思是回报、回归最早的生长点。根生在泥土里，所以谷穗要反过来向着下边的土地。

华人都会发豆芽：种子最先长出的“芽”其实是“根”。可以断言，中华文化这棵参天古树，是从细小的谷粒儿里长出来的。

---

[1] 高成鸢：《中华尊老文化探究》书前图片，中国社会科学出版社，1999 年。又被收录于蔡德贵编《季羡林书信集》，长春出版社，2010 年。

第三节　畸形定居：繁生⟷灾荒的恶性循环

种族生存的“鱼子战略”

我们吃鲫鱼时常常惊奇鱼子粒团块之大，去了它，鱼简直成空壳了。俗话说“大鱼吃小鱼”，鲫鱼是小鱼，加上黄河低地积聚的水容易干涸，若不多生，怎么能抵御大量的夭亡，以维护物种的生存？“多如过江之鲫”的种群就是这样造的。李渔，绝顶聪明的清朝美食家，曾拿鱼子跟谷子相比。《闲情偶寄·饮馔部·肉食第三》：“鱼之为种也似粟，千斯仓而万斯箱。”他说人若是不捕食鱼，鱼还不得繁生到填满江河？他引用的“千仓、万箱”之句，是古人祈盼谷米丰收的民歌，谷子多多以保证聚居的部族“万寿无疆”。《诗经·小雅·甫田》。

华人谚语说“树挪死，人挪活”，黄河自古就闹灾害，气象史专家竺可桢说，上下2500多年间水灾就达1590次。[1] 为什么不像宋朝那样大举移民，到长江以南富庶的“鱼米之乡”？我们知道长江的文明不比黄河晚，

[1] 竺可桢：《竺可桢文集》，科学出版社，1979年，第338页。

但黄河的粟文明一直居于正统地位。晋、宋两次南移，是异文明武力驱赶的结果。答案只能是：中华文化有非常强固的“故土难离”观念。再深入地看，因为富有繁生、聚居两个基因。

在“聚居”的前提下，“繁生”必然导致生态破坏和灾害，况且在生态本来就脆弱的地区，结果是大量地“夭亡”，于是就得更多地繁生。这样就形成了恶性循环：繁生→生态破坏→灾害→夭亡→繁生。

要认识“繁生”就得重视“夭亡”。“夭亡”是跟“寿昌”对应的。“亡”的本义不是死而是逃。华夏文化就怕在祖先的土地上不见了子孙生息；逃亡、死亡都一样。“夭”是非常重要的词儿，只有中国才有，英文没法儿翻译，只能解释为 to die young（死得年轻）。推想古代夭亡的儿童比活下来的更多？笔者忽发奇想：“幸”字是否跟“夭”有关？“小心求证”，果不其然。古体“幸”字上部为“夭”，下部为“屰”，“逆”去掉“辶”还当逆讲。《说文解字·夭部》：“幸者，吉而免凶也，从屰从夭。”高按，篆体字形下部为屰，以经韵楼原刻本较明显；段注考证比较曲折，需结合夭部的篆字来理解。[1] 结论是：“幸”为“夭”的逆反——不饿死是侥幸！尽管《甲骨文字典》对“幸”别有说法，但篆文的解释当有事理为据。

“夭”的篆字

“幸”的篆字

古时的中国人就像鱼一样容易夭亡。鱼凭着自然选择，进化出大量繁生的天性。抗拒“灭种”是生物群体最重要的本能。子嗣多多益善，自然成了

[1]〔清〕段玉裁：《说文解字注》，上海古籍出版社，1981 年，第 494 页。

中原聚居部族的生存战略。恶性循环就是必然的了。拿鱼子跟人比较，西方人类学家会大喊荒唐，他们早就发现一大规律：面对着食物的缺乏，原始人类就会减少生育。《全球通史》的作者总结说："（远古人类）从来不使自己的人口增长超出食物来源所许可的范围。相反，倒是采取堕胎、停止哺乳和杀死新生婴儿等办法来降低自己的人口数"。[1]

史学家也会驳斥华人"繁生"之说，嘲笑笔者不知中国人口晚到明朝才上亿的史实。笔者的答复是，权威的"中国通"费正清（John King Fairbank）论证：明朝的"人口爆炸"缘由是引进高产的甜薯、玉米；他在《美国与中国》一书中断言，玉蜀黍是今天在华北能够得到的食物能量的七分之一左右。甜薯"在华南许多产稻地区成为穷人的食粮"。[2]刚一饱肚就拼命生育，恰好证明繁生确实是中国文化的基因，先前的繁生一直被"饥饿→夭亡"所抵消。

关于聚居（以老人为核心）、繁生两大基因的由来，请参阅拙著《中华尊老文化探究》，此书为国家史学课题成果，前附季羡林先生手书推荐信，曾在韩国引起较大反响，因为笔者转入饮食史研究而未能撰写学术论文，遂致湮没无闻。这里只做极简单的概述：黄土地上最早的种粟者（以周部落为代表）处在游猎部落的包围中，没有条件从事原始农业必经的"游耕"，无法实现农牧互补的普遍模式，开始"畸形定居"：为保卫收成不受掠夺，唯一的策略是靠人多势众、以柔克刚；人多又不挪地，必然导致生态破坏，陷入食物危机，被迫寻求可食之物及改进可食性的手段。[3]正是在这个节点上，笔者受到突发兴趣的诱引，投入饮食文化的探索。

---

［1］［美］斯塔夫里阿诺斯：《全球通史》上册，上海社会科学院出版社，1999年，第83页。
［2］［美］费正清：《美国与中国》，商务印书馆，1971年（"内部发行"），第126页。
［3］高成鸢：《中华尊老文化探究》，中国社会科学出版社，1999年。

文化定型的关键：对粪便转憎为爱

中华文化的定居几乎是绝对的，除非被外力打破。华人自己早就认识到“安土重迁，黎民之性”。《汉书·元帝纪》。至于近乎宗教的祖先崇拜，则以墓地为依托。墓地按辈分排列，反映在家谱上，像倒立的大树，不禁让人想到家族生命酷似植物。

先民“不挪窝”的定居，最早是违背农业规律也是违背文明史规律的。原理之一，就是初民排泄物的问题。人类学家说，人类的粪便是恶臭的，文学名著《不能承受的生命之轻》提到，基督徒想不通上帝造人时为什么犯下使其排便的“罪恶”[1]。人类自己也极其厌恶，躲避唯恐不远。所以西方人很早就有抽水马桶的“伟大发明”，不仅不闻其臭，甚至不看一眼。1589年，英国哈林顿爵士首创抽水马桶。[2] 华人其实也同样厌恶粪便，《孟子·离娄下》说纵使美如西施，沾上一身臭屎，男人也会“掩鼻而过之”。

研究文化史的美国学者断言，原始人类不肯定居，跟躲避自己的粪便有关。朱莉·霍兰《厕神：厕所的文明史》说：“废物处理使人们不再到处游走躲避自己的粪便，从而最终定居下来。”[3]《全球通史》为这种观点提供了佐证，“定居生活使粪便和垃圾的处置成了棘手的问题，传染病常常一次又一次地袭击那些村庄。虽然狗爱吃粪，起到了清洁环境的

---

[1] [法] 米兰·昆德拉：《不能承受的生命之轻》，上海译文出版社，2003年，第292页。

[2] 《抽水马桶的发明》，《世界发明》，2002年第2期。

[3] [美] 朱莉·霍兰：《厕神：厕所的文明史》，上海人民出版社，2006年，第3页。

作用”，但人们还是“跑到离住处较远处解手”[1]。这甚至成为原始游耕的缘由之一。

另一方面，原始农业缺乏肥料。《全球通史》概述古代农业说，“精耕细作”的农业不大能行得通，由于没有发明肥料，所以广大的土地只能养活稀少的人口。“大量可耕地处于休耕状态”，“人口密度必须很低”。然而华人先民村落的人口密度却要超过常理允许的10倍。《全球通史》说“（一个）村庄的人口一般是50到100人”，许倬云却说“半坡的村落有400到800人聚居”。[2]为什么违背道理的事居然成为现实？奥秘原来在于大粪！

农耕的绝对需要，迫使华人先民发生了异于全人类的转变，竟把大粪视为宝贝。厕所跟猪圈连为一体，合称为“圂”。《说文解字》：“圂，厕也。”《汉书·五行志》颜师古注：“圂者，养豕之牢也。”笔者小时候去菜园买菜，新鲜的菜叶上偶尔会见到粪便中没有消化的豆瓣。今天的年轻人也许会不相信，华人视大粪为宝，《雷锋日记》是铁证，说他过年不肯休息，两天拾粪五六百斤交给“人民公社”。不过二十年前，报纸上还经常号召农村多积“农家肥”，用人的粪便添加草木、秸秆封土“沤”成。这种肥料经过发酵臭气稍减，农夫用手抓了撒到田里。

欧洲人有无边的可耕土地，用不着集约化耕作。他们两百多年前才开始使用肥料，农史专家说：“17、18世纪，英国、荷兰的农民发现了使用动物粪肥提高土地产量的方法。”[3]那是没有臭味的牧场粪便，牧民还拿牛

[1] ［美］斯塔夫里阿诺斯：《全球通史》上册，上海社会科学院出版社，1999年，第93页。
[2] ［美］许倬云：《求古编》，新星出版社，2006年，第38页。
[3] ［美］盖尔·约翰逊：《中国农业调整：问题和前景》，《经济发展中的农业、农村、农民问题》，商务印书馆，2004年。

粪涂墙呢。

是什么特殊情况逼着华人先民“窝吃窝拉”，克服了人类厌恶臭屎的本性？合理的解释是，最初的定居地被围困而无处“游耕”，只有利用粪便来避免“休耕”。务农的祖先被游牧者包围的史实后边要做考证。当然还要有个前提：最初务农的特定土地特别宜于特定作物连续种植，那就是何炳棣先生发现的耐旱的小米、肥沃的黄土。

根据华人农业依靠粪肥的实际情况，可以说，中华文化是从大粪里“沤”出来的。

饥“馑”：逃荒者尸体“填沟壑”

华人的饥饿经历，敢说是洋人及现今的国人所难以想象的。《辞海》里找不到“饥饿”，只有“饥馑”，“馑”跟“殣”通用，而“殣”特指埋在大路边上的死人。唐人李善注释《文选》时，在《王命论》一篇中引荀悦曰“道瘗谓之殣也”。为个别的死人何至于造个专有名词？哪里是个别？是大批。专用字还不止一个，更常用的是“殍”，“殍”除了表示饿死的人，也当草木叶子枯落讲。《广韵》。还有个异体字“莩”，草字头表示人像秋天的草一样统统枯死。《孟子·梁惠王上》说：“民有饥色，野有饿莩。”

号称“诗圣”的杜甫有一首诗自述身世，哀叹自己可能饿死，说“焉知饿死填沟壑”。《醉时歌》。名将岳飞在另一阕《满江红》中怀念敌占区的父老，唱道：“遥望中原，……填沟壑。”“沟壑”就是山路旁边的低洼带。饿死了为什么偏要填沟壑呢？因为是在逃荒的路上倒毙的。《辞源》解释上引《孟子》的话，就说“饿死而弃尸溪谷”。

《诗经》里“饥”“馑”二字总是连用。见《诗经索引》。[1]辞书解释说，“饥”是粮食绝收，“馑”是连“蔬”都枯死了。《尔雅·释天》：“谷不熟为饥，蔬不熟为馑。”这里蔬指野菜。贫穷百姓时常“糠菜半年粮”，每当粮食绝收，全靠野菜救命，野菜绝收就没了活路。这种“饥馑”在中国历史上是家常便饭。其中一次饥馑就几乎死光了四个诸侯国的人。《诗经·小雅·雨无正》：“浩浩昊天，不骏其德，降丧饥馑，斩伐四国。”“饿”不像“馑”那么可怕，但也是要死人的。小学生都会背诵古诗：“四海无闲田，农夫犹饿死。”唐李绅《悯农》诗。“饿”特指个人的饥饿。三年困难时期的幼儿天天跟妈妈喊两个字：“我饿。”中国的老百姓可以说世世代代大多处在饥饿状态中。饥饿的母亲乳汁不足，当婴儿学会说“我”时，第一个诉求就是“饿”。猜想这就是“饿”这个字的由来。《说文解字》：“饿，从食，我声。”

“菜色”与“鬼火”

黄种人的肤色是黄的，华人百姓历来却透着绿色。旧时形容穷人常说“面有菜色”。出自《汉书·元帝纪》：“岁比灾害，民有菜色。”有“菜色”是正常的，所以让百姓没有“菜色”倒成了圣王的理想。《礼记·王制》谈到德政的目标时说：“虽有凶旱水溢，民无菜色。”

---

[1] 陈宏天、吕岚合编：《诗经索引》，书目文献出版社，1984年，第442页。

“蔬”字本是“疏”，指的是谷糠、野菜之类粗疏的“果腹”之物。菜就是“草之可食者”，野菜跟草并没有什么界限。鲁迅年少时曾把家藏的《野菜谱》影抄一遍，请看其中的一首民谣：“苦麻苔，带苦尝，虽逆口，胜空肠。”[1]谈中国饮食文化的书及文章，常重复古人的名言“五谷为养……五菜为充”。先前笔者也像众位研究者一样，曾把这话理解为中餐“膳食平衡”的超前实现。直到形成“饥饿文化”观点后，才觉悟到那种想当然的“古代营养学”大有问题。《黄帝内经·素问·脏气法时论》原文：“五谷为养，五果为助，五畜为益，五菜为充。”“（营）养”靠粮食，水果可以“助”养，家畜肉是有点奢侈的特殊营养。蔬菜、野菜够不上营养，所以放在最后。菜的作用很清楚为“充”，也就是填充，就像三年困难时期的词儿“代食品”“瓜菜代”一样。饥饿耗尽了皮肤下边的脂肪层，毛细静脉血管就显露出来。静脉的蓝色跟皮肤的黄色结合，便成为绿色了。

“饥肠辘辘”实在难熬。老辈人都听说过吃“观音土”，草根树皮吃光后，百姓常吞这玩意儿，尽管它是致命的。二月河的历史小说《乾隆皇帝》：“老百姓吃观音土，拉不下来屎憋死在沟里坑里。”[2]这时人们就要吃人了。《阿Q正传》结尾有个细节：阿Q被砍头之前脑袋里闪过记忆的一幕：“要吃他的肉”的饿狼，眼睛“闪闪的像两颗鬼火”。“鬼火”是蓝的。可见，中国俗话说“饿蓝了眼”是有根据的，就是饿狼的眼睛。汉朝的智者贾谊有一篇关于饥荒的专论，《新书·无蓄》。其中恰好说，一闹旱灾，百姓的眼睛就会露出狼一样的凶光，

---

［1］ 李何林：《鲁迅先生与烹饪》，聿君编《学人谈吃》，中国商业出版社，1991年。

［2］ 二月河：《乾隆皇帝》第4卷第14章，河南文艺出版社，1987年。

"失时不雨，民且狼顾。"准备"易子而咬其骨"了。他的结论是：饥饿是"天下"百姓的正常生活状态，否则倒反常了。"世之有饥荒，天下之常也。""鬼火"这个词儿经常出现在描写大饥荒的文章里。例如历史小说《李自成》说："荒凉的地方堆满白骨，黄昏以后有磷火在空气里飘荡。"[1]

早在春秋时代，就出现了"易子而食"的悲惨现象。《左传·宣公十五年》："敝邑易子而食，析骸以爨。"《庄子·徐无鬼》也提到"人相食"。汉代这种惨剧已是司空见惯。举两次典型者。《汉书·高帝纪》：高祖二年（前205年），"关中大饥，米斛万钱，人相食。令民就食蜀汉"。《汉书·五行志》：元鼎三年（前114年），"关东十余郡，人相食"。记载还说"死者过半"，覆盖"十余郡"，可见饥荒的规模。

中国文化的道路，是饥饿的道路。独特的中国文化，可被称为"饥饿文化"。

猪、鸡：何以饿到极端反有肉吃？

本书旨在探究中餐的由来，牵扯到中华文化的饥饿本源。有人责问笔者：光说饿饿饿，一句话就问倒你，老年头乡下平常人家都养猪，逢年过节家家吃肉，这怎么说？问得好！不瞒您说，本人也曾拿这个问倒过自己。遇见问题逼人思考，恍然大悟之后，观点也更深入、更牢靠。

确实，从有猪那年头，就家家养猪，以至于猪成了"家"的标

[1] 姚雪垠：《李自成》第3卷第54章，中国青年出版社，1981年。

志："家"字的宝盖儿代表屋顶，下边的"豕"就是猪的古称。权威文字学家解释字形，道理是猪的生殖力最强，这恰好符合笔者提出的"繁生""聚居"的文化基因。家庭是中国"家族社会"的细胞。《说文解字》说，"家"的本义是聚居。段玉裁注释说，猪"生子最多"，因而人的聚居处要"借用其字"。

"家"的篆体字

"家"的甲骨文

人类学家说，家畜的驯化是很自然的。马、牛等动物大而温驯，猎人跟踪在它们的后面，等着吃它们的肉；野猪、狗等动物小而凶猛，跟踪在人群的后面，等着吃人的废弃物，慢慢就被驯化了。人口、生态的实际情况注定：古华人先民不能像游牧民族那样靠饲养牛羊而生存，人类学家说："马、牛、羊的饲养……中亚山区及其北的高原地区，具备着有利的条件。"[1]因而被逼上了"粒食"的歧路。

中国古代早有"六畜"。《三字经》说是"马牛羊，鸡犬豕。此六畜，人所饲"。或去了马，称为"五畜"，见《灵枢经·五味》。问题的尖锐之处在于，因为吃不上肉才拿谷子当代替物，肉又从何而来？然而事实是吃上谷子反而又能带来一些肉食。这是"物极必反"的哲学在饮食方面的无数体现之一。

原来穷人之家也养得起鸡、狗、猪，拿被人废弃的糠喂它们就行。古书中常管最难堪的食物叫狗食、猪食。即"犬彘之食"，例如《汉书·食货志》："贫民常衣牛马之衣，而食犬彘之食。"农学专家发现，中国的家猪已有8000年的历史，领先于世界。西方人吃的肉，是耗

[1] [美] 利普斯：《事物的起源》，四川民族出版社，1982年，第97页。

费了惊人数量的粮食换来的，华人饿到极点怎么反有肉吃？其实，个中道理简单而奇妙：华人吃的肉是白捡的！考古学家在河北武安县的磁山遗址做过人、畜的“食性分析”，结论是：人吃小米，猪吃小米壳。[1]

鸡与狗的情况跟猪一样。洋狗吃的罐头比人的吃食还贵，中国狗跟着人挨饿，饿得什么都吃。俗话说“狗不嫌家贫”。狗肉在中国古代几乎跟猪肉一样流行。秦汉时代还有人拿杀狗当职业，刺杀秦始皇的荆轲有个好朋友就叫“狗屠”。《史记·刺客列传》：“荆轲嗜酒，日与狗屠及高渐离饮于燕市。”后来狗肉不大吃了，固然跟道教推行饮食禁忌有关系，道教拿食物跟伦理挂钩，提出“六厌”之说，“天厌雁（有‘夫妻之义’），地厌犬”。更重要的原因恐怕是狗的产肉量低而饲料成本高，“投入产出比”远不如养猪。

奇妙的循环：粮→“粪”→猪、鸡→农家肥→粮

笔者孩提时代为躲避日寇，在农村住过半年，记得那茅坑跟“猪圈”是连着的，人拉屎时，猪总要来拱屁股。想必热屎比凉粪好吃吧？古人管这种设施叫“圂”，圈里有豕（猪），此字也有加三点水的。《辞海》的解释就是厕所兼猪圈。《汉书·武五子传》：“厕中豕群出。”今天的国人说起来会不好意思，但从前民间的猪圈只能是这样。《墨子·旗帜》称之为“民圂”。古时贵族也嫌这样养的猪脏，《礼记·少仪》：“君子不食圂腴。”要吃“特供肉”，那猪是在皇家园林里养的。《后汉书》说

[1] 袁靖：《略论中国古代家畜化进程》，《光明日报》，2000年3月17日。

梁鸿小时候曾"牧豕于上林苑中"。

肉食极端短缺被迫才吃谷子，谁想到反而又有肉可吃。前面说过，喂猪的糠纯属废物。作为主食的谷子，多到"千仓万箱"，占总重量多达三成的糠秕也有可观的数量。农家除了荒年"糠菜半年粮"，都能养得起猪。跟糠秕同样重要的还有厕所里的粪便。"粪"的本义不是屎，而跟糠一样都是农人的废弃物。《说文解字》："粪，弃除也。"古注还说粪是"似米而非米者"。

人屎可以当猪食，猪屎也是废而不弃，当肥料种地。从前没化肥，只有大粪。不过农夫用手抓了撒到大田间的并不是鲜屎，而是"粪肥"，得经过"沤粪"，就是掺了谷子秸叶、泥土，一起发酵。这道作业是在猪圈这个肥料厂里由猪完成的，人利用猪爱洗澡的天性，让它担当掺草入屎尿池的劳役。下一道工序还有小工，就是鸡。鸡总在粪场上"刨"食，寻找粪便里消化不了的秕谷与稗子，

东汉中后期的明器（即陪葬品）绿釉陶猪圈

同时掺土、拌匀。经过“堆肥”（封土发酵）后的粪肥，现代雅称“农家肥”。

这种变废为宝的便宜事，不啻老天爷对饥饿民族悲惨命运的补偿，正像古代智者说的：“臭腐复化为神奇。”《庄子·知北游》。谈吃本该让人垂涎，却扯到令人作呕的东西，真得说声抱歉，不过也理直气壮。对于粪便，老年头的华人实在是珍视大过厌恶。

正谈着“茹草”，又转到鸡肉，尽管奇怪却很自然，这是中华文化由来的实际。老人是家庭聚居的核心，其营养必须确保，所以孟老夫子反复强调“七十非肉不饱”，《孟子·尽心上》。肉哪儿来？圣人早就盘算好了：八口的标准之家，养五只母鸡、两头母猪，老人就有肉吃了。《孟子·尽心上》：“五母鸡，二母彘，无失其时，老者足以无失肉矣。”于是在中国的农耕生活中超前形成了一个无比合理的“生态循环圈”：人吃加工过的粮食→加工的废物及人屎（合称粪）用来养猪（鸡）→猪（鸡）帮助提供肉食与农家粪肥→粪肥回过来再种粮食。这个循环圈显示，中国人的肉食跟畜牧民族的有根本不同，是饥饿文化的极其特殊的产物。幸亏有白捡的肉，不然，中国饮食没了荤素对立，简直就没什么可谈的了。有了肉料，加上吃淡味干饭所必需的浓味“下饭”，才能实现《西游记》所说的“五谷轮回”及庄子所说的“臭腐复化为神奇”。

第三讲

“饭”“菜”分野与“味”的启蒙

- “生米做成熟饭”曾历经艰难
- “羹”（→“菜”）：润滑助咽剂、唾液分泌刺激剂
- 饭、菜（“下饭”）的分野
- 饮食文化“开天辟地”：食的“异化”与“味”的启蒙

第一节 “生米做成熟饭”曾历经艰难

远古只有石碓，秦汉引进石磨

粟籽儿外面紧裹着硬壳，亮晶晶的，像小钢珠。拿它当主食，第一道难关就是脱壳。麦粒外面没壳；稻粒大，去壳比较容易。石器时代，最早的脱壳方法是摊在石盘上，拿石头“擀面杖”滚压。考古学家管这叫“石磨盘”“石磨针”。例如出土于7000年前裴李岗文化遗址的器物，[1]见于河南新郑博物馆。带个“磨”字是错用，只有两扇有齿的圆石盘对转才能叫“磨”。清人《六书通》有准确定义：“磨合两石，琢其中为齿，相切以磨物。”用擀面杖压谷子，酸了胳膊肿了手，也只能是大粒脱了壳，小粒原封不动。

上千年后才有进步，出现了臼、杵。《易经·系辞下》：“断木为杵，掘地为臼。”一位农业史学者说，公元前4000年，“春捣法‘代替了’碾压法”。[2]臼跟磨盘没关系，是另辟蹊径，把谷子放在臼中拿杵捣。拿杵捣的动词叫

---

［1］［日］藤本强等：《略论中国新石器时代的磨臼》，《农业考古》，1998年第3期。

［2］马洪路：《新石器时代谷物加工在古代饮食文化中的意义》，《中华食苑》第六集，中国社会科学出版社，1996年。

明代《天工开物》的插图，左图为碓，右图为水力推动的水碓

“舂”。李白诗《宿五松山下荀媪家》：“田家秋作苦，邻女夜舂寒。”西方历来没有臼。《人类学词典》查不到，《汉英词典》跟臼对应的mortar是研钵。臼沿用到现代，至今有的村落中还能见到公用的遗物；杵则有改进，木棒变成带把儿的半个石球，叫作“碓”。

又过了上千年，“磨盘”那一支也有了改进，“擀面杖”变成了巨大的石碾。安在圆形的大石盘上，围绕中心的立轴滚动。后世“碓”有了重大进步，晋代甚至发明了机械化的“连机水碓”，西晋著名富豪石崇就是这种大型谷物加工厂的老板。《晋书·石崇传》：“有司簿阅崇水碓三余区……”你会奇怪，为什么没有像英国那样先出现“连机水磨”？英文水磨房mill，也当“工厂”讲。西方谚语说“需要是发明之母”。“西域”以西各民族的主要粮食是没有壳的麦子，麦粒的厚皮又硬又韧很难嚼烂，不用石磨磨成面粉哪行？华人需要的则是碓，神话说月亮里的兔子还捣碓哩。

小麦是从西域传进中国的，开始种植在5000年前。日本学者田中静一《中国食物事典》："小麦起源于土耳其、伊拉克等地。"[1]东汉以前，人们连大麦、小麦都不加分辨。日本学者筱田统《中国食物史研究》指出，前汉末的氾胜之才第一次列举出大麦、小麦的区别。[2]直到汉代"白面"成了重要粮食，石磨才有了广泛需要。石磨原先叫"硙"，这个字出现在汉朝。西汉史游的《急就章》把硙列在碓后面，古注说："古者雍父作舂，鲁班作硙。"

麦子的吃法曾经跟米一样，整粒儿蒸成"麦饭"。汉朝有人用麦饭待客，客人发牢骚：就给吃这穷玩意儿！"何其薄乎！"见《后汉书·逸民列传》。隋朝有个孝子，因为母亲病中没能吃上大米粥，他终生光吃"麦饭"来苦自己。《陈书·徐陵传附弟孝克传》。

"粗糙"一词来自谷粒

编辑常说"这篇文章写得太粗糙"。"粗糙"这俩字跟"精"一样都带"米"。谷子去了糠就是米。《说文解字》段注："去糠者为米，未去者为粟。"古书里常说某人吃的是"脱粟之饭"，例如春秋时代的贤相晏子，《晏子春秋·杂下》："衣十升之布，脱粟之食。"这不是形容吃得好，相反，是说他跟百姓一样吃粗糙的米。明朝还管粗米叫"脱粟"。《明史·李自成传》："自成不好酒色，脱粟粗粝，与其下共甘苦。"古书说富贵人家

[1] [日]田中静一：《中国食物事典》，中国商业出版社，1993年，第15页。
[2] [日]筱田统：《中国食物史研究》，中国商业出版社，1987年，第19页。

"食必粱肉"，"粱"才是精小米。《辞源》说"粱"本是优良品种的谷子，例句《左传·哀公十三年》："粱则无矣，粗则有之。"显示精、粗对立。

谷子去了糠怎么还会粗糙？书里查不着，笔者请教过卖粮的老农才明白：原来"糠"不光指谷壳，还包括一层内膜。老年头舂米，第一道去壳，第二道去膜。现今机器加工一道完成。只是去壳的"脱粟之饭"，难怪就粗糙了。《史记索隐》："才脱壳而已，言不精也。"膜也够硬，但凑合着能下咽。脱壳而成粗糙的"粝"米，损失的粮食竟有三四成之多。《史记·太史公自序·集解》："一斛粟，七斗米，为粝。"又说："五斗粟，三斗米，为粝。"米是用石、斗等标准容器来计量的。粝米再舂细，碎米渣粒跟糠一起筛掉的又得有一成。"食不厌精"是说谷类加工次数越多，米就越精细，那就别怕细碎损失分量。表示破损的"毁"就带有"臼"字，还有个动词"毇"表示用臼脱糠。惜谷如金的百姓有那么糟蹋粮食的吗？所以说，"粗糙"是"粒食"的本色。

臼本该是石头的，但古书说它的发明是掘个土坑用火烧硬。《周易·系辞下》："断木为杵，掘地为臼。"《黄帝内传》："掘地为臼，以火坚之，使民舂粟。"推想，多半是先在黄土湿地上挖个坑，在里面烧火"炮"鸟（炮读阳平，非武器之炮），即用稀黏土裹烧，无意中把坑整个烧硬了；遇洪水冲刷稀泥，就成了臼。河南曾发现锅底形的坑，周围烧成硬土，近旁还有个石杵，著名考古学家夏鼐先生认为"或许是做捣臼之用"。[1]这样的"臼"当然坑坑洼洼，舂出的米能不粗糙吗？

古书记载得很明确，最早的米饭曾经不脱糠，就像最早的羹不加调料一样。《淮南子·主术训》："大羹不和，粢食不毇。"后来才有了杵、

[1] 夏鼐等：《河南成皋广武区考古纪略》，《科学通报》，1951年第2卷第7期。

臼，有了簸箕、筛子。《诗经·大雅·生民》描述了从谷子到米饭的过程，包括舂、簸。最早的米是只舂一次的“粝”米，不光带着硬膜，更混着各种粗糙的成分，包括稗子、舂不着而带壳的瘪谷（秕）、簸不尽的糠，以及臼碎的沙、土等杂质。就说稗子，这东西好像专为跟华人捣乱而生的，它带着壳儿时比谷子略小，舂几道也舂不着它，只能趁它还是长在田里的莠草时整棵拔掉，偏偏莠草长得跟谷子一模一样，于是有了“良莠不分”的成语。

可以想到，我们的祖先最早吃的“粒食”跟砂纸一样“粗糙”，不借助汁液润滑就咽不下去。

谷粒怎致熟？烧热石板烘

前面说过，肉食时代，中国人弄熟食物是用独有的“炮”法：拿稀黄泥包了小动物再放进火坑里烧。没肉吃了就改粒食，可不能倒退到生吃；沿用老办法也不行，谷粒细小，没法裹了泥再烧。怎么办？只能摊在烧热的石板上烘熟。为了避免焦煳得太厉害，还懂得先过过水，这道工序叫“释”，就是先拿水泡过。记录在《礼记·礼运》中：“夫礼之初，始诸饮食，其燔黍捭豚，……”汉人郑玄注释说：“古者未有釜，释米捭肉，加于烧石之上而食之耳。”谯周《古史考》：“及神农时民食谷，释米加于烧石之上而食之。”《辞源》中“释”有“浸渍”义项。这也说明，华人先民开始吃谷子早在陶鼎发明之前。

翻遍人类学的书也没见这样的烹饪法。别的民族有“石烹”，把烧热的卵石放进容器里当热源。例如印第安人“在地上掘一个窟窿，四周铺以牛皮，然后搁水搁食物搁烧热的石块”。[1] 文献里也找不到华人先民使用此法的记载，西南边疆少数民族例外[2]。著名学者王学泰先生的专著说，云南西双版纳地区至今还有“将牛皮或芭蕉叶铺在坑的四周，以防止水渗漏，把要煮的食物投入坑内，再把烧热的卵石投入”的方法。[3] 中国没有石烹，可能因为黄土地带没有卵石，牛皮也极为难得。

石板上烘的粮食肯定半生半煳，极燥极硬。烘焦的谷粒是“倒欠”水分的，晒干的谷粒也含有“结晶水”（crystalized watter），烘焦谷粒会使结晶水逸出。吃进肚里就要吸收胃液，叫人极度干渴。庄子形容野鸡的生活自在得叫人羡慕，说“泽雉十步一啄，百步一饮”。《庄子·养生主》。中国话说“饮食”，总是饮在食先，翻译成英文时，得再倒过来变成“食饮”（food and drink）。要找缘由，就要追溯到石板烘谷子。这也奠定了后世华人“干稀结合”的饮食习惯，成为中餐的一大特点。著名典故“嗟来之食”说，古代救济饥民还要一手拿干饭，一手拿水。《礼记·檀弓》：“黔敖为食于路……左奉食，右执饮，曰：‘嗟！来食！’”孔夫子形容弟子颜回极度简朴的生活，说他吃干饭，喝凉水。《论语·雍也》：“一箪食，一瓢饮。”

从饮食的角度来看，人类最早的工具应该是盛水的容器。考古学家说最早的工具是石刀，那是死脑筋，就认挖掘出来的实物。那到底是什么？死人脑袋！这是权威的人类学家说的。房龙在他著作中说：“要装水，先得找一个仇人的头，锯下上半截，就正好派这个用场。”[4] 我们听了怪吓人的，中国古书里从来没有这样的说法。我们的祖先盛

---

[1]［美］罗伯特·路威：《文明与野蛮》，生活·读书·新知三联书店，1984 年，第 55 页。

[2] 王仁湘：《饮食与中国文化》，人民出版社，1993 年，第 8 页。

[3] 王学泰：《华夏饮食文化》，中华书局，1993 年，第 16 页。

[4]［美］房龙：《人类征服的故事》，江苏人民出版社，1997 年，第 49 页。

水有现成的容器，就是用葫芦剖成两半的瓢。有了陶罐后，瓢还一直用到现代，漂在水缸里，又轻又不怕摔。无怪乎葫芦在中华文化中有着很神秘的色彩，还关系到"中华"名称的由来。关于这一点，后文还有分解。

早期中国陶器：非盛水之罐，乃烹饪之鼎

陶器的由来还是个谜。人类学家罗伯特·路威否定了多种说法，总结说"陶器是怎样起源的，没有人知道"[1]。它不大可能是游牧文化发明的，因为在迁徙中容易打破。他们的水及牛奶惯用皮囊来盛。人们对洋成语"旧瓶装新酒"的理解大错特错，考证的结果叫人吃惊："瓶"bottles 本来是个皮袋子。权威的《韦氏第三版新国际词典》（Webster's Third New International Dictionary）给"bottles"的解释是"游牧民族用以盛液体的一头扎紧的皮袋（a nonrigid container resembling a bag，made of skin，and usu closed by tying at one end）"，还引了《圣经》中的例句"也没有人把新酒装在旧皮袋里……"，出自《新约·马太福音》。[2]清代人的笔记记述蒙古人的生活也是如此。阮葵生《蒙古吉林风土记》："虎忽勒（蒙古话，皮囊），乳桶，以皮为之，平底，丰下而稍锐其上捋乳盛之，于取携为便。"[3]

中国古书的记载当不得真，《世本》说"昆吾作陶"。但有一条有点道理：陶是在河边做成的。《吕氏春秋·慎人》："舜耕于历山，陶于河滨。""河"就是黄河，河滨都是黏土。关于中国陶器的前身，笔者有个大胆猜想：中国独有的古怪乐器"埙"，是炮（稀黏土裹烧）

[1]［美］罗伯特·路威：《文明与野蛮》，生活·读书·新知三联书店，1984 年，第 102 页。
[2]《新约·马太福音》第 9 章第 17 节。
[3]〔清〕阮葵生：《蒙古吉林风土记》，被收入《小方壶斋舆地丛钞》。

于河姆渡遗址出土的中国乐器“埙”

鸟过程中产生的陶。“埙”（壎）字为“土”加“熏”，《说文解字》曰：“熏，火烟上出也。”与炮相关。喜好破案故事的读者，请参阅笔者的长篇“推理散文”《埙里乾坤》[1]。埙是最小的，大的还有臼；上节谈过其由来。埙、臼都是用火烧食物时无意中产生的。中国陶器可说是“吃”出来的，又立即在“吃”上派了煮熟食物的用场。

“熏”的篆字

埃及与巴比伦的农业文明也很早有了古陶器，但那都是为了取水之需应运而生的陶罐。他们吃的肉是烤熟的，麦粉大饼也是在烘炉里弄熟的，不用水煮。常见旅游者描述，做埃及大饼用的是烘炉，跟维吾尔族的烤馕饼炉相似。

前些年考古学家做出总结，陶器发明的时间可以上溯到一万

[1] 高成鸢：《埙里乾坤》，《饮食之道——中国饮食文化的理路思考》，山东画报出版社，2008年。

几千年前。经过最新的“碳同位素14”技术测定，时间早在万年上下（最早的10815±140年）。考古报告有个值得注意的特别之处：常常提到陶器底部有烟炱。例如1997年北京大学考古系在徐水遗址出土的陶器平底罐，底部“都有烟熏火燎的痕迹”。[1]这表明我们的祖先发明用水煮熟食物的方法几乎是跟“粒食”同时的。古代容器之名有不少古怪的字，用来烹煮的统称为“鼎”。字书的解释是有三条腿两个耳朵。《说文解字》：“三足两耳，和五味之宝器也。”一般人认为鼎是青铜做的，比陶器晚，这是商周青铜鼎被当作礼器给人的印象。其实最早就有陶鼎，所以后世常说“鼎鬲”“鼎镬”，鼎在前头。新石器时代遗址有大量出土，例如大汶口遗址的两件陶鼎，一个里面有粟米，一个有鱼骨。[2]这是陶鼎用于烹饪主食、副食的“铁”证。鼎底部满是烟炱，那就不用说了。

鬲：黄帝教民喝粥，孔子之祖吃饘（稠粥）

一万多年前的事，换了任何文化也不会留下记载，中华文献里居然言之凿凿：“黄帝始蒸谷为饭，烹谷为粥。”三国时代的重要著作《古史考》收入了这两句。作者谯周（201—270），其书是对《史记》的补充、纠正。《晋书·司马彪传》说：“谯周以司马迁《史记》书周秦以上，或采俗语百家之言，不专据正经，周于是作《古史考》二十五篇，皆凭旧典，以纠迁之谬误。”原书已佚，清人有辑本一卷。根据的是失传的《逸

[1] 赵朝洪、吴小红：《中国早期陶器的发现、年代测定及早期制陶工艺的初步探讨》，《陶瓷学报》，2000年第4期。

[2] 山东省文物考古研究所等：《山东广饶新石器时代遗址调查》，《考古》学刊，1985年第9期。

周书》。史学家李学勤先生说，此书之名始见于前汉的《说文解字》，内容不同于《尚书》里的《周书》，“研究中国学术史，对此似不宜忽略”[1]。宋代的《太平御览》引用时分成两句。分别收在《饮食部·饭》《饮食部·糜粥》章节内。这里有个问题：原书先提饭、后提粥，明显不合乎事理；或许是两句颠倒了。

“鬻”的篆字

“烹谷为粥”就是煮粥。“烹”跟“煮”意思一样，“粥”的正字为“鬻”，下部的鬲是煮具，上部中间是“米”，两边的曲线象蒸汽之形。“煮”本是个简化字，宋代以后才流行起来。宋代字书《集韵》：“烹，煮也。”“煮”最早就出现在《说文解字》对篆体“粥”字的释文中。煮的前提是有水，水火是不兼容的，石器时代，先民怎么会想到把粟米跟水一起放进陶鬲中加热？猜想当是跟石板烘谷时期的先把谷子过了水的传统经验有关，再往前追索，可能更跟炮鸟时期的先拿湿泥包裹有关。总之，中国的粒食文明一开始就跟“亲水”是同步的，对于中国人，水、火这对冤家最早就是结伴而来的。

粥里水多灌得慌，多吃也只能落个“水饱”，于是下一步就必然要想法减少水分。解饱的“干饭”不易发明，第一步只能做成“干粥”。有个时期就拿少水的粥充饥，还有个专名叫作“饘”。《辞海》的浅显解释是“厚曰饘，稀曰粥”。最著名的例句，恰好是孔夫子祖上铸在一个著名铜鼎上的铭文，告诉子孙：“（我们）吃的就是这个鼎里的干粥，或这个鼎里的稀粥，就靠这来糊口。”《正考父鼎铭》曰：“饘于是，粥于是，以糊余口。”见《左传·昭公七年》。孔子祖上是宋国的贵族，也靠吃粥糊口，老百姓就更不用说了。那时没有更高级的

[1] 黄怀信等校注：《逸周书汇校集注》，李学勤序言，上海古籍出版社，1995年，第3页。

吃食。让粥里的水尽量少些而变成饘，这显然是从稀粥到干饭的必要过渡。

我们的祖先经历过吃饘的阶段，虽有记载，却很少有人认同，因为未能从情理上思考问题。猜想吃饘的阶段不长，因为干粥粘锅底，太容易烧焦了。

甑：蒸饭锅的伟大发明

华人爱用“吃几碗干饭”表示一个人的能耐。“干饭”的发明显示了老祖宗的集体能耐。“黄帝始蒸谷为饭”，《古史考》把这句放在“烹谷为粥”的前面。显然是从“烹谷为粥”跨出的一大步。

减少粥里多余的水就成了“饘”，再减水就很难避免焦煳，必须

商代陶鬲，表面饰有绳纹

另辟蹊径。蒸饭的原理跟煮粥一样，要借助水来控制火。既要利用水又要脱离水，即使对于现代科学家，这个课题也不轻松。要克服自相矛盾，就得发明一件神奇的装备。那就是"甑"，古老的蒸锅。

陶甑最早出现在仰韶文化时期，以河南省渑池县为代表，其聚落遍及黄河流域。时间为7000到5000年前，恰好约为传说中的黄帝时代。见考古学家安志敏的总结性论文[1]以及张光直先生的长文《中国新石器时代文化断代》[2]。蒸饭的甑，是由煮粥的鬲改进而成的：甑比鬲多了两个关键部件，就是盖子与箅子。这在中国粒食文明史上具有重大意义，让我们分别加以考察。

先看箅子。最早的蒸锅只能就着先前的鼎、鬲加以改进，先是在鬲的上边添加个名叫"甑"的陶制部件。通常说的"甑即蒸锅"，其实是不准确的。甑实际像笼屉的一层，有帮无盖，底上有七个大圆窟窿。《说文解字》段注引古代技术专著《考工记》说，陶匠做的甑"厚半寸，唇寸，七穿"。段玉裁的注释说："按，甑所以炊蒸米为饭者，其底七穿。"

为避免把米漏下去，得在底上铺一片竹篾编的席子。相当于屉布。《说文解字》说"箅"就是遮蔽的"蔽"。"箅，蔽也，所以蔽甑底"，段玉裁注释说："（甑）底有七穿，必以竹席蔽之，米乃不漏。"你说古人还是笨，何不用满是小孔的薄箅子？岂知烧过饭的陶鬲，半天水还沸着，至今还用砂锅，取其凉得慢。怎么取饭吃？所以得有甑，甑总是跟鬲配套的，上甑下鬲，配成的整体有个名字叫"甗"。《辞海》说甗"盛行于商周时期"。

后世发明轻便的笼屉，出现时期无法考证。笼屉本来叫"蒸笼"，这个词出现也比较晚。《辞源》的例句是明人的面食诗"素手每自开蒸笼"。蒸

[1] 安志敏：《我国新石器时代的仰韶文化和龙山文化》，《历史教学》，1960年第8期。

[2] 张光直：《中国新石器时代文化断代》，《"中央研究院"历史语言研究所集刊》第三十本上册，1959年。

馒头出现在三国时期，晋代“美食家”何曾吃蒸饼，非开十字花的不吃，推想蒸笼已有应用。《晋书·何曾传》：何曾“蒸饼上不拆作十字不食”。

蒸饭的发明纯是为了饱肚，不可能顾及味道而加盐。这在饥饿中相沿成习，导致华人独有的“主食纯淡”的饭连咸味都没有的顽固食性，以致有饭、羹（菜）的分工，这是后话。

附：考古学一大疏失：无视“器盖”

要发明蒸锅，盖子绝对是前提。这个不起眼的玩意儿能让锅里气压加大，温度随之超过 100 ℃，这样，米才能单靠水蒸气的熏蒸

战国时代的甗，上半部为甑，下半部为鬲。
鬲用作煮水，水蒸气的热力通过甑底部设的气孔，把甑中放的食物蒸熟

变热力而蒸熟，否则锅里的上部永远达不到煮粥的沸点。物理学告诉我们，气压加大则沸点提高，西藏高原空气稀薄、气压低，沸点才 80 ℃左右，煮不熟饭。尽管笔者对考古学一窍不通，却要斗胆大呼：考古学家们是不是犯过一个大错——长期无视陶器的盖子？历来大量的考古报告绝少见到“器盖”的踪迹，所附的图片中，各种早期陶器都敞着大口。在网上费了大半天功夫才搜索到三条，最早的是 1965 年中国科学院考古所的二里头夏代遗址发掘报告[1]。再就是 1979 年的大河村遗址报告，[2] 另一则发现于河姆渡遗址第二层，年代是 5200—4700 年前[3]。

还有权威论文显示，考古学家对器盖确实有所忽略。权威石兴邦先生（因发掘西安半坡遗址而享誉世界）写过长文综述仰韶陶器，最早论及甑的出土时完全没有提到“器盖”。《中国新石器时代考古文化体系及其有关问题》“仰韶文化”一章，“庙底沟类型”（仰韶文化的繁荣时期）一节有甑而无盖[4]。然而同一篇，在讲述另一处遗址时却又突兀地说（出土的）器盖“加多”。上述文章后面“下王岗类型”一节中说：“陶器有甑、鼎、钵、碗等，器盖和器座加多。”直到近年考古报告才正视“器盖”，例如上述中科院考古所洛阳发掘队的《河南偃师二里头遗址发掘简报》。

笔者在深入考索中忽然悟出，盖子的意义大到惊人，几乎可说“涵盖了中华文化的一切”。从哲学上用一句话总括中华文化，就是“天人合一”。“合一”的“合”就跟盖子有着依赖关系。这

[1] 《河南偃师二里头遗址发掘简报》，《考古》，1965 年第 5 期。

[2] 《郑州大河村遗址发掘报告》，《考古学报》，1979 年第 3 期。

[3] 河姆渡遗址博物馆藏。

[4] 石兴邦：《中国新石器时代考古文化体系及其有关问题》，《亚洲文明论丛》第一辑，四川人民出版社，1986 年。

于河姆渡遗址出土的器盖

“盇”的篆字

个观点得用文字学方法来论证，不免有点曲折。“盖”字的繁体“蓋”上边的“艹”，《说文解字》解释为草做的苫盖，这不合乎本书用饮食解释中华文化特色的观点；转而考察“盖”字下边的“盍”字，古又作“盇”，它的篆体下边是“大”加“血”，而“血”字又能再拆成“一”加“皿”，皿是食器。再看《说文解字》有“亼”字，是“人”“一”合成的三角形，并说“象三合之形”。大有深意的是由此引出的“合”字，《说文解字》断言其上边同样是三角形。这样就联系到“天人合一”哲学观念的由来。

中华文化中没有三角形的概念。后边有专题详考。《说文解字》把

"人"加"一"说成是三合之形，段玉裁在权威的注释中已有点儿疑问。让我们从事理本身来推想：许慎对盍的解释是"覆也，从皿，大声"。段注却认为"大"不表示读音，而表示上边的盖子必须大于下边的器皿。"皿中有血而上覆之，覆必大于下，故从大。"一般的苫盖固然要"上大于下"，蒸锅的盖子却必须严丝合缝，不能跑气儿，后来进化为笼屉，上边还得压块大石头呢。

甑的"器盖"一开始就要求跟本体陶鬲相"合"。盖子的发明应当是在甑之前。因为盖在鼎鬲上煮粥，会保存热量、提早沸腾，节省黄土高原缺乏的柴草燃料。甑的发明则第一步就要求改进盖子，让它跟鼎口精密相"合"。考古学资料恰好证明，较早的"器盖"已经像现代"子母扣"一样能上下咬合，考古学家还给它起个专名就叫"子母口器盖"。例如一篇考古学论文说"(龙山时代)兖、烟、潍的陶器中都有……子母口带纽器盖"。[1]

结论是，蒸饭的客观需要，迫使中国先民发明了盖子，诱发了"合"的观念，是为"和"的哲学的前提。另外，盖子还派生出中国天文学上的"盖天说"，以及作为"天子"仪仗的大伞——"华盖"。《辞海》："盖天说，我国古代的一种宇宙论，认为天像张开的伞，地像覆盖的盘。"

---

[1] 王迅：《模糊数学在考古学研究中的应用》，《考古与文物》，1989年第1期。

第二节 “羹”（→“菜”）：润滑助咽剂、唾液分泌刺激剂

老周公吃顿饭为啥吐出三回？

最早的“干饭”又粗又涩，勉强下咽也全靠唾液帮助。《简明不列颠百科全书》说唾液能“黏附食物碎屑，能将食物变成流体、半流体，以便于辨味与吞咽”。有个著名典故最能证明，说的是老周公“礼贤下士”的事迹，由于频频接待访客，他吃一顿饭竟要吐出三回来。《辞源》解释“吐哺”说：吐出口中的食物。相传周公热心接待来客，甚至“一饭三吐哺”，见《史记·鲁世家》。后指殷勤待士的心情。我们正吃着饭，要说话怎么办？你会说，咽下去不就得了。老周公偏要把嚼了半截的饭吐出来，这只能解释为不容易咽下去。

老年人唾液减少，这是生理常识。老人咽粟米饭有困难。俗语“吃饭防噎，走路防跌”曾很流行。《水浒》第三十三回：“自古道‘吃饭防噎，走路防跌’。”今天人们听了会纳闷儿，但古代老人吃饭噎着是常事。汉朝皇帝推行的尊老礼制，规定老人吃饭时得有人负责提醒别噎着。《后汉书·明帝纪》说，皇帝在“养老之礼”上要亲自给老人代表敬奉酒食，还要“祝哽在前，

祝噎在后”。古注：“老人食多哽噎，故置人于前后祝之，令其不哽噎也。”[1]皇帝颁赠给70岁老人的鸠杖，有“特权证书”的功用。上端要用铜鸠做装饰，据说鸠鸟嗓子眼儿大，总也噎不着。《后汉书·礼仪志》的解释是鸠为“不噎之鸟”。古代老人多噎嗝，猜想很多人都患了食道癌。历史上粟食的河南一带，至今是世界有名的食道癌高发地区，这应跟食道长期受刺激有关。

老人咽不下“干饭”还有一大佐证是，古代的“养老”礼制中规定，以天子名义颁给老人的慰问品，居然是最不值钱的煮得稀烂的“糜粥”。《礼记·月令》：“（仲秋之月）养衰老，授几杖，行糜粥饮食。”《后汉书·礼仪志》记载了施行的史实。老人是家族群体的凝聚核心，他们的健康长寿是至关重要的，所以中国从上古就有严格的尊老礼制，重点是用饮食“养老”。按礼俗要求，老人的饭食，除了人人不离的羹外，还有三样方式帮助下咽，就是用糖稀、蜂蜜来“甘之”，用人工黏滑剂来“滑之”，用动物油脂来“膏之”。《礼记·内则》：“枣栗饴蜜以甘之……滫瀡以滑之，脂膏以膏之。”

粟米饭离不开“助咽剂”的羹

先秦古书说，小孩儿玩“过家家”游戏，拿泥土当干饭，也少不了拿泥浆当稀羹。《韩非子·外储说左上》：“夫婴儿相与戏也，以尘为饭，以涂为羹………尘饭、涂羹可以戏而不可食也。”清代美食家李渔说：饭就像船，羹像水，没羹，饭就在嗓子眼儿里下不去，就像船在滩上干晾着。《闲情偶寄·饮馔部·谷食第二》：“饭犹舟也，羹犹水也：舟之在滩，非水不下，与饭

[1] 高成鸢：《中华尊老文化探究》，中国社会科学出版社，1999年，第129页。

之在喉，非汤不下，其势一也。”古人不论老少，离开羹就吃不了饭。实在没有羹，也得拿“浆”或水来凑合。

孔子的穷学生颜回就是一口凉水一口饭。《论语·雍也》：“一箪食，一瓢饮。”水只能把食物的碎屑变成半流体，“浆”滑，还有点酸，初步具有“味”的属性。《辞源》解释“浆”是“用水浸粟米制成的酸浆”。先秦就有卖浆的专业户，《史记·魏公子列传》说“薛公藏于卖浆家”。酸味能刺激唾液的分泌，这有“望梅止渴”的典故可证。路旁的百姓慰劳行军中的战士，也要有饭有“浆”。《孟子·梁惠王下》：“箪食壶浆，以迎王师。”就连救济饿得要死的饥民也要“左奉食，右执饮”，“饮”当是低等的浆水。见前述“嗟来之食”典故。

用酸浆送淡饭，生命所必需的盐分从哪里来？不消说浆必有咸味。在咸、甜、酸、苦、辛中，咸是唯一为维持生命必不可少的。味觉退化的老年人总是抱怨口味太淡；加盐能使唾液多些。刺激唾液分泌，梅子的酸味更厉害。盐、梅正是做羹用的最早的调料。梅当作料时还没有醋的前身“酰”。古书中盐、梅常常并称，如《尚书·说命下》：“若作和羹，尔惟盐梅。”

对于吃不着肉食的先民古华人，最能构成美味的是肉类。《论语·述而》说，孔夫子曾用“三月不知肉味”夸张地形容叫他沉醉的音乐。经典强调老人的饭需要搭配脂膏，古注说脂膏可以增添肉的“香美”。《礼记·内则》郑玄注。羹中之肉经过特殊的烹调处理，具有世间本来没有的美味。羹是肉汤，上面提到的流动、滑溜、用味刺激唾液分泌三种功能齐备。“羹”对唾液的刺激远非酸梅那样简单，其神奇之处在于通过“馋”的心理、生理变化激起食欲，使唾腺已经退化的老人垂涎三尺；唾液不仅能润滑，更能让食物还在口中就开始消化。《简明不列颠百科全书》说，唾液里“含有少量淀粉酶，能使碳水化合物分解”。

羹是最早的烹调成品、中餐菜肴的前身，也是漫长的时期中日常饮食的要件。王公贵族早有肉酱、笋菹咸菜之类的珍馐可以“佐餐”，但还是离不开羹，所以古书断言羹是从诸侯到百姓不分等级的通用食品。《礼记·内则》：“羹食，自诸侯以下至于庶人，无等。”著名人类学家张光直先生指出：由于羹的出现，“便有了狭义之‘食’（即谷类食物）与菜肴之对立”[1]。中餐的“饭”“菜”对立格局于是形成。

有粟米可吃的地方，菜也多，所以最普通的吃食可以用“疏食菜羹”来概括。《论语·乡党》。

“羹”：从纯肉一步步变为无肉

唐诗里描写当新媳妇的难处时说，因为摸不清婆婆的口味，做了羹汤得先给小姑子尝尝。王建《新嫁娘》：“三日入厨下，洗手作羹汤。未谙姑食性，先遣小姑尝。”羹、汤连用，说明唐朝的羹已经跟汤差不多了。“羹”的字形不像“汤”“汁”那样带水旁。上面是羊羔的羔字，下边是美字。羹的意义曾经历过一系列的变化：纯熟肉→带汁的肉→稀肉汁→带菜的稀肉汤→带肉的菜汤→没肉而加糁（米渣）的菜汤。

粗饭靠油滑的流体帮助下咽，“羹”便从纯肉演变成带汁的肉，优先给家族里的老人吃。《孟子·尽心上》：“七十（老人）非肉不饱。”又《孟子·梁惠王上》：“鸡豚狗彘之畜，无失其时，七十者可以食肉矣。”可是五六十岁的也需要“润滑剂”，煮肉时就得多加水，于是羹就成了肉汁。到完全没有肉时，不管老少，吃饭还是离不了羹，只好用替代品，

[1] 张光直：《中国古代的饮食与饮食具》，《中国青铜时代》，生活·读书·新知三联书店，1999年，第348页。

“羹”变成菜汤就是必然的了。

起先，贵族老少都是以吃肉为主，百姓管贵族叫“肉食者”，贵族也轻蔑地管百姓叫“藿食者”。据刘向《说苑·善说》：有平民向晋献公上书，献公训斥说：“肉食者已虑之矣，藿食者尚何与焉？”“藿”是豆类的嫩叶。战国时期的韩国，土地贫瘠光产豆子，百姓只能吃豆饭、豆叶羹。《战国策·韩策》中，张仪游说韩王曰：“韩地险恶，山居，五谷所生，非麦而豆；民之所食，大抵豆饭藿羹。”所以“藿食”近似吃糠咽菜。

肉料是一点点减少的，往肉汁里填充的菜是一点点加多的，直到肉羹变成“菜羹”。吃草有个动词叫“茹”，往羹里加菜也有个动词叫“芼”。《诗经》开篇的情歌里就提到“芼”荇菜。《诗经·周南·关雎》：“参差荇菜，左右芼之。”说的是姑娘们在采摘一种水菜，当是做羹用的。古书里有“芼羹”，解释是拿菜往肉羹里掺。孔颖达疏《礼记·内则》“芼羹”：“用菜杂肉为羹。”拿菜充肉，起先出于不得已，无意中却有了重大发现，“凑合”竟变成“讲究”了，且听下文分解。羹里的小块肉就从主料变为调味料。

战国时期的贵族早已不是纯粹的“肉食者”了，他们实际是“食必粱肉”。《管子·小匡》说齐襄公“食必粱肉”，“粱”就是精细的黍米。因为“饭羹交替”的美食格局确实比单调的肉食要高明得多。一经广大平民创造出来，贵族当然也要享用。再说，羹的美味经过“藿食者”无意中的改进，也远远超过了单纯的煮肉。这自是后话。

从羹里加“糁”到“菜”里勾芡

脂膏最能让干涩变为滑溜，因为缺肉，先民发明过种种代用品。《礼记·内则》讲到老人的饮食时曾有列举，七八种植物原料的名称都是怪字，最后的“滫瀡”不知是什么东西，后世的《礼记》注释者、清代孙希旦《礼记集解》总括说“古今异制，不能尽晓”。《辞源》干脆自作判断，说是“古代烹调方法，用植物淀粉拌和食品使其柔滑”。笔者琢磨“滫瀡”是用那些怪植物做出来的“人工黏滑液”，其原料是富有黏性的葵菜、堇菜、榆树皮等，字书说都能在饮食的调和中起到“甘滑”作用。清代朱骏声《说文通训定声·屯部》说：“按此菜野生……瀹之则甘滑。”“瀹”就是加在羹里调味。草木繁茂的季节有堇菜之类可采，为度过漫长的冬季，还要选一些特殊草木来晒干保存，例如荁草。郑玄注释说：“荁，堇类也，干则滑。夏秋用生葵，冬春用干荁。”

肉羹又滑又美味。“浆”则光有酸、咸，黏滑性太差。特制的“滫瀡”够黏滑，滋味却又太差。回过头来再从羹的改进上琢磨，终于找到了没肉也滑的好办法，就是往羹里添加碎米渣，有个专名叫“糁”，当动词表示往羹里加糁。《辞海》说糁是“以米和羹”，很不准确，没提把米弄碎。饭离不了羹，菜羹离不了糁。古书里“糁”字随处可见。多穷的人家，有粟米就有糁。吃不起糁的情况只有一种，就是断了粮，没米渣能糁了，只能喝野菜汤。有个著名的典故说，孔夫子周游列国，在陈国被人包围了七天，师生一行差点儿没饿死，弄点野菜汤喝喝，连糁也没有，古书就说“藜羹不糁”。《吕氏春秋·慎人》：“孔子穷于陈、蔡之间，七日不尝食，藜羹不糁。”

小米再弄碎就有点像今天的棒子面，一煮就成黏粥，加上野菜、盐，味道就稍微有点像肉羹了。为什么先民不用更细腻的白面做糁？因为那时还没有。“面（麺）”古代叫“粉”，就是碾细了的米。中国古代有麦子也弄不出面粉来，因为有碾没磨。那么，后世有了白面怎么还是不拿糨糊来当润滑剂？答案：“芡”一发明就必然取代“糁”。这就是糁从日用不离到遽然消失的缘由。

芡粉是用芡实做成的淀粉。芡（euryale ferox）是中国常见的水生植物，把它的种子捣碎加水，会沉淀成细粉。李时珍《本草纲目·果之六·芡实》引前人说：“天下皆有之”，可“采子去皮，捣仁为粉”。水淀粉遇热则细胞破裂膨胀，吸收大量水分，“糊化”成透明的“溶胶”。科学上的淀粉，可能是作为中餐进化的副产品而最早发现的。芡代替了糁的同时，“菜”也代替了羹。只有华人“勾芡”，就像只有华人炒菜一样。

羹最早令人“垂涎”

管羹叫“助咽剂”真委屈了它，忽视了它的高级功能——用美味刺激唾液分泌。吃肉是不费唾液的，但中国先民改为“粒食”后情况大有不同：干涩的粟饭全靠吸收大量唾液，搅成一团才能下咽。你说吃干饭可以像成药方单上说的“温水送服”？水多了冲淡胃液，会妨害消化。唾液里的“淀粉酶”最能消化粮食。《简明不列颠百科全书》“唾液”条目说：“唾液由水、蛋白质……及淀粉酶组成”，“淀粉酶可使碳水化合物分解”。也巧了，洋人的冷面包也沾水就化，而后世的凉馒头比小米饭更费唾沫。所以华人注定了要发明美味的羹。

猫儿爱吃腥是本能，可不等于它懂得欣赏鱼味。野蛮人吃肉也一样。羹是世界上第一件烹调成品，作为美味载体，它是满足文明人欣赏需要的产物。用远古祖先的吃法对比：为了照顾他们的原始口味，先秦摆祭的煮肉连咸味都没有，还有个专用名词叫“大羹”。

《礼记·郊特牲》:“大羹不和。”后来羹要用盐、梅等作料来调味。《尚书·说命下》:“若作和羹,尔惟盐梅。”这纯是为了用美味刺激食欲,好增加唾液的分泌,来帮助粟米饭的下咽。《简明不列颠百科全书》说“当闻到食物香味”时,“唾液分泌就会增多”。

即使羹没有“送饭”下咽的任务,煮肉也会改进到加盐,主要因为盐是人体的需要,洋人连面包还带咸味哩。洋人的烤牛排我们总嫌太淡,洋人则总是批评中餐菜肴太咸,国人却不懂怎么样给人家解释。其实有个好办法:让他一连气吃下一碗小米饭,他就会明白吃咸的是为了让纯淡的“饭”更容易吃。反过来说,我们习惯了咸淡分工的格局,也不易接受洋面包的咸头。

肉本是普通食物,后来成了美味佳肴的主料。“肴”的字形本是上“爻”(表示读音)下“肉”(月,表示字义)。肉要变成美味,得靠加“作料”来烹调。除了盐有特殊性,是自然存在的无机物。作料都是植物。酸味最早只有梅,也是植物。中国人炖肉加的作料品类繁多,经过几千年筛选,常用的还有“十三香”。烹饪史家、友人熊四智先生列举常用的就有 30 多种,[1] 还没包括莳萝、荜拨、砂仁等。宋代烹饪专著《吴氏中馈录》中还十分常用。你会说有的是草药啊,没错,这就叫“食药不分”。有一种调料名字就带着药——芍药,还是菜肴的代称,韩愈形容美食之家,诗句就说“五鼎烹芍药”。宋代周密的《癸辛杂识》引司马相如《上林赋》的古注说,“呼五味之和为芍药”。[2] 有人还认为“芍”字跟炒菜的勺有关联。

肉类与植物互相作用会产生美味。两种东西怎样才能相互作

[1] 熊四智:《中国人的饮食奥秘》,河南人民出版社,1992 年,第 97 页。

[2]〔宋〕周密:《癸辛杂识》,中华书局,1988 年,第 32 页。

用？唯一的场合是“煮肉时加进植物材料”。华人自古以煮法为主，有了水做溶剂，肉跟作料才能融合；中国早期肉食匮乏，逼着人们往肉里填“菜”。在实践中，人们无意间发现，有一类菜能以强烈气息跟肉的一部分气息发生“火并”，两败俱伤的同时，奇迹般地生出美味来。

第三节　饭、菜（“下饭”）的分野

酱、菹（咸菜）“齁”死洋人

有位洋朋友多次吃过笔者家的饭，样样赞不绝口，唯独稀饭除外。故意让他尝尝“就”稀饭的咸菜，他大叫一声。滨海的老家，常拿虾酱就饭，酱罐里一层白盐，“齁”儿咸。《现代汉语词典》说“齁”是“非常”（贬义）：如“天齁儿冷”。古华人还误以为酱比盐咸。东汉应劭《风俗通》：“酱成于盐而咸于盐。”[1] 拼命提倡“少盐”的洋人尝了，不等咸死就得吓死。

盐是生命所必需。古人说酸甜一年不吃都行，盐几天不吃就连“缚鸡”的力气都没有了。明代宋应星《天工开物·作咸》：“辛酸甘苦，经年绝一无恙。独食盐，禁戒旬日，则缚鸡胜匹，倦怠恹然。”咸味又能引起唾液分泌。做羹的肉料常年缺乏，蔬菜过了季节也没有，漫漫冬季，拿什么就饭？只有咸菜及酱。晋人嵇康记述过这种生活。“关中土地，俗好俭啬，厨膳肴馐，不过菹酱而已。”所以咸物是最起码的“下饭”之物。监

[1] 〔宋〕李昉等：《太平御览》，卷八六五，中华书局，1960 年。

狱囚犯的伙食不能再糟了，还给窝头眼儿里插根咸萝卜哩。

酱的发明能追溯到神话里去。据班固《汉武帝内传》，西王母下凡跟汉武帝提过三种酱。[1]起先酱是兽肉做的，古书里叫“醢”。《说文解字》：“酱，醢也，从肉、酉。”《周礼·天官·醢人》郑玄注：“必先膊干其肉，乃后莝（切碎）之，杂以粱曲及盐……”原料还扩大到鱼、螺蛤、昆虫。《周礼·天官·醢人》：“鱼醢、蠃醢、蜃醢、蚳醢。”

没听说洋人有把肉弄成咸酱的事，相反，酱在中国的流行是必然的：肉料难得，想保存就得多加盐；作为粟米饭的搭配，得同样有细小的颗粒，俗话说“剁成肉酱”。孔夫子的学生子路被人杀了还做成“醢”，此后，老人家再也不吃酱了。《孔子家语·曲礼子夏问》。后来肉肴烹调得越来越美味，肉酱才衰落。肉酱太珍贵，人们又发明了豆酱，成分都是蛋白质，味道跟肉酱很相似。《四时纂要》卷四说：唐代的豆酱“味如肉酱”。醢、酱都带“酉”字旁，跟酒一样经过发酵，味道比肉浓烈得多。酱后来变成了调料，豆酱就是酱油的前身。

说到咸菜，古名有两个：齑、菹。齑近似蔬菜做的酱，“齑”属于韭部，最早是韭菜做的，至今吃涮羊肉还要蘸韭花酱。咸菜都是切块儿再腌，古人叫“菹”。齑、菹常常通用。郑玄注《周礼》：“齑菹之称，菜肉通矣。”周朝宫廷膳食就有“七菹”，包括至今还常吃的咸疙瘩头。《周礼·天官·醢人》中称为芹菹、笋菹、菁菹。按：“疙瘩头”是“蔓菁”的俗称。“菹”的本义是酸菜。经过发酵，有跟酱类似的美味。周作人译过日本学者谈中国咸菜的长文，谈到北方有一种

［1］〔清〕钱熙祚辑东晋佚书《守山阁丛书》。

"酸菜"。"自然发酵成为酸味。"[1] 东北人管腌白菜叫"jī酸菜"，没人知道"jī"是哪个字，笔者推断是"齑"。此处用作动词。切碎大白菜加蒜腌制的"冬菜"，名字就从过冬而来。近世南洋华侨还喜欢吃，天津有大宗出口。

酱及咸菜像羹一样，都属于"下饭"的范畴，贵族用它丰富美味的多样性，贫民取其比羹更加俭省。酱翻译成英文常用 paste，只取其"膏状"含义。咸菜则只能用 Chinese pickled vegetables（腌过的蔬菜）来描述。

西餐不分主副，菜肴等同碟子

羹、肉酱、咸菜，这些东西相差很远，帮助下咽的功用却一样。它们共同的类名不止一个：佐餐、下饭、菜肴、副食。

【佐餐】字面上的意思跟"助咽"一样。北京王致和牌臭豆腐的标签上就说"佐餐佳品"。美食家梁实秋说过用肉类"佐餐"。梁实秋《馋》："平夙有一些肉类佐餐，也就可以满足了。""佐餐"一词迟至清朝才流行，例如阮葵生的《茶余客话》中一首颂粥的诗说"佐餐少许抹盐瓜"。《辞源》里还查不到，可能因为"餐"字古代不常用。

【下饭】有人问："何物可下饭？"回答竟是：唯有饥饿！宋范公偁《过庭录》。后来"下"曾借用已死的古字"嗄"，《庄子·庚桑楚》有此字。写作"嗄饭"。女作家张爱玲写过随笔《"嗄？"？》来考证[2]。"《金瓶梅词

[1] [日]青木正儿著、周作人译：《中华腌菜谱》，香港《新晚报》连载，1963年2月10～23日。

[2] 张爱玲：《张爱玲散文全编》，浙江文艺出版社，1992年。

话》上称菜肴为‘嗄饭’，一作‘下饭’……‘下饭’又用作形容词：‘两食盒下饭菜蔬。’苏北安徽至今还保留了‘下饭’这形容词，说某菜‘下饭’或‘不下饭’，指有些菜太淡，佐餐吃不了多少饭。”张爱玲毕竟不长于考证，不知“嗄饭”在宋朝就有：《辞源》“嗄饭”的例句引自南宋人对东京（即开封）市场的回忆。吴自牧《梦粱录·天晓诸人出市》：“买卖细色异品菜蔬，诸般嗄饭。”“下饭”早期跟“物”连用，后世还有沿用的。《水浒传》第四回：“春台上放下三个盏子，三双箸，铺下菜蔬果子下饭等物。”不少地方直接拿“下饭”当名词用。例如《水浒传》第十回：“小二换了汤，添些下饭。”《水浒传》的大部分、《金瓶梅》的全部，都用“嗄饭”。嗄字在“话本”之类的民间读物里还有两种变体：食字旁加“下”，或食字旁加“夏”。南宋时的《梦粱录》说“下饭羹汤，尤不可无。虽贫下之人，亦不可免”[1]，这说明“下饭”已不包括羹汤。张爱玲考证“下饭”时，提到了佐餐、菜。这三个词大致同义，但也有不同：佐餐范围更大，可以包括羹汤、水果等一餐的组成部分；菜特指烹调的菜肴。

【菜肴】洋人没有“菜肴”这一概念、名词，只好拿“碟子”（dish）代替，华人觉得可笑：英国人爱吃瓷器？《朗文英汉双解词典》的例句是 Baked apples are his favorite dish。——烤苹果是他最爱吃的碟子（菜）。

【副食】几十年前，周作人在《知堂谈吃》中还频频提到“下饭”。例如《吃蟹》：腌蟹“可以下饭”。[2]今天怎么没人说了？都怪新名词“副食”的冲击。半世纪前“工商业改造”，民营杂货铺统一改挂“副食店”牌子。“副食”并不准确，酱醋之类的调料能“食”吗？水果是副食却另有水果店。公共食堂的小黑板上写着“今日副食”，

[1]〔宋〕吴自牧：《梦粱录》，卷一六，浙江人民出版社，1984年。
[2] 周作人：《知堂谈吃》，中国商业出版社，1990年，第134页。

下边是几种“菜”名。

西餐的面包相当于“饭”，属于主食，煎蛋当然是“下饭”的了，是副食，但洋人压根儿没有主食、副食的观念。《实用汉英词典》里“副食”只能描写为 non-stable food，即“非主要的食品”。关键的 stable 一词的头一条解释是“大宗出产、销路稳定的商品”。美国华裔食评家卢非易说：西方人“吃米饭的方式让我们啧啧称奇”，还干脆管“米饭”叫“菜”。比方说传自印度的“希腊米汤”，生米用肉汤煮熟，浇上生鸡蛋、柠檬汁，黏黏糊糊又咸又酸，芝加哥的希腊馆子里就有“这道菜”。[1]

饭：从蒸米到“正餐”一套

华人见面问“吃饭了吗？”，这“饭”的内容可能是馒头＋炒菜＋汤，或者是包子＋稀饭＋咸菜，而不是本义的“干饭”。“饭”，最早跟“吃”一样也是动词。孔夫子形容学生颜回的极端俭朴，说他“‘饭’疏食，饮水”，就是吃粗糙的食物。段玉裁在《说文解字》的注释中考辨，动词的“饭”读上声“反”。从动词派生的名词，汉代有人用新造的“飰”字。读去声。《汉语大字典》里的例句是汉代人枚乘的《七发》：“楚苗之食，安胡之飰。”后来才不分词性统统写作“饭”。名词的“饭”出现较晚。始见于南北朝的《玉篇》，例句为《周书》的“黄帝始蒸谷为饭”。

“饭”“食”的本义相同。《说文解字》说“食”就是米的集团。字是“一米也，从皀，亼声”。段玉裁注释说，“亼”即“合”字的上部，意思是“集也”，“皀”是米粒（上部象“嘉谷在锅中”，下边是拨米饭的“匕”）。段玉裁给

［1］ 卢非易：《饮食男》，河北教育出版社，2004 年，第 67 页。

“食”字的解释是“集众米而成食也”，证明了文字记载的中华文化是从“粒食”开始的，虽然后来肉食算是更上等的“食”。

“饭”是主食，所以它自然就变成“一次定时正餐吃下的各种东西”的总称。非定时的“进食”，即俗话“垫补垫补”，叫作“点心”。始见于唐朝。唐人笔记《幻异志·板桥三娘子》：“置新作烧饼于食床上，与诸客点心。”近代又改叫“小吃”。近代北京话“点心”特指糕点，才有新词“小吃”，《辞海》不收。为什么点心、小吃在华人饮食文化中特别发达？应当说是多数人经常处于半饥饿状态。华人特有瓜子等“零食”，道理也一样。

周朝贵族日常的一餐就包括食（饭）、羞（珍馐）、羹、酱、饮（酒类）。详见《周礼·膳夫》及《礼记·内则》。平民只有羹，没羹也得用水代替“稀的”。米饭跟水合成水泡饭，给行军战士送“壶飧”，“飧”是水泡饭。还要“就”咸菜。历史各个时期，“饭”的内容不断演变，但主、副之分，干、稀之别，是中餐不变的格局。不论条件多艰苦，“就”饭吃的咸菜也绝不可少。南北朝有个大清官，吃的是比米便宜的豆子、大麦，但也得有咸菜。《周书·裴侠传》：“侠躬履俭素，爱民如子，所食唯菽麦、盐菜而已。”《梁书》中有个丧期的孝子不尝盐酱（不啖盐酢），结果虚肿到不能站立。[1]

广义的“饭”近似现代汉语的“餐”。庄子就管三顿饭叫“三飡（餐）”。《庄子·逍遥游》：“三飡而返，腹犹果然。”饭（餐）一般每天只吃两三次，此外更潜含着全家共食之意，也因而获得文化意义，这跟欧洲人对比就能看出。《欧洲饮食文化》一书说，人类最早“近乎其他动物”，不懂得“何谓用餐时间”。[2]即便穷到只有糠菜，也叫一顿饭，否则是

[1]〔唐〕姚思廉：《梁书》卷四七，《孝行传》，中华书局，1973年。
[2]〔德〕希旭菲尔德：《欧洲饮食文化》，台湾左岸文化公司，2004年，第42页。

“断炊”。一顿“饭”（一餐）总是主食与副食、“干的”与“稀的”一应俱全的一整套。周作人谈“饭”，说有些老辈胃口不开，一天只吃了饺子之类，自己声称“饭并没有吃”[1]。

“菜”：从可食之草到龙肝凤胆

老外到中餐馆吃饭，面对满桌油腻，用生硬的汉语说：“多来点菜！”可好，又给添了一些肉肴。老外大为气恼，堂倌却说：“您不是要添‘菜’嘛！”老外以为“菜”是蔬菜（vegetables），跟“菜肴”（dishes）是两码事儿，岂知中餐馆里的“菜”大多是鸡鸭鱼肉？“菜”的字义完全颠倒了：从没有肉的野菜，变成没有菜的肉肴。口头语“双音节化”不足，是哪个“菜”说不清楚。语言学权威吕叔湘谈到汉语的古今词义变化，就举“菜”为例。“菜，原来只指蔬菜，后来连肉类也包括进去，到菜市场去买菜或者在饭店里叫菜，都是荤素全在内。”[2]为什么词儿变乱了？没见有人琢磨。一考证便会发现，“菜”义的变化反映了中华饮食文化的曲折历史。《说文解字》说菜是“草之可食者”，这个定义准确无比。前面说过中国先民“尝百草”是饥饿所迫；《黄帝内经》所谓“五菜为充”，记录了粮食不够拿草类填“充”的事实。今天的研究者赞叹老祖宗是天才的营养学家，吃菜多，是“膳食结构合理”，哪有这事！

宋代以前没人把菜肴称为“菜”。南北朝时还把“菜”看成是

---

[1] 周作人：《知堂谈吃》，中国商业出版社，1990年，第87页。

[2] 吕叔湘：《语文常谈·语汇的变化》，生活·读书·新知三联书店，1980年。

跟肉肴对立的。宋人王楙笔记《野客丛书》说，南齐宫里死了人，宦官打破吃素的礼法而大吃“肴馐”，巧立名目叫“天解菜”，以代替“开荤”一词。可见“菜”跟“荤”对立。直到清代才正式管菜肴叫“菜”，例如袁枚说“满洲菜多烧煮，汉人菜多羹汤”。《随园食单·须知单·本分须知》。明朝还有人对“菜”的新含义感到诧异。那时杭州有一种贝类动物俗名叫“淡菜”，学者郎瑛还想不通。明代郎瑛《七修类稿》说：“杭人食蚌肉，谓之食淡菜，予尝思之，命名不通。”[1]

据笔者考证，“菜”的词义扩大发生在宋代，那时就有个别地方管鱼叫“菜”。南宋文人林洪注意到民间管一种酒煮鲫鱼叫“酒煮菜”，他在《山家清供·酒煮菜》中议论说：“（‘酒煮菜’）非菜也，纯以酒煮鲫鱼也。……以鱼名菜，私窃疑之。”[2]其实，早在北宋，江边个别地区就出现过一个过渡性的名称叫“鱼菜”。南宋赵与时在笔记《宾退录》中有一段记述，从中能看出“菜”义的演变经历过两个步骤：首先有方志记载靖州办丧事的风俗有“以鱼为蔬”的事实，后来“鱼菜”的名称开始在湖北流行。《宾退录》：“《靖州图经》载，其俗居丧，不食酒肉……而以鱼为蔬。今湖北多然，谓之‘鱼菜’。”拿鱼做“菜”的修饰词，说明人们一开始还不容易接受“鱼就是菜”的混乱逻辑。

分析起来，“菜”的词义扩大先是经过“仅限于烹饪原料”的阶段，扩大的缘由是某些地区盛产鱼类、贝类，因为价钱极便宜，便拿它代替蔬菜。郎瑛猜想“淡”与南海以采珠为业的民族“疍（dàn）”同音，对于他们而言，蚌肉“贱之如菜”，故曰“淡菜”。唐代杜甫诗也说江边渔民顿

[1]〔明〕郎瑛：《七修类稿》，卷一九“辩证类”，中华书局，1959年。
[2]〔宋〕林洪：《山家清供》，中国商业出版社，1985年，第57页。

顿吃鱼，《戏作俳谐体遣闷二首》："家家养乌鬼（鱼鹰），顿顿食黄鱼。"鱼比蔬菜更贱，渔民自然会"以鱼为蔬"了。"菜"从"没肉的蔬菜羹"变成了"没蔬菜的肉肴"，以至山珍海味龙肝凤胆。"菜"义的扩大，前提是华人铁定的进餐方式：吃干饭离不开"下饭"的，对于平民就是加工过的蔬菜。

多汤的羹何以变成无汤的"菜"？

羹本来是煮肉。俗话说"巧妇难为无米之炊"，然而拙汉子却能做出没肉的羹。汉乐府《十五从军征》描写一位八旬老兵"舂谷持作饭，采葵持作羹"。做羹的肉越来越缺，往里填充的蔬菜越来越多。羹的原料低贱了，功能却不能降低，照样得用美味刺激唾液分泌，这逼着先民想办法提高技巧。这得先弄清羹的美味美在哪里。肉的成分是蛋白质及脂肪，都会部分溶进汤汁中。蛋白质、脂肪都不溶于水，但肉在沸水中会释出"胶原蛋白"，脂肪会成为颗粒悬浮的胶体状态，所以肉汤呈乳白色。这些成分跟调料在水里融合成美味。美味的微粒既然在汤水里，就有"浓淡"的问题：汤水越多味越淡，越少味越浓。《说文解字》："淡，薄味也。""味"太复杂太微妙，就拿最简单的咸味来代表吧。"咸"的对立面恰好是"淡"。纯水最淡。《庄子·山木》："君子之交淡如水。"

最早的肉羹肯定很浓，甚至接近于"脂膏"。后来煮肉羹加的水多了起来。这样便于"送"饭，也为了提供化学作用的"接触剂"（"触媒"）。"味"产生在水里，却又跟水有天然的矛盾。人们一旦迷上美味，势必不断追求它的浓度。羹里的水越来越少，就自然变成了"菜肴"。

于是，炒的新模式成为中餐菜肴的代表。炒的菜肴跟羹有很大的共同性。都是以肉为主料，除了葱、酱等调料，还要外加蔬菜配料作为衬托。举古老“鲁菜”的代表“爆三样”为例，据权威菜谱，主料为猪腰、猪肝、里脊肉，配料有菜花、玉兰片、南荠等蔬菜。[1] 主要的不同之处，只是炒时完全不加水；装盘的成品稍带汤汁，那是蔬菜含有的水分受热释出的，还有油、酱等流体。人们管它叫“汁”，以跟“汤”区别。“汤”的本义是热水。极少的汤汁里，溶有极浓的“呈味物质”。

没有汤汁的“菜”出现后，“饭羹交替”变成了“饭菜交替”。“菜”作为下饭的烹饪品，包括三类：可以是加了蔬菜的肉肴或加了肉的蔬菜，例如炒肉片与民间的肉片熬白菜。可以是纯肉肴，例如炖肉，葱姜在成品中几乎消失。还可以是烹调过的纯蔬菜。纯蔬菜的“菜”是百姓简朴的日常“下饭”之物；纯肉肴的“菜”是节庆场合解馋的宴席。

从羹到“菜”的演变，其间经历了大约两千年的漫长而曲折的发展过程。羹的成熟约在商代之初，以《吕氏春秋·本味篇》记载的伊尹理论为据。炒菜萌芽于南北朝时期，以《齐民要术》记载的“膏煎紫菜”等菜肴为标志。典型的炒菜，吾友邱庞同先生确定为宋代食谱《吴氏中馈录》中的“肉生法”（菜肴名称）。邱先生是研究菜肴史的权威，曾任扬州大学烹饪系主任。[2] 炒菜比羹更能刺激唾液分泌，羹的“助咽剂”角色被“菜”代替，其衰落是必然的。现今只剩席终“谢幕”偶尔露一面。

[1] 中国烹饪协会主编：《八大菜系丛书·鲁菜》，华夏出版社，1997年，第20页。
[2] 邱庞同：《中国菜肴史》，青岛出版社，2001年，第149页。

第四节　饮食文化“开天辟地”：食的“异化”与“味”的启蒙

鸡肋沉冤千古，浓味偏诬“无味”

有句成语挂在华人嘴上：“食之无味，弃之可惜。”这可是核对无误的原话——这么强调也引不起您的注意。此话实在“狗屁不通”。鸡肋啃不着一点儿肉却舍不得扔，不就因为有味吗，怎么偏说“无味”？

成语故事出自曹操给军营定下的口令“鸡肋”。就凭这，聪明的谋士杨修猜出了他盘算着要退兵。史书中的原文并没错：“弃之如可惜，食之无所得。”《三国志·魏书·武帝纪》裴注引《九州春秋》。“无所得”就是没肉，那么，可惜的就是那点味儿了。《三国演义》说“食之无肉，弃之有味”。《三国演义》第七十二回《诸葛亮智取汉中—曹阿瞒兵退斜谷》。现代文豪鲁迅却说“食之无味，弃之不甘”。《鲁迅书信集·致章廷谦》。

跟鸡肋相似的还有鸡爪子，不过只多出一点儿皮、筋。都属于鸡“杂碎”，却俨然成了一道名菜。早在先秦，齐国国王对鸡爪子就有狂热的嗜好，一次不吃它几千个不算完。《吕氏春秋·用众》：“齐王之食鸡也，必食其跖数千而后足。”又梁代名著《文心雕龙·事类》：“鸡跖，必数千而饱矣。”鸡爪子在历代宫廷里流传，到慈禧太后而尤甚，不少清宫笔记中对此津津乐道。给它起了个美名曰“凤爪”。

台湾哲学教授张起钧研究过饮食文化，他说有位朋友周先生当年留学英国，常到饭馆去买些猪脚自己做了吃，店东开玩笑道：“还有鸡毛鸡骨头你要不要？”周说：“你们英国人要懂得吃鸡脚，还要进化两千年！”[1]林语堂说：“多数的美国人都没有那种聪明，把一根鸡腿啃个一干二净。”[2]他把嘬鸡骨头看成是一种聪明，说明他真聪明绝顶。然而他也没有料到，后来没多少肉的鸡爪子竟能让香港洋食客为之倾倒。近年来它在香港大行其道，每年消费几千吨。[3]来到世界第一自由港的各国食客一尝钟情，于是华人的“鸡爪疯”传遍全球。

中国成语说“打破砂锅问到底”。并不是笔者发现了“鸡肋”问题才进一步打破砂锅问到底，而是“砂锅”先被我失手打破了，其中的问题才可能显现出来。这个砂锅就是中国先民煮食物用的陶器，也是中国烹调的出发点。没有烹调也就没有鸡肋的美味。

语言的变化是反映生活的，从《三国志》（作于晋代）到《三国演义》（作于元末明初）的约1000年间，中国人饮食生活经历了巨大的进步，词语应当越来越精确，“味”的内涵怎么反而变模糊了？经过多年探索，笔者终于悟出：在饮食文化中，汉语的退化，恰恰

---

[1] 张起钧：《烹调原理》，中国商业出版社，1985年，第128页。
[2] 林语堂：《诠肚子》，《生活的艺术》，陕西师范大学出版社，2003年。
[3] 聂凤乔主编：《中国烹饪原料大典》上卷，青岛出版社，1998年，第55页。

是由于中餐的进化。

“异化”：“味”的灵魂背弃“食”的躯壳

人在饿极了的时候，吃块儿窝头也特别香。对饥饿的先民来说，“味”的沉醉掩盖了“饱”的满足，于是得“味”而忘“食”。无形的“味”比有形的“食”更突出，这正像庄子寓言中的“得意忘言”。《庄子·外物》：“言者所以在意，得意而忘言。”言语毕竟是有声音可以分析的，而“味”则难捉摸。

“味”本是食的属性，是完全依附于“食”的。可是随着饮食文化的进步，人们在进食时越来越重视“味”，其观念便在“食”中渐渐生成。后来它居然脱离“食”而独立，甚至变成了食的代称，让人忽略了“食”。这样“味”和“食”便形成了对立的“范畴”。事物发展的这种过程，在黑格尔的哲学中有个术语，就叫“异化”（alienation）。《辞海》“异化”条目的解释是：“德语 entfremdung 的意译。主体在一定的发展阶段，分裂出它的对立面，变成外在的异己的力量。”

在鸡肋的冤案中，“味”本是鸡肉的属性，鸡肋没有肉还舍不得扔，这表明“味”有了独立的价值。“味”的异化十分彻底，达到了跟“食”对立的地步。所以本篇小题中用“背弃”一词。中华文化里没有“异化”这个概念。这并不是欠缺，相反，古老的“一分为二”理论可说一上来就涵盖了“异化”。黑格尔在名著《精神现象学》中说：异化“是单一的东西的分裂为二的过程或树立对立面的双重化过程”。[1]“阴阳”

[1]［德］黑格尔：《精神现象学》上卷，商务印书馆，1979年，第10页。

学说的“一分为二”，比“异化”更深刻更全面。《周易·系辞上》：“易有太极，是生两仪。”《礼记·礼运》：“分而为天地，转而为阴阳。”

鱼虾等一类都是吃的，吃到南北朝时期就改叫“海‘味’”了。《南齐书·虞悰传》：“虽在南土，而会稽海味无不毕至焉。”对应英文为sea food（海产食物）。打猎为的是捕获美味的鸟，古华人却说是为了“得味”。《史记·货殖列传》：“弋射渔猎，犯晨夜，冒霜雪……为得味也。”这叫洋人没法儿弄懂。有人会举出英文中的delicacy，说它派生的雅语marine delicacies类似海鲜，说中西不都一样吗，岂知引出来的新问题更难解释。汉语的“鲜”是褒义的，最爱较真儿的洋人会进一步追问：“味”既包括美味也包括恶味，怎知道“海味”指的只是鲜美之味？这一回华人没法儿解答了，只好承认被美味迷住了心窍。

“味”的得宠使它变得飘飘然，恣意膨胀，于是有很多活用法。不仅做食物的代称，“味”还能当量词用：俭省的吴国国王一顿不肯吃两样菜肴，古书就说他“食不二味”。《韩非子·外储说左下》：“食不二味，坐不重席。”中药中的一种也叫一“味”。《儒林外史》第十一回：“加入几味祛风的药。”“味”更进一步当作动词，表示进食。先秦古书提醒贵人们不要过多地去“味”各种山珍海味，免得撑破肚皮。《吕氏春秋·重己》说“味众珍则胃充”。此处“味”就当“吃”讲。

守财奴的大笑话：民以“味”为天

《元曲选》里有个守财奴的笑话：吝啬的贾员外舍不得买店里摆卖的烤鸭，就在上面使劲抓了一把，回家咂咂四个指头便“下饭”四碗，剩下一个指头留下顿再咂，睡觉时那个指头被狗舔光，气得一病不起。[1]咂咂指头就像吃了菜肴一样能下饭，这虽属夸张却不悖情理：菜肴刺激唾液分泌，凭的是对“味”的感觉，而不是菜肴的实体。

中餐“饭菜分野”，米饭淡而无味，菜肴特别有味。“饭”跟“菜”的对举，相当于“食”跟“味”的对举。烤鸭的“味”从烤鸭中独立出来，“味”就成了完全无形的东西。肉食时代“味”跟“食”浑然一体。自从华人走上粒食歧路，就从调羹开始了“味”的追求，这就是中餐的“开天辟地”。跟洋人“上帝创造世界”的信仰不同，华人相信宇宙是自然生成的。天地形成以前，只有迷蒙一团的“浑沌”（混沌）。《淮南子·诠言训》：“洞同天地，浑沌为朴。”

顺便说说什么叫“民以食为‘天’”。这句古话早就成了陈词滥调，没有全新的领悟就不必重复。“食为天”的意义首先是政治的。汉语里“天”是政权的代称，造反夺权改朝换代叫“变天”。大政治家管仲说“食为天”是警告统治者，单靠镇压，百姓饿极了也会抢粮造反，你的政权就完蛋了。所以食物是“天之天”。全句是：“王者以民为天，民以食为天；能知天之天者，斯可矣。”

笔者认为“食为天”有更深邃的哲学意蕴。“天”是中国哲学（“道”）的出发点，汉代董仲舒断言：“道之大原出于天，天不变，道亦不变。”“天”本指大自然，华人相信人事是“天道”的表现。尽管汉语被认为是诗的语言，但并非不能用于逻辑推理。让我们像做代数习题那样，拿“哲学”置换那句古语中的“天”，便会得出“民以食为哲学”的命题，意思是“中国饮食体现着中国哲学”或“中国哲学蕴含

[1]〔明〕臧懋循编：《元曲选》庚集上，万历刻本。

在华人的饮食中”。这个语言把戏使我们吃惊，却是大致能成立的判断。

国人一听“哲学”就头疼。汉语没有“哲学”一词。其实说相声的早就教给你，哈哈一笑可以叫人“清气上升，浊气下降”。这话来自“开天辟地”的传说，旧时的学童都会背诵。古代启蒙课本《幼学琼林》中说：“混沌初开，乾坤始奠，气之轻清者上升为天，气之重浊者下降为地。”这话符合中餐特有的饭菜之别。吃鸡肋，咂完了味儿吐出的渣子不就是“重浊者”吗？鸡“味”是“轻清者”，像天，提过鸡汤的肉是鸡之“重浊者”，像地。

对比西方，洋人“人之初”就吃烤肉，一路吃下来，没有重大由头能启发他们，就很难把肉“味”跟肉本身分离开来。洋人的认识当然也会深化，然而路子不同。他们也发现了食物含有“轻清者”，但那是营养，而不是“味”，营养可以提纯，就谈不到“异化”，不管怎么“纯”也是物质，绝不会把一种感觉分成独立的存在。“味”最能体现中国哲学的“道”。要说“食”是“天之天”，“味”就像“道”一样，是“天之天之天”了。

彩画要靠白地儿衬：“甘受和，白受采”

古罗马的油画太“出色”了，笔者对美术一窍不通，也会被它的绚丽所征服。油画画在亚麻布上，底子得是素白的。中国画色彩暗淡，孔夫子还教导说：画画儿要在备好素白丝绢之后。《论语·八佾》：“绘事后素。”朱熹《论语集注》：“绘事，绘画之事也。后素，后于素也。”有白地儿作反衬，色彩才显得更鲜艳，这点儿道理洋人比咱们清楚。

然而，同样明显的道理，用在欣赏美味上，洋人就不那么清楚了。古老的《礼记》就强调了一大艺术规律："甘受和，白受采。"出自《礼记·礼器》。笔者发现这句话时曾经大为兴奋，后来在文章里反复引用。"白受采"就不用讲了；"甘受和"的意思是，美味的菜肴需要有淡而无味的米饭来反衬，才能凸显出来。"甘"指粮食的"无味"。《尚书·洪范》："稼穑作甘。"汉代学者董仲舒《春秋繁露·五行之义》说："甘者，五味之本也。"[1]"和"就是菜肴。齐桓公最欣赏国厨易牙做的菜，古书里就说"桓公甘易牙之和"。"甘"在这里当动词用。据《随园食单·饭粥单》，袁枚不爱吃汤浇饭，说宁可一口汤一口饭，经书中说的"两全其美""甘受和"，后人好像忘光了。洋人不懂得什么叫"甘"，他们没有吃"苦"的经历，不会感受到"不苦"跟甜在心理上的接近。但借鉴"白受采"，道理也会一点就破。

日本学者筱田统，中国饮食史的研究者，说过一句有创见的话："（华人）从非常古老的时代起，味觉就特别敏锐。"[2]原因他没谈。一个道理是，饥饿让人对食物的感觉变得特别灵敏，如苏东坡说过，人若饿极了，吃草木也会觉得赛过宫廷里的"八珍"。《东坡志林》："夫已饥而食，蔬食有过于八珍……"，"未饥而食，虽八珍犹草木也；使草木如八珍，唯晚食为然。"更重要的道理是主食、副食的分野，说白了，就是中餐有"饭""菜"之别，以"无味"来反衬"味"。

"甘"跟"白"的反衬作用说明，美术的道理跟美食的一样。孙中山先生在谈到中餐时，曾把绘画、美食统称为"美术"。《建国

[1]〔汉〕董仲舒：《春秋繁露》卷一一，中华书局，1975年。
[2]［日］筱田统：《中国食物史研究》，中国商业出版社，1987年，第57页。

方略》："夫悦目之画，悦耳之音，皆为美术；而悦口之味，何独不然？是烹调者，亦美术之一道也。"[1]他说的"美术"就是艺术。艺术包括音乐，没了"休止符"的反衬，就没有美妙的乐曲，正如唐诗名句所说，"此时无声胜有声"。白居易《琵琶行》。"无声"对乐曲的反衬是消极的、静态的，而"饭"对"菜"的反衬却是积极的、动态的。心理学家发现，人的感受力有疲劳及"残留"现象。电影就是利用"视觉残留"的原理发明的。"白受采"只能消极地减轻"感觉疲劳"，"甘受和"却更能消除"感觉残留"。

"白受采"这样重要的艺术规律却没见洋人有明确认识，华人能提出来，是多亏受中餐的启发。至于"甘受和"，洋人更不可能发现。他们不懂为什么不苦就叫"甘"，也不懂烹饪中的调和。西方哲学家曾经思考过饮食跟美学的关系，结论是明确的否定。黑格尔在美学专著中曾断言，进食的鼻、舌两大感官的感觉必须排除在艺术美感之外。因为他认为："艺术的感性事物只涉及视听两个认识性的感觉，至于嗅觉、味觉和触觉则完全与艺术欣赏无关。因为嗅觉、味觉和触觉……这三种感觉的快感并不起于艺术的美。"[2]

螃蟹为何必须"自剥自食"？

中国古话说"入芝兰之室，久而不闻其香"，并列的半句是"入鲍鱼之肆，久而不闻其臭"。出自《孔子家语·六本》。两句都接着说"与

---

[1] 孙中山：《建国方略》，中州古籍出版社，1998年，第62页。

[2] [德]黑格尔著、朱光潜译：《美学》第一卷，商务印书馆，1981年，第48～49页。

之化矣”，意思就是感觉器官的感受力跟气味“适应”了。这属于“嗅觉疲劳”现象，跟“味”的审美有密切关系。人吃东西，口腔的感觉同样会有疲劳的现象。

菜肴虽然美味，但一口连一口地吃，由于感受力的疲劳，味的刺激会变得不那么明显。这时得想办法让疲劳恢复。简单的办法，打断时间的连续性就行了。这就要故意在吃的乐曲里安排一个“休止符”。

最生动的例证莫过于吃螃蟹。美食家公认，螃蟹必须亲手自剥自吃，任凭多么富贵懒惰，也没有让丫鬟用玉指代劳的。自称“蟹奴”的清朝美食家李渔，有一篇精彩的宏论，歌颂螃蟹的美味。谈到吃法，他斩钉截铁地说，若是“人剥而我食之”，就会变得“味同嚼蜡”，甚至螃蟹不再是螃蟹了。《闲情偶寄·饮馔部·肉食第三》：“凡食蟹者，只合……听客自取自食。……凡治他具，皆可人任其劳，我享其逸，独蟹与瓜子、菱角三种，必须自任其劳。……人剥而我食之，不特味同嚼蜡，且似不成其为蟹与瓜子、菱角，而别是一物者。”

李渔还拿吃瓜子跟吃螃蟹并提。世界上似乎只有华人吃瓜子。周作人有《瓜子》短文，说“吃瓜子的风俗不知起于何时，大概相当的早吧”。他只能举出清朝的《紫幢轩诗集》的记载，但笔者考据，南北朝《齐民要术》“种瓜”一节就有“收瓜子法”的记载，提到瓜子“气香”，显然是专供零食，而不是留种子的。周文中还提到西班牙小说里写吃瓜子，那很可能是阿拉伯人从中国传去的。[1]这又要归因于饥饿文化。华人的“粒食”伴随着“糠菜半年粮”，瓜类在菜中含碳水化合物是较高的。瓜子会跟草籽（谷物）一样被看成最解饱的东西。

---

［1］ 周作人：《知堂谈吃》，中国商业出版社，1990年，第143页。

丰子恺有篇散文《吃瓜子》，足以跟李渔谈吃蟹相媲美。其中说他在海船上教给同舱的日本人吃瓜子，生动的描写令人失笑。那日本人“咬时不得其法，将唾液把瓜子的外壳全部浸湿，拿在手里剥的时候，滑来滑去，无从下手，终于滑落在地上，无处寻找了。他空咽一口唾液，再选一粒来咬”。[1]华人没事就嗑瓜子，“乐此不疲”，火车车厢、电影院等地方总有扫不完的瓜子壳。

螃蟹、瓜子的这种吃法道理何在？李渔没提。其实一点就破，同样因为等待剥壳而更馋。剥壳的间歇，会让你疲劳了的感觉得到恢复，这不是跟音乐的“休止符”一样吗？

喜爱中餐“举国发狂”，洋人何不痛快接受？

研究世界史的学者都知道，古罗马的贵族生活奢侈，宴席时间拖得很长，还常拿羽毛刺激食道，把吃进胃里的食物呕吐出来，腾出地方来继续大吃大喝。台湾洪兰教授为《有趣的吃》一书写序：“再美味的食物也不过是在通往食道之间短暂的满足而已，就如同书中所说的，罗马人吃了去吐，吐了再吃，就变成纵欲。”[2]尽管中国人嗜“味”如命，古往今来却绝对没见类似的记载。

听了“吐了再吃”的海外奇谈，华人会大笑其愚不可及。我们的老饕不受呕吐之苦，而能安享“口福”（英语里根本没这个

[1] 丰子恺：《吃瓜子》，陈平原编《闲情乐事》，人民文学出版社，1990年，第25页。

[2]〔加〕黛安娜·史旺生：《有趣的吃》，洪兰序，小天下出版公司，2003年。

词儿)。国人感受美味独有“出奇制胜”之道，就是“一口饭，一口菜”。

“饭菜交替”跟罗马人的“吐了再吃”，看现象差之千里，但琢磨其原理，也颇有共同之处，都是为了尽可能地享受美味带来的感官愉悦。这是人性的共同点，正像孟老夫子曾经断言的“口之于味，有同嗜也”。《孟子·告子上》。洋人不是感觉不到美食是享受，但没经过“‘味’的启蒙”，吃得浑浑噩噩，没有达到自觉的境界。

还有不那么明显的一致之处：呕吐本身占用的时间，会让疲劳的“感受力”得到恢复。吐了再吃，这场折腾少说也得半小时，而华人的饭菜交替只用半分钟时间，却能让对美味的感受力焕然一新。效果相同，而华人的时间效率却能提高百倍。况且吐了再吃难免损失胃液，这又会直接破坏食欲，降低对美味的感受力。

顺便可以解开一大疑谜：洋人对中餐的态度问题。几乎所有的洋人，对中餐无不交口称赞。像前引孙中山先生所说：洋人“一尝中国之味，莫不以中国为冠矣”。接下去，中山先生甚至说，全体老美都对中餐馋到发狂的程度。“美人之嗜中国味者，举国若狂。”[1]读者就会提问：那他们为什么不干脆抛弃西餐，全盘改吃中餐？道理在于，没人把中餐吃法的绝密泄露给他们。宴席上吃的，从头到尾全是肉肴，“味觉”早就疲劳到极点，用中国话来说，就是“吃伤了”。张起钧教授说过：“有钱而嘴馋的，多吃菜少吃饭则有之，光吃菜不吃饭的很少。”[2]米饭淡而无味，却是中餐的生命之根。中国谚语说得好：

---

[1] 孙中山：《建国方略》，中州古籍出版社，1998年，第63页。
[2] 张起钧：《烹调原理》，中国商业出版社，1985年，第180页。

“好吃家常饭”，道理就在于一顿有一半吃米饭。你中国人都受不了的罪，想拿来欺负洋人?

大量同胞在海外靠中餐谋生，他们最盼望的是洋食客光吃中餐。还有不少狂热的小“愤青”，恨不能让中餐打头阵好征服世界。给你们指条明路吧：想推广中餐吗？就教洋人懂得一口饭一口菜的吃法。

第二部

『味道』的研究

第四讲

华人“味道”感官功能的调适

- 难以捉摸的“味”，中华文化的灵魂
- “味”谜团的破译（之一）：华人嗅觉的退隐
- “味”谜团的破译（之二）：华人味觉的弥漫
- “味”谜团的破译（之三）：鼻口之合，良缘天成

第一节　难以捉摸的“味”，中华文化的灵魂

满纸荒唐言，谁解其中“味”？

洋人眼里，中华文化像《红楼梦》一样带有浓厚的神秘色彩。这个民族发明的纸张上写满了古怪的文字，这不正是“满纸荒唐言”？洋人连汉学家也看不懂《红楼梦》，这不正是“谁解其中味”？中华文化最难解的奥秘，大概就在于这个“味”字。“味”本来是舌头感觉的酸甜之类，浅显得很，但对于生为“烹饪王国”之民的你我，“味”又显得深奥莫测。它的含义竟已膨胀到无所不包，所以特别值得专题研究。

最笼统的“味”，可以是概括人生全部感受的“世味”。随着《菜根谭》在日本的风行，如今连那里的商人们都能把含有这个词的格言背诵得滚瓜烂熟。明代谈处世之道的通俗读物《菜根谭》被日本人奉为“管理学的经典”。内有“备尝世味，方知淡泊之为真”之句。古书里“世味”的例句可说俯拾即是，我们宁可用美食家苏东坡的诗句：“崎岖世味尝应遍。”《立秋日祷雨宿灵隐寺同周徐二令》。

用在饮食以外的“味”，首先是文学方面。中国是“诗的国度”，最早的诗学专著《诗品》断言，“味”是诗的最高标准。南朝

梁钟嵘《诗品·序》："使味之者无极，闻之者动心，是诗之至也。"诗的"味"近似今天所说的"意境"。明人朱承爵《存余堂诗话》："作诗之妙，全在意境融彻……乃得真味。"反过来，人们又拿对诗的感受来比喻对"味"的感受，美食家袁枚诗曰："平生品味似评诗。"见《随园诗话·〈品味〉二首之一》，下句是"别有酸咸世不知"。[1]

古人写文章同样讲"味"，统计一下文论经典《文心雕龙》，作者刘勰与钟嵘同时代而稍晚。其中"味"字出现了17次之多。例如《宗经》篇："是以往者虽旧，余味日新。""味"可以用作动词，意思是品味。《总术》篇："味之则甘腴，佩之则芬芳。"更有意味的是，作者没忘记指出泛化之"味"的由来：书中说，商朝的开国贤相伊尹就是借着"味"的原理教导汤王怎样治理国家的。"味"在文学上的泛化，发生在南北朝时期。依据是《诗品》《文心雕龙》两部文学理论专著都出现在这个时期。这不是偶然的，而是反映了中国饮食文化在南北朝时期的初步成熟。北朝名著《齐民要术》里就包含大量菜谱。

"味"在哲学上的应用，大大早于文学方面。先秦时代，"味"就跟"道"意思相通。《道德经》五千言中，"味"字出现了4次。《道德经》第十二章："五色令人目盲，……五味令人口爽（伤）。"第三十五章："道之出口，淡乎其无味，视之不足见。"第六十三章："为无为，事无事，味无味。"《文心雕龙》也借用了老子"味""道"词义相近的观点。《附会》篇："道、味相附。""味"还跟中国哲学里的另一个重要概念"气"相通。先秦的思想家鹖冠子甚至说"气"是从"味"中产生的。《鹖冠子·泰录》："味者，气之父母也。"

近代比较狭义的"文"，特指文艺，包括音乐，可以以戏剧为代表。京剧唱腔的微妙，用西方精密的乐谱也无法记载，只能用

[1] 转引自赵荣光《袁子知味》，《社会学家茶座》第五辑，山东人民出版社，2004年。

"味儿"来表示。

"知味"：困倒圣哲的难题

齐国的宫廷厨师易牙被孟夫子认定为天下"知味"的权威。《孟子·告子上》："至于味，天下期于易牙。"易牙为了追求美味，把自己的小儿子烹成一道佳肴，巴结馋嘴的君王。《吕氏春秋·知接》记齐桓公曰："易牙烹其子以慊寡人。""知味"竟然跟死亡连在一起。无独有偶，有人问大美食家苏东坡：剧毒的河豚滋味如何？他回答说"值那一死"。时人评他得出的结论是："(东坡)可谓知味！"吴曾《能改斋漫录》卷一〇。拿死换来的"知味"，却不过是对美味的直观感受，至于"味"到底是什么，还是说不上来。

"味"似乎能隐藏自己不叫洋人注意，这本身也表明了它的深奥。然而在中国，"味"的奥秘从远古就成了智者深思的对象。孔夫子早就说，别看人没有不吃东西的，却没几个人知道什么是"味"。《中庸》："人莫不饮食也，鲜能知味也。"从此留下"知味"这个挑战性的名词，使历代的无数智者为它困惑不已。

商朝的伊尹是"味"的第一个探究者，虽有不少伟大发现，但结论却只是："味"实在太微妙了，根本没法儿用语言来形容！《吕氏春秋·本味篇》："精妙微纤，口弗能言。"直到清朝，大美食家袁枚终于做出总结，他在给自己的天才家厨师写的传记中断言："知己难，知味更难！"《厨者王小余传》，见袁枚《随园诗文集》。而"知己"之难是公认的。所以《道德经》说"自知者明"。

"知味"之难，从反面可以看得尤其清楚。大哲学家老子陷进了“味”的迷魂阵，大军事家孙子栽倒在“味”的滑铁卢。据说《孙子兵法》在西方的知名度要超过在中国的，书中借吃喻兵，竟说尝不完的美味无非是五种感觉的不同组合。《孙子兵法·兵势篇》：“味不过五，五味之变，不可胜尝也。”这句名言后来为诸子百家不断重复，例如《淮南子》等。您想中餐里的万千美味岂是仅仅由咸、酸之类“变”得出来的？纯粹是舌头的味觉吗？鼻子的嗅觉怎么就没想到？聪明绝顶的老子，也犯了同样浅显的错误，用“五味”来称呼一切美味佳肴。《道德经》第十二章：“五色令人目盲，五音令人耳聋，五味令人口爽。”

“味”的难知，难在弄不清楚它到底是客观的存在，还是主观的感受。孟子说人人喜好美食，《孟子·告子上》：“口之于味，有同嗜焉。”那是“味”的共性方面，或者说是客观方面。成语“羊羔虽美，众口难调”，出自佛教典籍《五灯会元》。说的就是“口味”，是“味”的个性方面，或者说是主观方面。两句名言都是真理，却互相矛盾。英文里连相关的词语都不全，“口味”这个词就没法儿翻译。《汉英词典》例如“西餐不合中国人的口味”，口味只能翻译成 taste。

“味”还涉及“知与行”的问题。“知行”是中国哲学的重要范畴，从先秦争论到近代。值得深思的是，阐述“行易知难”的《孙文学说》，第一章题为“以饮食为证”[1]，就是借“味”来论道的。

“味”字蕴含远古奥秘

舌头是“味觉”的主角，“味”字却不属于“舌”部，仓颉造

[1] 孙中山：《建国方略》，中州古籍出版社，1998 年。

字何其不公！然而，笔者刚费了九牛二虎之力为舌头争功，转眼又要说“味”字造得就是对！

先看古代字书是怎么解释“味”字的。《说文解字》说，“味”就是“滋味”。“味，滋味也。”“滋”带“三点水”旁，规定了“味”不离水，这就强调了是味蕾的感觉，《简明不列颠百科全书》说，味觉是对“溶解（于水）的化学物质”的感觉。而不是鼻子感觉的“臭”。味、臭本有分工，可惜后来“味”就变了味儿，包括了气味。《辞海》解释“味”字跟古代字书不同，头条就是：“滋味；气味。”接下来就把味觉、嗅觉混在一起，说“如酸味、甜味、香味”。“味”字变得不分滋味、气味，时间大约在唐朝，《辞海》的例句是杜甫的诗，歌颂奶酒“气味浓香”。《谢严中丞送青城山道士乳酒一瓶》：“山瓶乳酒下青云，气味浓香幸见分。”若说“味浓（甜）气香”才算清楚。

“味”的字形更值得仔细玩味。《说文解字》只说“从口，未声”，未免简单。可以再从去掉偏旁的“未”字捕捉点儿信息。上面说过，“表音的字符更能表义”是汉字发展的规律。一查，果然大有启示：“未”字本来就当“味”讲。《说文解字》：“未，味也。六月滋味也。”注意，又提到“滋味”。“未”的篆字是枝叶下垂之象，《说文解字》：“象木重枝叶也。”表示禾木繁盛，这可能透露了中国人“味”感发达源于种庄稼的实践。

再深思，连十二时辰的“未”也来自农作。《说文解字》：“五行木老于未。”段玉裁注引《淮南子·天文训》说：植物从生到老的时间阶段，对应着一天的十二时辰，转折点在下午两三点钟。这就提示我们，“粒食”的华人感受的“味”，跟别种文明的人类自来就是不同的。例如“甘”是“尝百草”的中国人独有的味觉，英文没法儿翻译。“五行”理论也跟“味”密切相关，最早对“甘”味的阐述是从庄稼来的。《尚书·洪范》：“五行：……稼穑作甘。”“五味”就是“五行”的表现之一。

“甘”是五味之本，董仲舒《春秋繁露·五行之义》：“甘者，五味之本也；土者，五行之主也。”是一种似淡非淡、非常微妙的感觉，其微妙之处在于包括嗅觉的成分，即黍米的暗香。“香”的篆体字形是上“黍”下“甘”。“暗香”是吃在口中的嗅觉，这是本书核心中的核心，详见后文。谷物的暗香，因为太微弱，要么被嗅觉的花香所掩盖，在肉食的西方就是如此。要么跟“味觉”结合得难舍难分。唯有“粒食”的中国人可能体味到它的存在。为了避免跟“嗅觉”含混，为了方便本书对“味道”分析。笔者决定使用一个新术语：鼻感。

《说文解字》对“甘”字的解释说：“甘”就是美味。“甘，美也。”又，“美，甘也。”释文接下来还有更深奥的一句：“甘”还象征着“道”的哲学奥秘。《说文解字》：“甘，从口含‘一’。一，道也。”这就是饮食文化探究的巨大意义与兴趣之所在。

总之，不管带不带口字旁，“味”（未）字都透露了中国话的“味儿”之奥秘：简直没法儿排除“鼻感”的成分。注意，不是说“嗅觉”。

饮食之“味”：三物同名烦死人

一代相声宗师侯宝林有段相声谈方言，说胶东人油、肉不分，都拼作 you，学肉铺掌柜向顾客要钱，说“你给了肉钱没给油钱”，顾客说都给了，他还是重复给了 you 钱没给 you 钱，总也说不清楚，一生气连喊：“不要了！”其实胶东话里肉、油可以靠声调来区分。这个笑话表明，两个东西名字混同是多么烦人的事，更不用说三个东西完全同名了。汉语里的“味”是三个东西共用同一个名字，这给人带来的困窘可想而知。

如今一提“味”，笔者的脑子里就有三个意思一起蹦出来，叫人有口难辩，真烦死人。读者诸君不会有这种烦恼，笔者研究饮食问题之前也一样。大热天汗水流进嘴角里，“味儿特咸”，说的是舌头的感觉。穿胶鞋脚出汗，“味儿大极了”，说的是鼻子的感觉。美食家尝了一口蟹螯白肉蘸姜醋，喊声“味儿好极了”，说的是舌头感到的鲜加上咸，加上鼻子感到的清香。孤立地听个“味”音或见个“味”字，谁知是舌头感觉的“滋味”，咸、酸、甜、苦？鼻子感觉的“气味”，花的芬芳，肉的腐臭？还是口跟鼻子一块儿感觉的“味道”？

化学老师说，水的性质是“无色、无味……”；如果他是北方人，他说的“味”肯定是不带儿化音的，儿化音有时能帮助区分词义。去看中医，处方中有鱼腥草，回家查查药书，此药的“味”是“辛”，辛近于辣，传统上被认为“五味”之一。却只字不提带有腥气；丁香“味苦”，药书也不会说“香”。原来中医跟化学家一样，所谓“味”纯粹指的是舌头的感觉，鼻子的感觉是另外一件事。

汉语的实际情况就这样，实在没办法；现在要分析概念的不同，没有清晰的词怎么行？恕我当回“洋奴”，只得暂且借用洋词儿：舌头的感觉用 taste，鼻子的感觉用 smell，吃东西时口鼻合一的感觉用 flavour。诚然，英语中的 taste 偶尔也跟 flavour 混用，smell 则是绝对独立的。

笔者曾抱怨祖先：怨不得人家说汉语落后，连日常生活的用词都一塌糊涂。研究饮食文化时，一经深入探究就恍然大悟，责怪自己数典忘祖。跟“吃的感觉”相关的词儿，汉语里本来既不缺少也不含糊，相反，甚至比英文的概念更清晰。下文细说。“味”的词语混淆确实存在，但那是后来演变的结果。表面看是词语的“退化”，实际上恰恰是“吃”的感觉超常进化的结果，反映了中国饮食文化的高度发达。至于文化的进化为什么偏会带来概念的混乱，真是一言难尽。简单说，三个词语的混淆，反映了“味”的难知。

“味”是个复杂又微妙的谜团，要把其中的道理讲清楚，不得不大费周折。道理叫人感觉枯燥无“味”，美味却让人津津乐“道”。这像破案一样引人入胜。下面用几章篇幅，试图侦破这个疑案。

第二节　“味”谜团的破译（之一）：华人嗅觉的退隐

古人说兰花很“臭”

气味、滋味、味道，纠结成“味”的一团乱麻。要想择清，从哪儿下手好？笔者先从舌头的感觉开始，绞尽脑汁好几天，也没法儿把简单的“五味”跟复杂的“味道”分析到“井水不犯河水”。琢磨舌头的感觉时，鼻子的感觉总是顽固地掺和进来。以下简称“舌感”“鼻感”。后来恍然大悟：嗅觉才是打开“味”的迷宫的钥匙。

上面说过，“味”发生混淆的关键，在于现代汉语里缺少表示“气味”的词，英文的smell。词典解释smell，说是“一种能对鼻子发生效应的性质”。《朗文英汉双解词典》的释文是A quality that has an effect on the nose。百科全书的解释更精确，强调smell是对“空气中的化学物质”的感觉。《简明不列颠百科全书》中“嗅觉”条目的定义是“借感觉器官探知和鉴别空气中化学物质的作用”。可是当华人感觉到一阵风吹来什么“空气中的化学物质”时，会喊“什么怪味儿！”。翻译成英语，得说What strange smell？而绝不能说taste。鼻感的smell、舌感的taste都叫“味儿”，现代汉语里没法儿分别。不错，英文的taste有时也兼表示“味道”，《朗文英汉双解词典》里的例句：“This cake has very little taste.”这块糕点没有一点儿味道。但生理学上跟“嗅觉”并列的“味觉”用的就是这个词儿，表明它的准确定义是排除嗅觉的。

日语跟汉语有渊源关系，可是就连日语里也有“气味”跟“滋味”的词语分工，还特别造了一个“汉字”——“匂”字来专门表示气味。例如“酒の匂いがぷんぷんする”，意思是“酒味扑鼻”。

敏锐的读者注意到本节开头的“气味”，会问：你不是说缺少这个词吗？笔者是说“现代汉语里没有”。“气味”一词又会引起古今之间的混乱。原先汉语词汇里绝大多数是单音节的，“气”“味”本是并列的两个词：闻起来叫“气”，尝起来叫“味”。旧版《辞源》解释得很清楚：“嗅之曰‘气’，在口曰‘味’。”你说那就像古人一样光用“气”？后世“气”还衍生出种种含义，热气、元气、士气，……还嫌它不忙？况且用在饮食上的“气”又形成了特指不良气息的习惯。例如宋代饮食著作《吴氏中馈录》说：“煮陈腊肉，将熟，取烧红炭，投数块入锅内，则不油莶气。”[1]

那么，现代汉语管smell叫什么好呢？笔者建议用“气息”。《辞源》“气息”条目的解释是呼吸，但现代有了转义，例如女作家陈学昭的散文《献给我的爱母》说：“一阵怪难闻的气息，有时真令我要呕吐。”[2]我们的祖先怎么会连表示气味的词都没有？有！古汉语里跟smell相当的词是“臭”，意思是气味较浓。《易经》说“其臭若兰”，若是强调好闻，得说芬芳。《周易·系辞上》：“同心之言，其臭如兰。”唐代孔颖达的注释说：“气香馥若兰

[1]〔宋〕浦江吴氏《吴氏中馈录》，中国商业出版社，1987年，第12～13页。
[2] 陈学昭：《献给我的爱母》，《妇女杂志》，1927年第7期。

也。”“香”起先只能用来形容黍米。

关于“臭”的古义,《礼记》里有更惊人的例句：身上佩带的香囊居然叫“臭”囊。《礼记·内则》：“男女未冠笄者……衿缨，皆佩容臭。”这里的“臭”古人不念 chòu，而跟嗅觉的“嗅”读音一样念 xiù。《集韵》：“臭，许救切，去。”古书《列子》更把“臭”跟“味”区分得清清楚楚，说气味比椒兰还臭，滋味比好酒还美。《列子·汤问》：“臭过兰椒，味过醪醴。”

考据：“臭”何时变得臭不可闻？

“臭”，本来指的是鼻子感觉的一切气味，不管是香是臭。台湾四十册的《中文大字典》总结得好：“气通于鼻皆曰臭，无香、秽之别。”从先秦文献里面很难找到有倾向不良的“臭”字。偶尔有，也会特别说明那是出于人的好恶。《庄子·知北游》：“是其所美者为神奇，其所恶者为臭腐。”直到清朝，古文雅语还有用“臭”来形容菜肴的香气的。袁枚《随园食单·须知单》：“嘉肴到目、到鼻，色臭便有不同。”

“臭”字为什么会变成专门表示恶劣气味的字词？弄清了这个，“味”的谜团就迎刃而解了。笔者经过多年考证，发现“臭”字的“变味”关键在于它的反面，即“香”字在华人中变得“吃香”。最早论述“臭”字“变味”的道理的，可能是唐朝经学家孔颖达，他说人们先管“善气”（好闻的气息）叫“香”，然后根据善恶的对立，自然就管“恶气”（难闻的气息）叫“臭”了。孔颖达注释《左传》：“臭，原非善恶之称。但既谓善气为香，故专以恶气为臭耳。”转引自台湾版《中文大字典》“臭”字释文。

"臭"字是在什么年代变得"臭不可闻"的？笔者居然考证出来了，是在西汉与东汉之间。根据是一句成语的演变："入芝兰之室，久而不闻其香；入鲍鱼之肆，久而不闻其臭。""香""臭"两字其实是后加的。这句话，多半是借东汉刘向的通俗读物《说苑》而流行的。《说苑·杂言》记孔子曰："与善人居，如入兰芷之室，久而不闻其香，即与之化矣；与恶人居，如入鲍鱼之肆，久而不闻其臭，亦与之化矣。"《说苑》可能是取材于文体更正宗的《孔子家语》，两书中那段话的原文完全相同。但《孔子家语》的作者、年代都有争议，前人断定是三国时代的王肃伪造的。李学勤教授认为，早在汉初确已有《家语》的原型。王肃作解的今本《家语》，大约就是在简本的基础上经过几次扩充编纂形成的。[1] 王肃用当时的语言改写，因而"入芝兰之室"一段话的定型可能较晚。所以当以《说苑》为准。

刘向绝不敢盗用孔夫子的名义，他引的语录必有依据。笔者翻过无数古代经典，终于在《大戴礼记》中也找到了大致相同的话，惊奇地发现，上下句的结尾根本没有"香""臭"两字。原文是："与君子游，苾乎如入兰芷之室，久而不闻，则与之化矣；与小人游，贷乎如入鲍鱼之次，久而不闻，则与之化矣。"《大戴礼记·曾子疾病》。《大戴礼记》的作者戴德也生活在公元前1世纪，但学者公认其书有更早的依据，包括曾子的佚书。《汉书·艺文志》"儒家"类下著录的《曾子》18篇，已佚。"芝兰之室"这段缺少"香""臭"二字的语录是直接由孔子的学生曾子转述的，应当早于《孔子家语》。据此可以推断，孔子的时代还没有"香臭对立"的观念，把芝兰的"香"跟鲍鱼的"臭"对立起来，这不符合"臭"的古义。当然也没有相关的语句。

刘向生活在公元前1世纪（约前77—前6），那时的语言中已习惯

[1] 李学勤：《李学勤学术文化随笔》，中国青年出版社，1999年，第81页。

于"香""臭"的鲜明对立。对照曾子的年代（前565—前436），就能确定较具体的时间："臭"变得臭不可闻，是公元前4个世纪之间的事。

由于古代学者还没有弄清"香""臭"对立最初并不适用于饮食以外的场合，所以经典的传统注释也不免有误解之处。例如《左传·僖公四年》："一薰一莸，十年尚犹有臭。"本义是其香、臭存留时间都很长，晋代人杜预注："十年有臭，言善易消，恶难除。"[1]

"臭"（狗鼻）→"齅"（动词 smell）→"嗅"

"臭"字有两个意思：既泛指一切气息，为了辨析准确，这里不能说"气味"。又专指难闻的气息，普通话读音分得很清楚。化学老师的古文底子不管多差，也会把"氧气，无色无臭"的"臭"念成 xiù。《辞海》："臭"字有两个读音，香臭的"臭"读 chòu，例句是跟兰花之香对立的"鲍鱼之肆"之"臭"；另读为 xiù，例句为《诗经·大雅·文王》："无声无臭。"把读 xiù的排在第二，是迁就今人的观念。

"臭"的字形之妙，令人惊叹：上面是鼻子，下面是狗（犬）。"自"的本义就是鼻子。《说文解字》："自，鼻也。象鼻形。"人们说"我"时，常会指着自己的鼻子。段玉裁注《说文解字》"鼻"字说："'自'本训'鼻'，引申为自家。"为什么带个"犬"字？因为古人早就认识到狗的嗅觉特灵。现代科学发现，狗的嗅觉比人高出40万倍，甚至能嗅出癌症的萌芽。1998年，伦敦的两位医学家在《柳叶刀》杂志上发表的论文中

[1]《春秋经传集解·僖公十二年》，上海古籍出版社，1986年，第248页。

谈到，一位女病人的狗顽固地嗅她腿上的一颗痣，她去找医生，发现那是皮肤癌。洋人训练狗们担当侦缉毒品及炸药的重任，给人类立下了“汗狗功劳”。造字的圣人仓颉早就发现狗总是用鼻子到处嗅，说它能跟踪禽兽走过时留下的微弱气味。《说文解字》：“臭：禽（按，远古禽兽合称‘禽’）走，臭而知其迹者，犬也。”段注说：“走臭”就是追逐气味。“走臭犹言逐气。犬能行路踪迹前犬之所至，于其气知之也。”

本来“臭”字除了不分美、恶，还能当动词用。《荀子·荣辱》：“彼臭之而嗛于鼻。”意思是“它闻起来让鼻子觉得不愉快”。这跟英文的smell相当，真是英雄所见略同。想不到的是，咱们祖先甚至比英国佬更英雄，“臭”字到汉朝时又进化出一个“齅”字来，专门表示动词。当然也读xiù。这个字的构成更有意思：“用鼻子往臭（气味）上凑。”《说文解字》：“齅：以鼻就臭也。”“齅”字比smell还准确。跟名词“臭”分工明确，而英语的smell是拿名词当动词用。这个字今天可能连汉语专家都不认识，说实话，笔者在研究饮食文化以前也不知道有这个字。古典文献里也极少出现，猜想它侧重于狗的行为。

唐代以前，经典中没有“嗅”字。宋人邢昺注释《论语·乡党》中的“三嗅而作”说：唐《石经》“臭”字左旁加口作“嗅”，则后人所改。到了晋代，“臭”就被“嗅”代替。宋元时代的《古今韵会》开始收入“嗅”字，而这部字典的前身是晋代的《韵会》。自从出现了“嗅”字，“齅”字便永远消失了。南北朝时期的字书《玉篇》最早有“嗅”字，解释还说：“齅亦作嗅。”宋朝以后“嗅”字流行，用于愉快的感觉。苏东坡就有嗅花香的诗句。《次韵子由所居六咏》：“何以娱醉客，时嗅砌下花。”[1]

---

[1] 孔凡礼点校：《苏轼诗集》卷四〇，中华书局，1982年。

“鼻臭”字属于鼻部，本来无比准确；曾经用过的先进词语，为什么今天成了死字？古词典对“嗅”的解释是“鼻审气也”，明明用鼻子，为什么从准确倒退到糊涂，改成了口部的“嗅”？为什么从先前的超过英语，退步到比英语落后？“嗅”跟英语里当动词的 smell 一样是从名词派生的，由于后来“臭”字变了味，人们出于对劣气息的极其厌憎而避忌之，便改用“口”字旁的“嗅”，以表明说的是食物的气息。这变化的前提，是“吃”在华人的生活中变得极端重要，压倒了其他的生活实践。简而言之，“臭”的“变臭”，是因为“香”的“吃香”。

不同的感官功能对应的词语，在汉语里往往有混同的现象。“嗅”，口语都说“闻”。早在先秦就说“入芝兰之室，久而不闻其香”。这属于心理学与美学上的“五官通感”现象。“闻”又属于耳部，跟“口”一样都跟鼻子无关，所以在本节的题目中要说“嗅觉的退隐”。同一原理再进一步，泛指“气息”的“臭”，最终又被“味”字代替，造成了口鼻不分的混乱。

华人的嗅觉享受：从好闻转到好吃

达尔文发现动物的感官会进化、退化。最明显的是鼻子，《简明不列颠百科全书》说，食肉目动物“主要靠嗅觉寻找食物或逃避捕食者”。人类不靠气味觅食，嗅觉退化得猪狗不如。类人猿不懂美丑，视觉、听觉毫无欣赏要求。嗅觉方面，狗吃屎都不嫌，人则厌恶臭的、欣赏香的。纯粹的嗅觉享受是花香，欧洲仕女讲究赠送鲜花；华人这方面似乎低人一等，然而古代的中国人却超过西方。先秦诸子的言论中常拿鼻的欲望跟眼、耳并列，荀子就说“鼻欲綦（极）臭”，《荀子·王霸》：“夫人之情，目欲綦色，耳欲綦声，口欲綦味，鼻欲綦臭……”还说人要用芬芳的气味来“养鼻”，《荀子·礼论》：“椒兰芬苾，所以养鼻也。”还跟“养眼”并列。现今网民欣赏美女就爱喊“养眼”。经典明言，气味是周代人的好尚。《礼记·郊特牲》：“周人尚臭。”尽管书里的“臭”说的是祭神，但对当时人们的习尚也不能排除。

后代华人对花香的欲望明显淡漠了，笔者认为这是因对美食的追求而使之“边缘化”。先是文人的“熏香”替代了鲜花。书房里的熏炉始见于东汉，《艺文类聚》卷七〇引汉刘向《熏炉铭》，此不同于供佛的香炉。大致在同时，用花“养鼻”的习尚趋于消失。宋代书香普遍流行，陆游《假中闭户终日偶得绝句》：“剩喜今朝寂无事，焚香闲看玉溪诗。”同时以苏东坡为代表的美食运动兴起。花香的嗜好跟美食的嗜好相关，道理在于华人饮食的独特。

不同类的嗅觉享受都用“香”来表示，这就要弄清“香”字的演变。篆字“香”是上“黍”下“甘”，仅仅指黍米的暗香。《说文解字》：“香，芳也，从黍、从甘。《春秋传》曰：‘黍稷馨香。’”兰花很香，但早先只能用“芬、芳”形容。屈原《离骚》：“芳菲菲而难亏兮，芬至今犹未沬。”“芬”字出现更早些，“芳”字本来是草名。《说文解字》：“芬：草初生，其香分布。”“芳：香草。”屈原曾将“美人”“香草”并用。黍米的“香”扩大到花上，从古书记载来看，过渡时间是汉代。《说苑·谈丛》“十步之泽，必有芳兰”，不同版本中“芳”“香”混用[1]。先秦文献里找不到“香”用在吃食上的例句。最早的例子可能是汉代字书《急就篇》：“芸、蒜、荠、芥、茱萸，香。”

“香”的篆字

[1] 向宗鲁校证：《说苑校证·谈丛》，中华书局，1987年。

列出的“香”物还限于蔬菜，但这是向食品过渡的一步。老学究会找出两例，但都不能成立。其一，《荀子》里的“五味调香”，应为“五味调和”，后文有专门章节详细考辨；其二，《诗经·大雅·生民》说“其香始升，上帝居歆”，国学大师俞樾考证香气来自焚烧萧草（还有牛脂），认为这是烧香祭拜的前身。[1]

“香”字带上“甘”这个零件，鼻感就掺进了舌感。黍米饭对华人的无比重要，使“甘”的嗅觉因素成为本位，衍生出好闻的香、好吃的香。早先常用“芬苾”形容香气，《荀子·礼论》：“椒兰芬苾。”“苾”似乎是好闻与好吃的过渡。《诗经》中“苾”可指食物的香气，《小雅·楚茨》描述用美食祭神说：“苾芬孝祀，神嗜饮食。”还有个“飶（馝）”是《诗经》研究中的难题，朱熹也承认没法儿解释，《诗经·周颂·载芟》说“有飶其香……有椒其馨”。朱熹《诗经集传》：“飶，未详何物。”可以理解为烹调成品。后世“苾”“飶”完全通用，唐代宫廷祭神的颂歌中就拿“芬飶”表示食器中的美味，见郑善玉《郊庙歌辞·仪坤庙乐章·雍和》。

荀子用芬苾形容椒兰，“椒”即花椒，很早就成为华人烹饪的主要调料，是“养鼻”与“养口”的过渡之物。“香”用于肉类食物更要晚得很，不过先秦就有个“芗”字像是过渡。“芗”曾表示牛脂的气味，《礼记》曾用“芗”形容牛油的气味，笔者发现同一段话在《周礼》中又作“香”。分别见《礼记·内则》《周礼·天官·冢宰》。牛本有膻气，近似芳香的牛脂要加热才能析释出。可见膳食之“香”都是人为烹调的产物。

顺便说说华人用食物祭神的问题。夏丏尊先生说，其他民族祭奠用花，中国人用吃的。[2]华人认为神鬼也怕挨饿，又面对祭品不会被吃

[1] 转引自丁福保：《佛学大辞典·焚香》，文物出版社，1984年。
[2] 夏丏尊：《谈吃》，聿君编《学人谈吃》，中国商业出版社，1991年，第4页。

的事实，因此相信神鬼会用嗅觉享受食物的气味，还有专用词语就是“歆”。

鼻子的感觉迷失在“口”中

“香”属于鼻子的感觉，但它原来的字形却是带有口舌感觉的“甘”字，这既是错乱，显示黍香有不可捉摸的属性。又有道理——黍米的暗香就是吃在口里才能感到，跟嗅觉的关涉是极难发现的。

中国古人也很讲究让鼻子享受“芬芳”的嗅觉愉悦，就像眼睛需要享受美色美景一样。《孟子·尽心下》：“口之于味也，目之于色也，耳之于声也，鼻之于臭也，……性也。”古汉语里还有表示嗅觉失灵的词，跟视觉的“盲”、听觉的“聋”相当的。例句说的是不能欣赏芬芳的遗憾。《列子·杨朱》：“鼻之所欲向者椒兰，而不得嗅，谓之阏颤。”另外提到聋为“阏聪”，盲为“阏明”。这在世界各种语言中都是少见的，表明了华人的嗅觉审美曾经多么发达。

“嗅”字用“口”旁代替了早先的“鼻”旁（齅），难道华人的鼻子都不管用了？经过长期探求，笔者才参透了个中玄机：正是中国饮食文化的高度进化，造成了汉语的“退化”。具体的机理就是：“味”审美的畸形发达，带来了中国人饮食感官与心理的畸形进化。借用书法家的话来说，就是所谓“臻于化境”。华人把嗅觉、味觉的意识“化”在一起，变成一团模糊的“味”。

变化的具体过程，得从鼻子的功能说起。人的各个感官都有自己的快感、美感，有独立的享受。耳朵要享受好听的音乐，眼睛要享受好看的景色，同样，鼻子也要享受好闻的气息。但鼻子的感觉，除了独立的一面，另有不独立的一面——在欣赏美食时，鼻子又参与了口的感觉，无形中变成了“口”的附庸。

嘴巴能吞没鼻子的功能，皆因鼻子长得太特别：它一头是独立的，另一头通着口腔。汉朝思想家王充对鼻子的结构、原理认识得最清楚，说鼻子能享受美食的气息，全靠鼻子通气儿。他反对拿美食祭死人，说死人鼻子不通气儿，哪能闻到祭祀美食的气息？《论衡·祀义》：“凡能歆（高按，神享受供奉叫‘歆’）者，口鼻通也。使鼻鼽（高按，鼽也作‘齆’，意为鼻腔壅塞）不通，口钳不开，则不能歆矣。”有一类是空气中的外界气息，花香、尸臭等。作用于鼻子的前门；另一类是吃东西时口中的气息，黍米的暗香、水果蔬菜的清香、烹饪佳肴的“醇”味等。作用于鼻子的后门，两者有内外之分、正反之别。

最早，人吃东西单纯为了饱肚，鼻子专管嗅外在的气息来寻找食物，至于吃东西时口腔里边的气息，因为还没什么意义，没人注意。自从陷进“饥饿文化”，中国人对吃的感受大大强化了。羹、饭的分工带来“味”的启蒙以后，对口中食物气息的感受十分突出，鼻子后门的感觉变得极端重要，前门的感觉就变得相对次要了。这样“倒流嗅觉”就压倒了“正流”。汉代以后的思想家，极少再像先秦时那样谈论花香的享受了。文化能改变人的感官，马克思就曾借着音乐谈过这一客观事实。“只有音乐才能激起人的音乐感；对于不辨音律的耳朵说来，最美的音乐也毫无意义。”[1]

[1] [德]马克思著、刘丕坤译：《1844年经济学—哲学手稿》，人民出版社，1979年，第79页。

第三节 “味”谜团的破译（之二）：华人味觉的弥漫

医家知“味”，佛家知舌

成语“口舌之争”说的是人们之间的言语争吵，这里借用在饮食上，说的则是口跟舌头的争辩：欣赏美味是谁的功劳？它俩发生矛盾是可以想象的，因为关系含糊，舌头既是口的部件，又有独立性。按前边所说，口的“黑洞”吞掉了鼻子的一半功能，同时还会埋没舌头的整个功劳。

“口舌”有两大用处：说、吃。口对味道并没有独立的感觉，可古人提到美味总是跟“口”相联系。《孟子·尽心下》：“口之于味也，目之于色也，耳之于声也，……性也。”单独提到舌头，谈的则只是它的说话功能。宋代分类收集古书资料的《太平御览》，舌部33条都是说话，如《史记·平原君虞卿列传》：“以三寸之舌，强于百万之师。”洋人也一样，英文里“舌头”有时候跟“语言”是同一名词。《朗文英汉双解词典》中tongue（舌头）的例句：My native tongue is English.——我的母语是英语。

舌头本有“知味”天才，可怜生不逢地，受口腔的遮蔽。幸亏

"尝百草"的任务使舌头较早地有了出头机会，使它的辨"味"功能得到了锻炼、强化。草的气味千千万万，但中医药理要求排除其迷乱，只限于分辨出纯舌感的本草之"味"。"味"跟药性的"温热寒凉"并列，总的术语叫"性味"。一大文明成果是对味的种数认识周全，达到五种，常称"五味"。对"五味"的认识，中华文化大大领先，最迟到春秋时代就成了常识。孙武（生于公元前545年左右）所著《孙子兵法》一书里就提到"味不过五"。

在"五行"学说的归纳中，"五味"是不可缺少的方面。《书经》提出"五行"时，就把"咸、苦、酸、辛、甘"纳入"水、火、木、金、土"的"五元模式"。《尚书·洪范》："（水）润下作咸、（火）炎上作苦、（木）曲直作酸、（金）从革作辛、（土）稼穑作甘。"可以说"五味"是"五行"观念形成的实际根据之一。

知"五味"的功劳当然被口冒领，直到东汉的《说文解字》才明确了舌头有"别味"的第二功能。"舌，在口所以言也；别味也。"给它这个新解释的根据在于，那时中医经典已做出了"舌能知五味"的判断。《黄帝内经·灵枢·脉度》："心气通于舌，心和则舌能知五味矣。"马王堆汉墓出土帛书中有医书的研究，《黄帝内经》成书也在东汉。[1]

先秦到东汉短短二三百年间，对舌头的认识是怎么发生突破的呢？笔者发现：是印度人通过佛经教给咱们的。据梁启超考证，秦朝就有"西域沙门……赍佛经来化"[2]，带来的《般若经》跟善男信女们背诵的《心经》一脉相承。佛教的《心经》在声称感官享受的虚幻时，曾列出眼、耳、鼻、舌、身来，分别跟色、声、香、味、触对应。原文是"无眼耳鼻

[1] 张其成：《论〈周易〉与〈内经〉的关系——兼论帛书〈周易〉五行说》，《国际易学研究》，华夏出版社，2000年第6辑。

[2] 梁启超：《佛教之初输入》，《佛学研究十八篇》，中华书局，1988年。

舌身意，无色声香味触法”。只是人体五种器官中的舌头跟五种感觉中的“味”相对应。为什么印度人独能认识舌能尝味？猜想印度饮食独成一系，特点是“香料覆盖”[1]，香气浓烈，易于被鼻子感知，这使嗅觉跟味觉的纠结易于觉察。随着佛教的大普及，“舌辨味”的精确认识就取代了“口辨味”的模糊认识。

佛经说到“味”说的是美食，警醒世人不要贪恋。中国文化从源头上就是“医食不分”。饥饿驱动的探求不期而然地获得两大成果：直接发现的中医草药、曲折发明的中餐烹饪，两项成果都涉及“味”。草药的味单纯而清晰，名之为“五味”；中餐的味复杂而微妙，由于特殊原因，也用“五味”做代称。跟佛家《心经》的舌能“别味”相比，医家《内经》的“舌能知五味”是一大进步。

味觉突破于“苦”，bitter≈被“咬”

中医草药的“五味”也不能排除食物。《周礼·天官·疾医》：“以五味、五谷、五药养其病。”古疏：“醯则酸也，酒则苦也，饴蜜即甘也，姜即辛也，盐即咸也。”但需要强调医药、饮食两大领域中的“五味”有本质的不同，好像这还没引起充分注意。本草的“五味”像化学课本中的“味”一样属于科学范畴，学科上属于药物化学。饮食上的“五味”，实际上已是医药概念的滥用。

味道的舌感方面看似简单直白，其实也够混沌的。要理清，最

[1] 聂凤乔：《世界烹饪的三大菜系两大类型及其比较》，《中国烹饪》，1995年第11期。

好是从苦味入手。五味里的“苦”天然难得认识，因为它跟吃的需要离得最远。不信把其余的四种滋味分析给你看。食物的甘、咸、酸，都是人们生理上既不可缺少，感觉上又相当喜爱的，“甘”即微甜，可由糖类碳水化合物转化出来，《辞海》：“糖”为粮食的化学成分；“咸”是盐之味，盐是人体绝不可缺的物质；“酸”，常跟甜共存，是浆果的滋味，而果类是猿人的食物。“辛”味的葱姜则是先民煮肉的调料。科学地看，辛不属于味觉，只是对口腔的刺激。

笔者经过多年探索后发现，原来洋人对苦味一直没有深切的认知。英文里缺少原生的“苦味”一词。从词源学来看，bitter（苦）是从动词bite来的，而bite意思是“咬人”。《朗文英汉双解词典》里的例句是“Be careful, my dog is biting！”——当心，我的狗咬人！更有“被咬”的bitten，由bite衍生而来的被动式分词，跟苦味bitter只有一个字母之差。猎牧者被毒蛇猛兽咬上一口，那是家常便饭。汉语也说“痛苦”，表明“苦”跟“痛”可以互相引申，不过跟洋文方向相反。印度语言里似乎本来也没有“苦味”这个词，也没听说印度文献有吃草的记载。要知道，西方语言属于“印欧语系”，大量词语相通；印度话若有，欧洲早就引进了，还用拿“咬”来对付？

除开被咬，洋人只能借用别的事物来形容苦味，说它是“尖锐的、被刺痛的味儿，就像啤酒或不加糖的黑咖啡”。英文字典中bitter的解释是“having a sharp, biting taste, like beer or black coffee without sugar”。啤酒苦得很轻微，不加糖的咖啡才勉强说得上有点像挨了“咬”的痛苦。根据欧洲饮食史，洋人喝咖啡要迟至17世纪。《欧洲饮食文化》：“17世纪中，咖啡（从阿拉伯地区）运抵中欧诸港，1643年第一家咖啡馆在巴黎开张。”[1] 总

[1] [德]希旭菲尔德：《欧洲饮食文化》，台湾左岸文化公司，2004年，第136页。

之，洋人尝到“苦”头不过是三四百年前的事。幸运的洋人竟是从奢侈食品开始接触苦味的，跟华人完全相反。只有古华人对“苦”的认识是原生的舌感，是跟酸、咸同质的味觉。长于赏味的华人还认识到苦味也是美味的成分，例如诗人苏东坡、陆游都曾歌颂苦笋。陆游《野饭》：“薏实炊明珠，苦笋馔白玉。”

值得强调的是，“苦”从来就是跟“甘”相对而言的，从不苦到甜，只是“甘”的程度不同。汉语中的“甜”字反而出现较晚，三国时的《广雅》才有收入，较早的例句是韩愈诗《苦寒》：“草木不复抽，百味失苦甜。”印度人跟西方人都不懂“甘”也不懂苦。苦、甘都是遍尝百草的意外收获。古语说“良药苦口利于病”。见《孔子家语·六本》。什么最苦？黄连最苦，老俗话“哑子吃黄连，苦在心头”，见《醒世恒言》卷三九。而黄连属于最常用的草药，专治华人特有的“上火”。《神农本草经》列之为上品，谓善清“上焦火热”。成语“苦尽甘来”最能概括从饥饿到美味的中餐发展历程，英文只能翻译成“雨过天晴”。洋人不懂得为什么苦要跟草关联，更不懂为什么不苦就叫“甘”。

苦味的独特更在于：它的刺激所带来的强烈痛苦，叫人顾不上别的感觉，这才提供了一个突破口，叫人能从心理上拆开嗅觉、味觉的微妙结合，从而排除气味，使“滋味”现形。

识味觉中西印协力，用旧名口鼻舌混同

人类对“味觉”诸元素的认识，实际上是中国、印度、欧洲三个国家或地区的文化协力完成的。古代中国人的功劳是早早把“味”的种类凑齐为五；印度人的功劳是肯定尝味的感官是舌；近代欧洲人

则通过实验，发现舌头用不同的味蕾分辨咸、酸、甜、苦，心理学奠基人冯特（Wilhelm Wundt），1879年创建第一个心理实验室，并在专著里提到“舌头后部对苦味最敏感”。[1]确认了苦味、排除了辛味，终于弄清了味觉的真相。大学者梁漱溟先生曾拿中国、西方、印度的文化做过比较，认为三家有差异互补的关系[2]。他没有涉及饮食文化，这里可以做点补充：三家在味觉上的观念差异，真可算是文化互补的一个模型。

实验心理学家终于弄清纯粹的“味觉”为咸、酸、甜、苦四种，同时还确定了舌头不同部位在感知不同味种上的分工。网上有人编成歌谣：舌根苦，舌尖甜，舌面、两侧（分别）尝酸咸。至此，人类对味觉的认识可说“到家”了吧？且慢，认识的结果并不圆满，留下一个明显的缺憾，就是竟没有给新发现的一组对象起个新名字，而仍然用古老的taste。《简明不列颠百科全书》的相关条目名称就是taste，同书还在括号里附有一个拉丁语源的同义词gustation，其含义跟taste全同。taste首先是个动词，意为“品尝”，名词taste的解释则有些混乱。名词taste还有广义的解释，包括“（艺术）鉴赏力”：the ability to enjoy and judge beauty.

这样实际上就有两个义项共享taste一词：狭义的taste属于新的科学术语，《美国传统词典（双解）》：“The sense that distinguishes the sweet, sour, salty, and bitter qualities of dissolved substances in contact with the taste buds on the tongue.”笔者做个简明的转述，就是“舌上的感受器接触呈味化学物质溶液时的感觉”。广义的taste是个含义混淆的俗词，由于不能排除smell而跟flavor（味道）有所重合，所以仍然存在口、舌、鼻感觉的混同问题。即便限于舌感，那么咸、酸等个别感觉都有具体名称，从

[1] 转引自黄珉珉：《西方心理学简史》，《现代心理学全书》，中国社会出版社，1991年。
[2] 梁漱溟：《东西文化及其哲学·序言》，商务印书馆，1987年。

逻辑学的角度来看，有“专名”而无“类名”（taxon），肯定属于严重缺陷。关于“类名”的必要，冯友兰曾有专论[1]。

然而这里要提醒注意：在中文里，科学术语的 taste 并不像英文一样沿用古老的“味”，而是对应着一个新术语“味觉”。猜想当年华人心理学界在引进德国科学家的新学说时，多半发现了新发现的舌味跟古老的“味”有本质上的不同，觉察到西文中类名的遗漏，便借着语言转换的便利，有意加以补救，于是英明地造出一个新词“味觉”。汉语“味觉”专门代表味蕾的一组感觉，跟“味道”没有瓜葛，可说是世界上唯一准确的相关术语。可惜近年又大有代替“味道”的趋势，详见下节。

老子“五味”太糊涂，食客“味觉”大倒退

常见菜馆里的对联有“五味调和百味香”之句，食客也爱挂在嘴上。懂点“国学”的文人会说这句“古话”来自《荀子》里的“五味调香”。笔者早就觉得这话真是岂有此理。“五味”是味觉，“香”属于嗅觉，光给你盐、醋、糖、花椒，材料是五味俱备，你能“调和”出川菜“鱼香肉丝”的味道来？带着问题查阅《荀子》的各家校本，果然证实：清代权威考据家早就指出：“五味调香”的“香”是个错字，本来是“和”，“和”字有个古体“盉”跟“香”字很近似，刻书匠看走眼了。清末民初的王先谦《荀子集解》引清代王念孙之说：“香当为和。《说文》：‘和，调味也，从皿，和声。’

[1] 冯友兰：《三松堂学术文集》，北京大学出版社，1984 年，第 109 页。

今通作‘和’。”[1]笔者绝对赞同这个论断，因为荀子那年头儿菜肴的“香”还远远没形成呢。

“五味调香”能够以假乱真，因为人们对这话的意思本来就很认同。事实上还有类似的古语为人们所熟悉。“始作俑者”是大军事家孙武，他在谈论兵法的变化时曾拿五官感知的种种现象做比喻，断言“味”虽然只有五种，但它们组配变幻的结果却繁多到叫人尝不过来。《孙子兵法·形篇》（又同书《势篇第二十八》）：“味不过五，五味之变，不可胜尝也。”《淮南子·原道训》：“味之和不过五，而五味之化，不可胜尝也。”《孙子兵法》错就错在不经意中发生了概念置换：“五味”说的是中药的“味”，而尝不过来的是中餐的美味。你捏紧了鼻子尝过菠萝再尝葡萄，会觉得两者没啥差别，都是一味地甜。水果的品尝离不开鼻子跟舌头的合作，何况菜肴之“味”里气味的因素更要复杂得多。

用“五味”代替美味，推想可能是受了“五行”思潮影响的结果。《孙子兵法》谈五味，是列举五官的功能中的一段，上半句是“色不过五，五色之变，不可胜观也”。“五行”成了思维模式，某些方面的现象是勉强纳入的。例如“五方”的东西南北中。至于普通食客，在中华文化的背景下，绞尽脑汁也不会想到把味道分析成舌感、鼻感，何况美味当前，馋涎直流，一心只想吃了。

有过吃草经历的先民对“五味”熟悉在先，对“味”有科学、生活双重内涵的实际感受，或许因为这个，华人生理学家对相关概念独能特别认真，所以借着翻译之机，超前先进地创造出比“味”

[1]〔清〕王先谦：《荀子集解》卷一二，《诸子集成》第二册，世界书局，1936年，第231页。

准确的科学术语“味觉”。自那以后，据笔者观察，前半期这个词多能在专业场合准确运用；但自改革开放之后，“味觉”一词有越来越被滥用的趋势。如今总是挂在有点儿文化的人们的馋嘴上，说的却不是心理学上的舌感，而是对佳肴美味的感觉。美食家、烹饪大师但求解馋、不求甚解倒也罢了，奇怪的是，烹饪教育家、饮食文化研究者也都犯了概念混淆的大错。

“新时期”有一阵“美学热”，后来流行起“味觉审美”的说法。咸酸等味觉简单至极，哪里有“美”可“审”？近些年有几位散文家专门谈吃，某名人在为《私人味觉》一书写的序言中谈到“味觉审美”。[1]“私人味觉”是模仿日本话。日本人更常拿“味觉”代表美食，一家日本美食网站设有四季栏目，“春の味觉”包括“汤豆腐料理”等菜单。可说比华人更加糊涂。

气味、滋味都叫“味儿”，如此咄咄怪事，千百年来人们居然见怪不怪。近代“味觉”一词出现后，国人已习惯于准确地使用，却又出现滥用趋势。让“味觉”的清水跟“味”的浊水再次混淆在一起，倒退回了老祖宗“口”“舌”不分的原地，辜负了华人心理学家造词的苦心。看来，国人“味”的观念天生就有顽固的“模糊化”倾向。上述的种种现象都表明，吃东西时嗅觉是被忽略了，所以笔者把这称之为“味觉的弥漫”。

[1] 李树波编：《私人味觉》，陕西人民出版社，2003年。

第四节 “味”谜团的破译（之三）：鼻口之合，良缘天成

“人中”穴的奥秘：鼻对口舌的主宰

味觉、嗅觉的微妙关系，最适合用中国人的“阴阳”模式来认识。舌头、滋味属于“阴”，鼻子、气味属于“阳”。“阴阳”本是天象，口、鼻是人体，看来毫无关系，却有个神秘的结合点。很多老人都知道一个急救法：刺激“人中”穴，位于鼻、口之间，“唇沟”的中点，可用针刺或指掐，就能让昏厥不省人事的病人立刻“还魂”。[1] 现代已有试验结论承认了这个穴位的“特异功能”。这里提到人中穴，是取其位置、名称以及跟味道的关系。

中华文化把天、地、人并列，称为“三才”。《三字经》：“三才者，天地人。”天跟地结合而生万物，又进化成“万物之灵”的人。《尚书·泰誓上》：“惟人万物之灵。”道教的《太平经》讲的是天、地、人三者的关系。《太平经》是东汉末年道家思想普及化的产物，《辞海》说“似非一人一时之

[1] 李乐敬等：《针刺人中治疗癔病性晕厥 18 例》，《针灸临床杂志》，2002 年第 7 期。

作"。人的鼻、口既然像天、地，那么，"鼻口中间"当然该叫"人中"穴了。至于鼻子跟口舌的关系，《太平经》里有一段浅显的话，愚夫愚妇也一听就懂，说天地之气必然要上下互动，两者就相交于居中之"人"。"天者常下施，其气下流也；地者常上求，其气上合也。两气交于中央。人者，居其中为正也。"[1] 由于口鼻相通，鼻子感到的气味不可避免地也会"下施"进口中，舌头上的味蕾也像气体的逸出一样，"上合"到鼻腔的后门。有了鼻、口之间的双向运动，嗅觉跟味觉能不化在一起吗？

古代思想家认为，肺脏跟鼻子相关，主呼吸；脾脏跟舌头相关，主饮食；而口跟灵魂所系的心相关。《白虎通·性情》说："肺系于鼻，心系于口，脾系于舌。"舌头、鼻子的感觉在吃的过程中融会在一起，这实在是"阴阳结合"的最佳标本。此穴的位置、名称都象征了口鼻结合的饮食之道乃是中华民族的灵魂，意义关乎天地之心。《礼记·礼运》说："人者，天地之心也。"

天地间常有两股力量摽在一起，像恋爱的男女，没法儿分开。《圣经·创世记》说上帝不许亚当、夏娃交合，结果也是失败。华人不信上帝，信的是"天"，天老爷首肯男女的交合，老话叫"天作之合"。《诗经·大雅·大明》。这话至今还是结婚常用的贺词。

华人自古就拿"男女"跟"乾坤"分别配比。《周易·系辞上》："乾道成男，坤道成女。""乾坤"即"天地"，两者的高下是注定了的。《周易·系辞上》："天尊地卑，乾坤定矣。"广义的天是茫茫宇宙，包括了"地"（地球），中国哲学论书里总是讲"天"，没有单讲"地"的。只是对生物

---

[1] 王明编：《太平经合校》，中华书局，1960年，第694页。

来说，“天地”才有意义。《周易·系辞下》：“天地之大德曰生。”天地的关系就像男女，妻子对丈夫必须服从。

说这些干什么？为了容易理解“味”的奥秘。鼻腔君临在口腔之上，就像天笼罩着地一样。“鼻感”在“味道”中占着主宰地位。所以在品尝美食时休想排除它，除非你捏住鼻子。英文的taste狭义是表示舌头的味觉，但也不能排除嗅觉，因而也可以用在食物的味道上。气味与滋味的融合机理，真是上帝留给人类的顶级难题。

味蕾的逃逸

味道的奥秘，难以捉摸的还不是“鼻口连通”，那是明摆着的。最大的困惑在于，好容易看准了的东西，还会像小精灵般地躲闪变幻，那就是味蕾。

生理学家发现味蕾时，会想当然地认为它们全部长在舌头上。笔者对这个判断的绝对性尤其坚信不移，理由是本人在探究中发现，西方人早就从印度人那里得知舌头是味觉的感受器官。再说啦，酸甜苦咸的“敏感区”都分布在舌头的不同部位上。舌尖敏于感觉甜，舌的两侧感觉酸，两侧前部感觉咸，舌根感觉苦。见寿天德著《神经生物学》第十三章“味觉与嗅觉”中的“味觉感受器”一节。[1]《辞海》干脆断言味蕾就在舌头面上。“味觉”条目的解释是：“由溶解于水或唾液中的化学物质作用于舌面上的味觉细胞（味蕾）”而引起的。

---

［1］ 寿天德：《神经生物学》第十三章，台湾九州图书文物有限公司，2003年，第279页。

然而，长期认为当然集中于舌头上的味蕾，却有少数不老实待在大本营里，而出人意料地散布在上颚及咽喉等处的口腔黏膜上。据“维基百科·味觉”埃德温·博林（Edwin G. Boring，1886—1968）：《实验心理学历史中的感觉与知觉》。鼻子与口本来就相通，“逃逸”到鼻腔后门的味蕾，就像一个“私奔”的轻佻姑娘投身于情人的怀抱，进一步打破了鼻、舌功能“井水不犯河水”的界限，让鼻子与舌头变成难解难分的一体。这样成就了“味道”的“天作之合”。

男女的“异性相引”既是天性，按理说“嗅觉”这个小伙子也不该坐等，至少会表现出同样的主动。笔者很早就这么推想，但怕人说“不科学”而不敢说出来，直到2004年的诺贝尔生理学或医学奖公布。两位科学家的最新成果证实了我的推想：舌头的味蕾中也存在着嗅觉的细胞！《诺贝尔生理学或医学奖成果解读》：“阿克塞尔和巴克……还发现，舌头味蕾中也存在与气味受体类似的受体。”[1] 这真是“无独有偶”啊！

“舌和则知五味”“鼻和则知香臭”，上引《难经·三十七难》。这既然是老天的安排，那么味蕾就该集中在舌头上，舌头也不该掺和鼻子的事。然而老天却偏要做出违背常理的安排，让我们更有理由说“味道”是“天作之合”。

中餐调料当红娘：醋能“酸鼻”

人不分民族，五官的构成都一样，那为什么独有中国人的口鼻

[1]《科技日报》，2004年10月8日。

能发挥出“知味”的功能？还得说是别有缘故。某些独特吃食的长期磨炼，应当最能唤醒潜在的功能。食物中最有“味”的是调料，中国烹饪特别常用的两种调料——姜、醋，都对国人的“知味”起过特别作用。

姜是“辛”（辣）的，醋是酸的。酸、辣作为“五味”，分明都是舌头的感觉，然而姜与醋却很特别：都让人感到“刺鼻”的“辛酸”，俗话说“辣（酸）得钻鼻子眼儿”。以至文言词里的“酸鼻”就当“流泪”讲。《文选·高唐赋》：“孤子寡妇，寒心酸鼻。”古注：“鼻辛酸，泪欲出也。”生理学机理在于鼻腔与眼的泪腺相通。这里必须强调，并不是“酸味”的吃食都带有“酸气”，比醋还酸的山楂果，不就闻不出酸味儿来吗？比醋更古老的中国调料——梅子也是一样。《尚书·说命下》：“若作和羹，尔惟盐梅。”

姜是中国烹饪特别爱用的调料。它并不是中国的原产，据《生物学词典》，原产于南洋群岛。却很早就成了中国人的宠儿，孔夫子吃饭离不开它。《吕氏春秋·本味篇》：“和之美者：阳朴之姜……”《论语·乡党》：“不撤姜食。”古人只举两种菜类时，其中就有姜，可见其重要。《千字文》：“果珍李柰，菜重芥姜。”《礼记》记载的十来种最早的蔬菜里也有它。中国农业史、饮食史权威许倬云先生说：“《内则》所举诸项食物中，蔬菜有芥、蓼、苦、荼、姜、桂；调脍的蔬菜则有葱、芥、韭、蓼、薤、蓤作为调味的作料。”[1]对比西方来看，古希腊有 17 种蔬菜，其中没姜，直到 11 世纪才由东征的十字军带来，也远远没有胡椒那么重要[2]。

姜的辣味既刺激舌头，也刺激鼻子，这能突破两个感官的界

[1]［美］许倬云：《西周史》第八章第二节，生活·读书·新知三联书店，2001 年。
[2]［德］希旭菲尔德：《欧洲饮食文化》，台湾左岸文化公司，2004 年，第 80、131 页。

线，让它们浑然一体。无独有偶，醋的酸味也有同样的特性。醋本来是米酒变质而成的废物，所以“醋”及它的本名“酢、酰”都带着酒字旁。《说文解字》段玉裁注：“酢，今俗皆用醋。”为什么能够翻身而得宠？推想也是由于它的酸味既尝得出也闻得到。酒的味道就有此特点，变酸了还是这样。《太平广记》记载：南北朝时期，有高昌国进贡“冻酒”，梁武帝让一位食品鉴定专家检验，报告说是变质的酒，问“怎么知道的”，回答说：“闻得出酸味儿来。”《太平广记》卷八一《异人·梁四公记》：“帝问杰公群物之异，对曰：‘……酒是八风谷冻成者，终年不坏，今臭（嗅）其气酸。’”

鼻子能嗅出苦味：味道调（tiáo）和→感官调（diào）换

《三国演义》里有个故事尽人皆知：曹操用妙计鼓舞干渴的部队坚持行军——指指前方山头上的酸梅林。“望梅止渴”的故事表明，梅子最能刺激唾液分泌。最早烹调用的酸味调料是梅子，它跟盐一样古老。后世用“盐梅”代表各种调料。北周庾信《庾子山集·商调曲》：“如和鼎实，有寄于盐梅。”要取其酸，梅子比醋有过之而无不及，但后来它被醋给淘汰掉了。宋代的字书《集韵》里才出现了“醋”及它的本名“酢”。什么原因呢？

自打干涩的蒸小米成了主食后，中国人最“渴望”的就是唾液，多多益善。最能刺激唾腺的，莫过于酸梅了，然而单纯的刺激会让人有不舒服之感。随着饮食文化的进步，人们要追求美味享受。梅子一味酸舌，不能“酸鼻”；而醋的酸味就不那样单薄，多出了鼻子的醇厚的美感，“醇”字的右半边跟古体的“厚”

字相通，详见下文。更能形成美味来增加人的食欲。唾液若是靠外在的刺激而来，不如因内在的食欲而生，这当是梅子被醋取代的缘由。

这提示我们，琢磨“调料”的“调”字什么意义。笔者恍然大悟：“调”不光是“调和”，这里“调”普通话读 tiáo 音，是现代语法上所谓的“自动词”。别忘了也当“调动”讲，此时读 diào 音，语法上属于“他动词”。并有“互换”之义，《中国汉语大字典》分别列为第四、第七义项。“调”的最早例句就是弓、箭双方互相调适。《诗经·小雅·车攻》：“弓矢既调。”从饮食来看，不光多种烹饪原料之间要调和，而且人自己的两个“味道”感受器官的关系也要调适，让舌头与鼻子“互动”，让“天作之合”更加美满。这种追求美味的特殊实践，会使感官本身也由于长久的锻炼而发生功能进化：舌头、鼻子互相接近，渐渐竟弄到难以区分了。

诗人黄庭坚知道好友苏东坡爱吃苦笋，曾以此物为题写诗劝他及早辞官。黄庭坚回忆自己本来不爱吃苦笋，初尝觉得不光口里苦，那“苦气”更让鼻子没法儿忍受。宋周密《齐东野语》卷一四“谏笋谏果”：“试取而尝之，气苦不堪于鼻，味苦不可于口。”苦难道是气味吗？鼻子竟能嗅出笋的“苦气”来，岂不怪事？

再举一例：宋徽宗是赏茶专家，他能从茶水的微妙的味道中感觉出“酸气”来。《大观茶论·香》：“茶有真香……或蒸气如桃人夹杂，则其气酸烈而恶。”中国人赏味能力的发达，到品茶可谓达到顶点。

研究过美学的思想家马克思，对人类感官的进化很有心得。他曾断言人的感官是进化的产物。又阐明在人与自然的交往和交互作用的过程中，双方都日益发展，自然日益丰富化，人的感官也日益敏锐化。他特意结合音乐、美术，使自己的意思更加好懂：“例如一种懂音乐的耳朵，一种能感受形式美的眼睛，总之，能以人的方式感到满足的各种感官。”结论有点惊人：“（人类）各种感官的形成，是从古到今全部世界史的工作成果。”[1]他所谓的“工作”，依笔者的理解，就是“文明进程”。

[1]［德］马克思著、朱光潜译：《1844年经济学哲学手稿》，《美学》第2辑，上海文艺出版社，1980年。

第五讲

中餐“味道”审美内涵的形成

- 火胄赍华越万里——“香”（中餐二元价值标准之一）的由来
- 水妖现体越千年——“鲜”（二元价值标准之二）的形成
- 道分阴阳，味合鲜香：“味道”在近代的形成
- “倒流嗅觉”的发现：味道天机在“倒味”
- “口感”：味道的第三者

第一节　火胄赘华越万里——“香”（中餐二元价值标准之一）的由来

澄清“香”雾

前边下大功夫破解过“味”的谜团，在考察“香”时首先得复习一番。“味”的混乱正是由“臭→香”的嬗变引起的。像“味”的三物同名一样，“香”也有多重含义。

【色鬼之香/馋鬼之香】巴黎香水有惊人繁多的“香型”，见《简明不列颠百科全书》“香精”条目。华人在谈论中餐的美味时，也是“香型”不离嘴。岂知在“饮食”“男女”两大领域，“香”的意思截然不同。夸大点儿说，是色鬼的香还是馋鬼的香？川菜“鱼香肉丝”常被举作“香型”的代表，假若有华人设计出“鱼香肉丝香型”的香水，哪位闺秀洒在身上，岂不应了孟夫子的话：美女西施沾一身腥臭，人们也会捂着鼻子躲开她。《孟子·离娄下》：“西子蒙不洁，则人皆掩鼻而过之。”我们探讨的是“饮食”，“男女”的干扰当然要排除。

古汉语要用“芬芳”形容花“香”，还有过渡的词“苾”，先用于花后用于食。作形容词例如《大戴礼记·曾子疾病》：“苾乎如入兰芷之室，久而不闻。”“苾”又作“馝”，还衍为名词。《宋史·乐志》：“神嗜饮食，馝馝芬芬。”早期“芬芳”也有用于美食的，《仪礼·士冠礼》：“甘醴惟厚，嘉荐令芳。”近世典雅的文言仍有沿用。《随园食单·须知单》：“嘉肴到目……芬芳之气亦扑鼻而来。”

单说吃食之“香”也是迷雾一团，可分析为三类成分：果蔬清香、肴（荤）香、焙香。其共同性都是以气体分子形态呈现，分述如下。

【果蔬清香】各种植物类食物的气味千千万万，例如韭菜、香菇。有的食用时可免用火，有“调”无“烹”，像拌黄瓜。水果、花卉在中餐里不属于膳馔范畴，偶尔加入烹调也不变本味，如历史名菜“蟹酿橙”，做法为蟹肉、橙肉同蒸。据南宋菜谱《山家清供》。花椒作为两栖植物值得注意：它本是愉悦嗅觉的，《荀子·礼论》：“椒兰芬苾，所以养鼻也。”更用来涂抹后宫内墙，取其香气能刺激性欲，《辞源》：“椒房：……取温、香、多子之义。”这都属于“男女”领域；花椒同时又是肉肴的主要调料，例如川菜“椒香鱼头”。

【荤香、肴香】俗语“吃香的喝辣的”，“香”用于菜肴，多指经过高手烹调的肉菜。“荤”的本义并非肉类，不过是有刺激性的蔬菜。《辞源》有“荤辛”条目，解释为：“气味剧烈之蔬菜的总称。佛家戒食荤辛。”道教也戒食，都为避免刺激性欲、干扰修行。“荤”，因为是肉类烹调必不可少的调料，而成为肉肴的代称。肉肴的香味也得有个专名，“荤香”一词比较理想，也有出处，初现于名菜“佛跳墙”（坛子肉）的打油诗中，诗曰“坛启荤香飘四邻，佛闻弃禅跳墙来”。据《中国烹饪百科全书》，出自南宋《事林广记》“佛跳墙”一节，查原书未见，但此书元、明间曾几次增补。[1] 近年有“肴香”一词自发流行，也够明晰雅致。[2]

---

[1] 《中国烹饪百科全书》编委会：《中国烹饪百科全书》，中国大百科全书出版社，1992年，第651页。

[2] 羽严：《静悄悄的肴香 感受母亲的爱》，美国《世界日报》，2006年11月27日。

【焙香】典型是洋饼干或新疆"馕"饼的香气。它是面胎在封炉中八面受热，分子内部的结晶水被耗干而产生的焦香。这种加热方式非烤非烘（烘烤都不是整体同时受热），至今没有名称。从黄帝煮粥，熬干了水就该有锅巴的焙香，但汉代以前还不会用"香"形容。笔者从一首描写制茶工艺的唐诗里找到"焙香"一词，武元衡《津梁寺采新茶……四韵兼呈陆郎中》："阴窦藏烟湿，单衣染焙香。"建议用"焙香"来做这类香味的名称。不管什么，一"焙"就香，包括气味怪异的青橘子皮。《本草纲目·果部·橘》卷三〇："须以新瓦焙香，去壳取仁，研碎入药。"钓鱼迷常把蚯蚓、蛆蛹"焙香"了当鱼饵。焙香本质上跟油炸所致的香气相近，不过后者又外加植物油本身遇热产生的香。

食物特有的以上几类香气经常同时呈现，还有缺少总称的问题，建议命名"食香"，以便跟其他令人愉悦的气味相区分。

侦破"香"案，关键在磬

从黍米年糕的暗香，到巴黎香水的"芬芳"，"香"的演变曲折而微妙。循着时隐时现的踪迹仔细追索，像福尔摩斯小说那样引人入胜，真是一件千古未破的"香"艳奇案。气味奇案的侦破，凭借的线索竟是一种微弱的声响，岂不怪哉？"倒流嗅觉"的"香"是内蕴的，而正面嗅觉的"芬芳"则能远播。后来饿鬼、馋鬼的快感压倒了色鬼的快感，"芬芳"也用"香"来表示了。这首先必须克服空间上的距离。先民语言简单，要表达"远播"的性能，只好求助于比喻，用声音来做暗示。物理学课本告诉我们，声音跟气味有共同的特性，都需要借助空气才能传播。作为过渡环节的是"馨"，最早的字典的解释说，"馨"就是能让人从远处闻到的“香”。《说文解字》:“馨:香之远闻者。从香,殸声。”

单个“馨”字，或跟“香”连成“馨香”，用来表示一切“好闻”的气息，包括黍米的暗香、鲜花的芬芳。《左传》曾用“馨香”描述禾黍的气味。《左传·僖公五年》:“黍稷馨香。”屈原用“芳馨”描写花草。《九歌·山鬼》:“被石兰兮带杜衡，折芳馨兮遗所思。”《诗经》用“馨”描写佳肴的气味。《诗经·大雅·凫鹥》:“尔酒既清，尔肴既馨。”早期的文人还用过“馨烈”“馨逸”等词语，“烈”“逸”都表现了对“香气远播”的强调。《辞源》里各有例句，都是南北朝以前的。等到人们习惯了“香”的词义扩大，“馨”字就完成了使命，自然被冷落了。

有趣的是，在这宗香的奇案里，一种最古老的乐器扮演了关键角色，它就是编磬。如今全世界都知道中国的战国编钟。1978年在湖北随县出土了“曾侯乙编钟”，但其了不起的前身——编磬，却没人理睬。石器时代的编磬，唯有从未断绝的中华文化才能传承到后世。磬怎么会被牵连到这桩奇案里？因为它的乐音代表了一切声响。《说文解字》段玉裁注:“磬，石乐也……五声八音总名也。”还得从古文字上细心“侦查”，“馨”字的构成透露了明显的痕迹。字书说，“馨”字中的“香”表示字义，而上边那“声”字标示读音。惊人的是，“殸”这个字头原来就是编磬的象形！《说文解字》:“馨，从香，殸声。”又说那个字头“殸”是“籀文‘磬’”。

循声追查，再看“磬”字。《说文解字》对“磬”字的解释反常地详细，简直像一幅编磬图：上边的“殸”又分两半，左边画的是编磬的木架子上挂着一些玉片，每片只能发单音，合起来就是能奏乐曲的编磬；右边的“殳”表示手拿棍子敲击。《说文解字》:“磬，乐石也。从石、殸，象悬虡之形，殳击之也。”段玉裁又进一步做了详细解释，例如说“虡”是钟鼓的木架，上边有虎头形的装饰，所以“虡”字带有“虎”字头。《说文解字》原文还说编磬的发明者是“毋句氏”。《中国器乐史》说，湖北随县曾

曾侯乙编磬。磬多为玉或石制成，此编磬为石制

侯乙墓出土的全套编磬共41枚，分上下两层悬挂。与编钟合奏，“近之则钟声亮，远之则磬音彰”。

读者会问：为什么独独要拿编磬的乐音来代表一切声响？古人说：人类的声响就该用兽类不懂的乐音来代表。《礼记·乐记》：“声成文谓之音。……知声而不知音者，禽兽是也。”玉石编磬发出的声音无比清越，最能钻进耳鼓、心灵的深处。徐锴《说文解字系传》：“八音之中，惟石之声为精诣，入于耳也深……故于文，耳殸为声。”

“磬”的篆字

黍米的香是“好闻”的气息，编磬的音是“好听”的声响。《说文解字》段注：“音，声也。生于心，有节于外，谓之音。”“清越”是黍香、磬音共同的特性。“香”不能传播而声能远闻，把“声（磬）”的字头借来加到“香”上，造出“馨”字，实在是表示“远播之‘香’”的最合理的办法。中华文化史上沉埋千古的香

“磬”的籀文

案于是告破。

没有“臭恶”（腥臊膻），哪来肉“香”？

生肉毫无美味，猫才馋老鼠肉。华人被迫“粒食”以后更馋肉食，贵族才有口福，被冠以“肉食者”的称号；但人们馋的绝不是生肉，相反还会厌恶。洋人自古天天吃肉，对它的气味，不管正面的反面的，都是“久而不闻”。粒食让华人的嗅觉变得细腻，爱上黍米的暗香，反衬之下，对肉的不良气味就再也没法儿容忍了。

馋极了肉味，又不能容忍它的“恶气”，这就逼着我们的祖先千方百计寻求两全之策，于是发现中国烹饪的伟大原理：肉料“臭恶犹美”。意思是“肉正因为有恶味，才能变出美来”。要克服肉类的不良气味，当然首先得把它摸透了。我们的祖先老早就把动物分成三大类，把各自的不良气味分析得清清楚楚：水生的有“腥”气，吃草的有“膻”气，食肉的有“臊”气。《吕氏春秋·本味篇》：“夫三群之虫，水居者腥，肉玃者臊，草食者膻。”对比洋人，几千年后，他们仍然对这三种“恶臭”没什么觉察，洋话里至今连腥、膻、臊三个名词都没有。比方“腥气”，英语里只能用一大堆词来形容，说是“鱼和水产食物的气味”。《汉英词典》（商务印书馆）：smell of fish and seafood. 这还是不完全、不准确。华人用“腥”形容血的气味，《成语词典》里有“血雨腥风”之句。还有铁锈味儿，“五行”学说的五味配比，跟“金”对应的是“腥”。英语都没法儿翻译。“膻”就更可怜了，《汉英词典》的例句“这羊肉膻气太大”，只能翻译成“气味大”。“This mutton has a strong smell.”

“荤香”产生的原理，是通过高妙烹调手段把肉的气味从“恶”变成“善”。古老的烹饪经典《本味篇》把这个道理总结成八个字：“臭恶犹美，皆有所以。”用今天的话来说，就是：香从臭中来；技艺须讲求。这个惊人的认识，多半早在商代就形成了。据鲁迅考证,《本味篇》是记载商代传说的佚书，因为被收录于先秦古籍《吕氏春秋》而侥幸流传至今。《中国小说考略》说“审察名目，乃殊不似有采自民间……盖亦本《伊尹书》”。

“香”表示菜肴，最早用在牛脂上，还有个过渡的僻字“芗”值得注意。上节里“香”的一串等式省了一个环节：香＝芗。这是笔者细心对比古文献的异同而发现的。《礼记·内则》：“春宜羔豚，膳膏芗。”同一句话在《周礼·天官·庖人》中用字不同：“春行羔豚，膳膏香。”“芗（香）”指牛油脂的味道。经典强调牛肉膻气；不同于猪羊，烹熟的牛肉又确有香气。牛特称“太牢”，用于最隆重的祭礼。牛肉味最美，历代严禁宰杀，《水浒传》里的强盗常能享受牛肉的香。顾炎武《日知录》卷二九：“以贼非牛酒不啸结，乃禁屠牛，以绝其谋。”牛肉是肉肴烹调的典型，欲让肉料变恶为美，可通过加热来弱化腥、膻、臊。焙干肉料中的水分就能转化出香气来。

所用的调料《本味篇》里没提。笔者请教过高手厨师，烹饪的肉料不同，调料也各有侧重。牛羊肉祛膻味必须重用花椒。鱼祛腥味必须多加醋。远古还没醋，祛腥靠酸梅。猪肉祛臊味离不开葱、姜。《吕氏春秋·本味篇》说“肉食者臊”，指的是狼、狐、野猪之类，后来猪成了杂食的家畜，仍是“臊”的代表。葱、姜后来成为中餐最常用的调料，因为猪肉是最普通的肉食。

火胄西来，入赘中国

“香”会借着“热”来强化。《辞海》:“布朗运动：温度越高，运动越激烈。”中餐烹调，高热的油锅里一浇酱，“砰”的一声，香气借着热气四散远扬。各类食香，无不伴随着热。华人独能欣赏黍饭与竹笋的暗香，全凭“吃饭趁热”。所以可说中餐的“香”堪称火神之子。

“荤香”的成分包括祛除恶气的肉香、焙香、油脂遇高热产生的香。这三者都离不开火。动物食料中黄油独有清香，最早的牛脂之“芗（香）”就是加热的产物，生牛肉不可能自然溢出牛油来。

西餐以火烤为主，味道以“香”见长。游牧者定居后也是农牧互补，食物致熟沿用烤法，做面包也用烘炉。像新疆人做“馕饼”，连分子里的水也烘出来了，能不香吗？火烤自然会使肉类的恶味成分变质而弱化，这可能是西方不重视烹调法的一个缘由。中餐烹调不离水，把鸡蛋打破在沸水中，其汤都会因为蛋白质的“水解”（hydrolysis）而产生腥气，这使中餐不得不讲究调和之道。中国饮食文化，火受水的抑制，一直“不吃香”。

华人独有“味”的启蒙，导致“鲜、香二元标准”的形成。属水的“鲜”味，是在亲水的本土饮食中孕育出来的。下节要专门探讨“鲜”。西方跟水神之女喜结良缘，使他沾得几分温柔，但骨子里的火热还是本性难移。

属火的“香”味，理应形成于拜火的西方。烘烤是西餐的拿手好戏，产生的“焙香”直白而单纯，可以做“食香”的代表。“荤香”形成较复杂，不适合做典型。最突出的是西洋饼干，国人是近代才学来的。

你说先民不也用火烤？最早用火的“炮”法也不离水。炮，就是用稀黄泥包裹后放进火堆，用于烤鸟及小兽。《诗经·小雅·瓠叶》：“有兔斯首，炮之燔之。”后边虽提到“燔”，但燔远比炮少见，笔者怀疑其字的由来与表示蛮人的“番”有关。有水一掺和，就像饼干受潮，香味立马大打折扣。不是有“炙”吗？那不过供贵族一享口福，叫“脍炙人口”。肉那么稀罕，还留着加水做羹汤呢。

焙香最早是随着唐朝的“胡饼”来的，一来就迷倒了中原人，“胡饼”就是烧饼，它不像一般的饼那样是烙熟的。白居易就曾写诗喊“香”。七绝《寄胡饼与杨万州》：“胡麻饼样学京都，面脆油香新出炉。”焙香成为现代中餐美味的要素。讲个“轰炸东京”的故事。“抗战”后期，在饱受日寇轰炸的重庆，某菜馆推出了一道菜叫“轰炸东京”：把虾仁西红柿鸡汁浇在炙热的锅巴上，轰然一声香气四溢，吃起来大快朵颐、大快人心。这个传说有几种版本，美食家唐鲁孙说创始者是国民党元老陈果夫先生。如今重庆还有家菜馆叫“锅巴香”。

中餐有主有副，胡饼得算主食；而华人对“味”的追求，更表现在副食的菜肴方面。南北朝的《齐民要术》里首次出现了把“香”用到肉肴上的记载，又是跟西域民族学来的。边区居民大胆试验，把中土的调味法跟西域的烘烤法结合起来，做成一道创新菜肴叫“胡炮肉”：把细切的羊肉、豆豉、葱姜花椒等中餐调料拌和，填进羊肚子里缝合了，埋进熄了火的热灰坑中烘熟。尝过的美食家盛赞道：“香美异常！”《齐民要术》卷八：“胡炮肉。”“香”字出现了，可后边还得用传统的“美”来补充说明。

古人认识到了胡炮肉之“香美”与火有关，这可以用另一条记载来参证：书里用“香美”形容烤灌肠，那可是“炙”熟的。《齐民要术》卷九记有“灌肠法：取羊盘肠……以灌肠，两条夹而炙之，割食甚香美”。见“炙法”。“胡炮肉”香味的“异常”，是因为中国先前只有沸水里的“调香”，没有直接用火的“焙香”。引进了胡饼、胡炮肉，阳刚的“香”跟阴柔的“鲜”交媾，“味道”宝宝就生出来了。“胡炮肉”姓“胡”，“香”这个火神的公子，是招来的西方驸马，不远万里入赘来华，而成“烹饪王国”万民景仰的美味之“王”。今天常说“墙里开花墙外香”，饮食上却是墙外开花墙里“香”。

“香”来到中国，是借着烘烤法的引进，更是借着植物油的引进。火跟油本来是孪生兄弟，中国人老早就认为“油”性热，脾气沾火就着，晋代博物学家张华就说过。《博物志·物理》：“油性热，敷火则燃。积油满万石，则自然生火。”[1]明代更有人提出，油样子像水却属于“火”类，还探讨了其中的原理。明人李豫亨《推篷寤语》：“油乃水类，水能克火，何以敷火则燃？……油乃菜豆柏麻草木之液，蜡鱼羊牛禽虫之膏，皆火之类，其性热，故能敷火而燃。”[2]

与“油”失之交臂，与“香”相见恨晚

都知道带“油性”的东西就“香”。吃炸油条喊“香”，名字就带个油字。“三年困难”后期有猪油炸的油条，一层白膜，软嘟嘟地带着腥气。烹饪史家王子辉先生断言：“寒具（麻花）一类食品，

---

[1]〔晋〕张华：《博物志》，《汉魏六朝笔记小说大观》，上海古籍出版社，1999年，第200页。

[2]〔明〕李豫亨：《推篷寤语》，影印《四库全书存目丛书》，齐鲁书社，1997年。

动物油是炸不成的，只能用植物油。”[1]

笔者发现，膳食的“香”最早都用在植物油加热的场合。上文的“胡炮肉”没提油，是极罕见的例外。白居易的烧饼诗就说“油香”。《齐民要术》中有“髓饼”，因为没有植物油，只用“美”形容。《齐民要术》卷九“髓饼法”：“以髓脂、蜜，合和面……著胡饼炉中，令熟，勿令反覆，饼肥美，可经久。”此书里有几处例证，表明只有用植物油加热才“香”：烧茄子用的是苏子油，谈到做法就说“熬油香”。《齐民要术》卷九“素食”：“缹茄子：细切葱白，熬油令香。”

提到中餐烹饪都说“煎、炒、烹、炸”，哪样离得开油？但中国古人竟不知有油。笔者发现这个史实时，也吃了一惊。古字书给“油”的唯一解释是一条河的名字。《说文解字》：“油：水……东南入江。”不信，又查宋代大分类摘录古籍的《太平御览》，“饮食部”里有油类 13 条，说的都是点灯、放火，就一条可能是吃的。当中引《博物志》一条提到“煎麻油，水气尽”，或指烹饪。清代万卷类书《古今图书集成》“油部”33 条中，明确为食用的也只有两三条。中餐植物油的起源，日本学者的相关权威著作也没弄清。筱田统《中国食物史研究》：“不清楚植物油是从什么时候开始榨取的。”[2]

动物油古代统称“脂膏”，凝的叫脂，稀的叫膏。《礼记·内则》：“脂膏以膏之（干饭）。”古疏：“凝者为脂，释者为膏。”又有定义说长角的牛羊的油叫“脂”，没角的猪、鸡、鱼等的油叫“膏”。《说文解字》曰：“戴角者脂，无角者膏。”

农耕文化畜类很少，按理说应该熟悉植物油而不识动物脂，怎

---

[1] 王子辉：《中国饮食文化研究》，陕西人民出版社，1997 年，第 9 页。

[2] ［日］筱田统：《中国食物史研究》，中国商业出版社，1987 年，第 265 页。

么事实却相反？笔者经过多年思考，豁然开朗：先民没肉吃才改为“粒食”，往肉羹里掺菜造成美味，后来切碎的肥肉被当成菜羹的调料。这个自然过程，决定了古人想不到另用植物油来烹调。煮肉时自然有脂膏浮起，倒有机会认识动物油，很早就会撇出猪膏留作别用，《齐民要术》卷八“缹猪肉法”：“以勺接取浮脂，别著瓮中……练白如珂雪，可以供余用者焉。”唐代文豪韩愈描写点灯“开夜车”，就说“焚膏”。《进学解》：“焚膏油以继晷，恒兀兀以穷年。”用猪膏照明比用植物油要暗得多，这更证明了古代缺少植物油。

神农的“百谷”包括油料，因为都是“粒食”，糊口还不够呢，哪舍得榨油？无怪乎最早的“油”是光能放火、做雨衣的大麻油了。《三国志·满宠传》：“灌以麻油，从上风放火，烧贼攻具……”宋人庄绰《鸡肋编》：“河东食大麻油，气臭，与荏子皆堪作雨衣。”[1]

以下是笔者考证植物油的新见，仅供不怕烦琐的读者浏览。古人最早食用的是西汉外交家张骞从西域引进的芝麻油，简称“麻油”。芝麻先叫“胡麻”，沈括《梦溪笔谈》：“汉使张骞始自大宛得油麻种来，故名‘胡麻’。”人们吃不起进口麻油，才找到本土的“苏油”，“苏”是草类，种子极细小，不堪充饥。《齐民要术》“缹菌法”：“无肉，以苏油代之。”唐宋以后常用菜籽油，歌咏馓子的宋诗说：“纤手搓来玉色匀，碧油煎出嫩黄深。”苏轼《寒具》。碧油当指菜油，始见于北宋。《图经本草·油菜》：“油如蔬清香。”[2]中国原产的大豆含油量特大，宋代就有豆油，为什么明代才普及？苏轼《物类相感志》：“豆油煎豆腐，有味。”明代宋应星《天工开物·油品》：“凡油供馔食用者，胡麻、莱菔子、黄豆……为上。”推想

[1]〔宋〕庄绰：《鸡肋编》，中华书局，1983年，第32页。

[2] 洪光住：《中国部分食用植物油脂制取史》，《中华食苑》第一集，经济科学出版社，1994年，第146页。

原因是大豆太硬，榨取较难。先前取油用煮法。元代《饮膳正要》记杏子油："捣碎……水煮熬，取浮油绵滤净，再熬成油。"《天工开物》才提到用大豆"榨油"，有榨机图。苏油最早是因为苏子特软，容易提取。宋人程大昌《演繁露》记载，古代大宗的桐油也叫"荏油"，可见统指容易提取的油。成语"色厉内荏"就是旁证。

"香"的成熟：元代"香油"是标志

芝麻油有一大特性：必须先炒到高温，才能提炼出来，不然产量很低。不似豆油，可以冷榨。榨豆油温度只要 45 ℃，芝麻榨油却要高达 130 ℃。《主要油料的压榨工艺流程》，见"中国粮油网"。宋代笔记谈到芝麻有八条自相矛盾的怪脾气，其中一条说"炒焦压榨，才得生油"。宋人庄绰《鸡肋编》言芝麻性有"八拗"："开花向下，结子向上；炒焦压榨，才得生油……"芝麻油有生、熟之分，不加热的生油专供药用。梁陶弘景《本草经集注》："生榨者良，若蒸炒者，止可供食及燃灯耳。"再次加热的是熟芝麻油。本来就香，加上熬得滚热，根据"香不离热"的原理，熟芝麻油的香气比任何油类都浓郁得多。南北朝的食谱就懂得"麻油"熬了更"香"。《齐民要术》卷九"缹菌法"里有烧蘑菇，"细切葱白，和麻油，熬令香"。

把麻油用在烹调上，可能也是跟西方人学来的。晋代张华《博物志》的一条记载可以参照。"外国有豉法，以苦酒浸豆，暴令极燥，以麻油蒸……"晋代，北方胡人南下中原，北方人先接触麻油。到了宋代，北人用惯了芝麻油，还把鲜美的蛤肉炸焦，闹出笑话来。沈括《梦溪笔谈》："如今之北方人，喜用麻油煎物，不问何物，皆用油煎。……'煎之已焦黑，而尚未烂。'坐客莫不大笑。"[1]植物油是再也离不开了，就得找廉价的代用品，首先是苏子油，后来是菜籽油、豆油。

麻油虽香，但起先不叫"香油"，各地有不同的叫法，如胡麻油、脂麻油、麻油等等。"香"是个形容词，加在什么油上都行，后来"香油"却变成"芝麻油"通行的俗名。"香"作为美食标准的普及，有个非常明显的标志，就是"香油"这个别名的大流行。管麻油叫"香油"，据笔者考证，是从南宋文人开始的。那时的隐士食谱《山家清供》里，此书著者是著名隐士林和靖（967—1028）的后人林洪。有一品甜点叫"通神饼"，做法中提到要加点儿"香油"。林洪《山家清供》卷下"通神饼"："入香油少许。"[2]这本怪书里多用特制的清淡食品来抒发隐士情怀，"香"像传统用法一样形容花卉，"香油"名称的出现只有一次，显示还很不流行。在同一书中更有多处"麻油"之名，例如"黄金鸡"一条说"用麻油、盐、水煮"。显示"香油"还没有成为通用的名字。

"香油"大流行，是元代的事。这能从流传至今的一本元代食谱里看得很清楚。《居家必用事类全集·饮食类》里"香油"处处可见，据笔者统计，多达13条，而且大都是用在典型的菜肴烹饪上。例如做"川炒鸡"："炼香油三两，炒肉，入葱丝、盐半两。"[3]"香油"的俗称也取代了麻油。这清楚地表明，中餐"香"的价值标准，是在宋、元之间的一个世纪中快速形成的。

---

[1]〔宋〕沈括：《梦溪笔谈》，中华书局，1957年，第244页。

[2]〔宋〕林洪：《山家清供》，中国商业出版社，1985年，第62页。

[3]〔元〕无名氏编、邱庞同注释：《居家必用事类全集》，中国商业出版社，1986年，第100页。

第二节　水妖现体越千年——“鲜”（二元价值标准之二）的形成

概念缥缈，孕育羹中

提起“鲜”味来，就会有人引用一大公式：鱼＋羊＝鲜；外带一个有趣的故事：彭祖严禁小儿子捕鱼，怕他淹死。一天，儿子捕鱼回家，他妈剖开正炖着的大块羊肉，把鱼藏在里面。彭祖吃羊肉时发现异常鲜美。经试验证实，羊味跟鱼味化合会生出“鲜”味，古书无记载，彭祖家乡徐州的饮食文化同道提供的出处《大彭烹事录》不过是民国初年的书。还留下叫“羊方藏鱼”的名菜。这纯属瞎编。笔者研究尊老史，知道“八百岁寿星”彭祖并无其人。著名学者高亨认为“彭祖”指的是延续八百年的部落。[1]

还是先看《说文解字》吧。“鲜”字原形是三个鱼堆成的“鱻”，《说文解字》段玉裁注：“自汉人始以鲜代鱻……今则鲜行而鱻废矣。”释文七个字：“新鱼精。不变鱼也。”真叫人糊涂。“鲜”是个大白字，连

---

[1] 高亨：《老子正诂》，中国书店，1988年影印，第184页。

读音都不一样。念上声 xiǎn，原意是“罕见”。《辞海》解释“鱻”最早的意思就是鱼。例句是《道德经》第六十章“治大国如烹小鲜”的古注。朱谦之《老子校释》说：“鲜，敦煌辛本作‘腥’……成玄英疏：‘腥，鱼也，河上公作鲜字，亦鱼也。’”[1]“鲜”又是“干（薧）”的对立面，《周礼·天官·冢宰》：“辨鱼物，为鲜薧。”可以用于表示死兽。《说文解字》段注引《周礼》古注：“鲜，生也；薧，干也。”这违背了“新鲜”的本义。不干就鲜，那臭肉也“鲜”吗？琢磨段玉裁的注释，准确说，是极其接近活鱼。《说文解字》段注：死，而生新自若，故曰“不变”。极端的“鲜”得说是在生死之间，像馋鬼古人嗜好的“蜜唧”“醉虾”。前者即蘸蜜的幼鼠。分别见徐珂《清稗类钞·饮食类》、李渔《闲情偶寄·饮食部·肉食第三》。

鱼或新死的禽兽都是名词；后来“鲜”则演变成形容词。“鲜味”正式确立之前的几千年里，“鲜”主要用来形容“新鲜”，例如说空气新鲜。用鱼表示新鲜大有道理：鱼离开水就死。鲜的转义“新鲜”跟鲜味的概念混在一起没法儿区分，这给研究平添了极大的困难。

肉食文化是不知“鲜”味的。不新鲜的肉之腐臭，加上烤肉的焦臭，英文里专有个名词 empyreuma 表示烧焦的臭气，汉语里没有对应的词。足以遮蔽一切味觉，何况鲜的感觉本来就很“微纤”。直接用火的烹饪方式更让鲜味难以觉察。鲜味靠舌头来辨识，前提是水溶液状态，西餐以烧烤为主，鲜味没有容身之地。

8000 年前，黄河边一个饥饿者把鱼跟野菜一起放进陶鼎里煮，孕育出一个“仙女”，她有沉鱼落雁之姿，一直“待字闺中”。“待字”表示女孩没有长成。现在就让我们认识一下她。先民吃“干饭”要

---

[1] 朱谦之：《老子校释》，中华书局，1963 年，第 157 页。

用羹来“下饭”；做羹的肉料不够就掺菜，有的菜于是成了调料。肉料、调料在沸水中发生变化，尝起来有一种细腻感觉，叫人愉悦却说不出来，这其实就是鲜味的萌芽。厨师之祖伊尹分析“调和之事”，说得很清楚。他惊叹“鼎中之变”创生的奇妙感觉有口难言，那不是鲜味又是什么！《吕氏春秋·本味篇》：“鼎中之变，精妙微纤，口弗能言，志弗能喻。”

有个客观规律：鲜味是离不开咸味的。“鲜”的呈现，需要“咸”作为伴生条件，这在烹饪教材里叫作“各种味觉的相互作用”。这个术语来自“食品生物化学”。张起钧教授研究烹饪理论时说过：“鸡汤是众所公认最鲜美的了。但你一点儿盐都不放，你去尝尝看，保你什么味都没有，甚至还有一点儿鸡毛味。”见《烹调原理》“味的分析”中的“咸”一节。张教授说的“五味”有辣而无鲜。[1]“鲜”孕育在羹里，完全符合这条规律，因为羹也离不开咸。自从有了饭、菜之分以后，一切“下饭”（菜）都是咸的。古书记载，先民刚会煮肉时还不懂得加盐，那时拿肉当主食，哪会用调料？后来照老规矩祭祖，还要做这样的“大羹”。《礼记·乐记》：“大飨之礼，尚玄酒而俎腥鱼，大羹不和。”

隐身水中善匿形，百般描绘长无名

英国尼斯湖里有水怪出没，无人不晓。中国文化中的水妖“鲜”女之谜，意义要重大得多，可叹还没能得到洋人注意。要想叫人接受，自己先得弄清她的来龙去脉。

---

[1] 张起钧：《烹调原理》，中国商业出版社，1985年，第107页。

她遁形在水里，汉代哲学家董仲舒已认识到“鲜”离不开水。《春秋繁露》卷一七“循天之道第七十七”：“荠，甘味也，乘于水气而美者。”这却不能算发现鲜味，因为他明明说是“甘味”。她像隐约的水怪一样叫人没法儿确认，所以一直没个名称。然而对她捕风捉影的描绘却历来多有，择要列举：

【精、妙、微、纤】最早是伊尹曾连用“精妙微纤”来描绘。中文形容词的这种连用，是近代才跟洋文学的，他愣是提前了2000多年，可见他想跟人谈鲜味之美又没法儿说，真憋极了。“精”恰好是《说文解字》所说的“鲜鱼精”。

【淡而不薄】伊尹又用“中庸之道”来解释“鲜”。《吕氏春秋·本味篇》：“酸而不酷，咸而不减，辛而不烈，淡而不薄。”“不薄”就是“醇厚”，古书说，多加点水，味就变薄。《汉书·黄霸传》：“浇淳散朴。”古注：“以水浇之，其味漓薄。”可见厚薄指的是舌感。

【清烈】东汉人王逸注释《楚辞》，就这样描写清炖甲鱼的“鲜”味。《楚辞·大招》：“鲜蠵甘鸡。”王逸《楚辞章句疏证》：“其味清烈也。”“清”表示无形；“烈”表示有明显的刺激，强调鲜味的存在。

【味长】有人懒得挖空心思，只用“长短”来表示鲜的存在。例如清代学者、美食家李调元形容“牛鱼”之味，就用一个“长”字。《然犀志》：“牛鱼，食之味长。”元代百岁老医生贾铭的名著《饮食须知》则从反面形容金鱼“味短”。《饮食须知》卷六“鱼类”：“金鱼……味短不宜食，止堪养玩。”

【真味】鲜味“养在深闺人未识”，经过烹调才能显示其真实存在，有人就用“真味”来表示。宋代《嘉泰吴兴志》：“鱼骨羹：淡而有真味。”

【滋味】鲜跟“滋味”的复杂内涵也有重合。唐代《岭表录异》说牡蛎“肉中有滋味”。

【醉舌】这完全是“文学化”的描写。宋人陶穀《清异录》里收集有一篇游戏文章，《清异录》是取隋代以来的散佚典故写作的笔记。记载文人用游戏笔法给各种海产品“封官晋爵”，加给鼋（鳖类）的爵号是“醉舌公”。《清异录》“鱼门事”：鼋名“甘鼎”……咽舌潮津，宜封“醉舌公”。把感官定位为“舌”，无比准确。

【美、妙】苏东坡歌颂鱼、笋的好味道，诗曰：“长江绕郭知鱼美。”《初到黄州》。元代大画家、美食家倪云林在菜谱专著里提到蛤蜊，说其汁“甚妙”。倪云林《云林堂饮食制度集》：“新法蛤蜊：……生擘开，留浆别器中。……入汁浇供，甚妙。”[1]

几千年来，中国人一直在品尝、琢磨着这种迷离的滋味，却找不到一个名字，因为捕捉不到“呈味物质”的踪迹。“鲜”的现形为什么这样难？奥秘是她隐形在水里难解难分。对比咸味，也常潜在溶液里，但很容易现出固体盐粒之形。

迟至宋初，芳名始露

“鲜”不再光指“新鲜”而指“舌头的感觉”——到底这是从什么时候开始的？

权威的《辞源》还举不出当“鲜味”讲的例句，根本没列为“鲜”字的义项。最早的例句要靠自己从文献里找。《汉语大词典》倒有了例句，是唐诗“鸡黍皆珍鲜”，唐权德舆《拜昭陵过咸阳墅》：“田夫竞致辞，乡耋争来前。村盘既罗列，鸡黍皆珍鲜。”解释“鲜”当“美味”讲。

[1]〔元〕倪瓒：《云林堂饮食制度集》，中国商业出版社，1984年，第8～9页。

然而笔者觉得编者的理解很成问题。仔细推敲，鸡、黍很“珍、鲜”，这没法儿排除“新鲜”之意。农夫吃田里的东西就是比城里的新鲜。笔者找了一句唐诗，白居易的“炙脆子鹅鲜”，《和梦得夏至忆苏州呈卢宾客》：“粽香筒竹嫩，炙脆子鹅鲜。”[1]尽管能明确是鹅肉“鲜”，也不能绝对肯定指的纯粹是味道——新“鲜”鹅肉同时也更“鲜”美。

“鲜”跟“味”连用的例句才绝对没有争议。笔者找到的最早的“味鲜”例句出现在宋朝，而且同时就有两条。一本隐士食谱里说，挖出笋来就在竹林边烧竹叶煨熟了吃，“味甚鲜”。《山家清供》卷上：“傍林鲜：夏初林笋盛时，扫叶就竹边煨熟，其味甚鲜。”书里接着说：“大凡笋贵甘鲜，不当与肉为友。”显然“甘鲜”的“鲜”指的也是味道。

上面说的宋朝例句，还是个别情况，就像隐士的身份一样。也许是隐士的味觉也清新超常吧。到了元朝，画家倪云林谈到蛤蜊汁，还是不说“鲜”而说“妙”。

考虑到“鲜味”总是跟“新鲜”纠缠得很紧，绝对可靠的“鲜味”例句，得能排除“新鲜”的含义。这样的例句，据笔者查找，直到明末清初才出现。诗人、美食家朱彝尊谈到酱油时，说“越久越鲜”；提起一种腊肉，说“陈肉而别有鲜味”。《食宪鸿秘·酱之属》：“秘传酱油方：愈久愈鲜，数年不坏。”又《肉之属·蒸腊肉》：“陈肉而别有鲜味，故佳。”“陈”是“新”的反面，“鲜”跟“陈”“久”连用，可纯粹是鲜味了。然而同一个人、同一本书里还是有不用“鲜”而用“美”的例句，管鲜汁叫“美汁”，《食宪鸿秘·肉之属·肺羹》：“……入美汁煮，佳味也。”[2]反映了那确实是“鲜”流行的初期。“鲜”字很长一段时间

[1]〔清〕彭定求等编：《全唐诗》卷四六二，中华书局，1960年。

[2]〔清〕朱彝尊：《食宪鸿秘》，中国商业出版社，1985年，第49、128页。

里也没能普遍流行。明人屠本畯记述福建海鲜的专著《闽中海错疏》里提及“味美”20多处，却不见“鲜”字。摆脱了跟“新”的纠缠，甚至对立起来。

清朝时，中国烹饪的高峰出现，鲜味的观念、“鲜”的词语也完成了它在汉语中的大普及。种种同义词，在口语、书面语里几乎消失。清代才子李渔在美食专著《闲情偶寄·饮馔部》中提到“鲜”字多达36处，其中称物料质地之鲜9处，其他2处，特指鲜味的有25处。大美食家袁枚在《随园食单》中提到“鲜”字多达40多处。同时“味美”很少提，只有2处。梁实秋的《雅舍谈吃》里更是随处可见了。

动物→植物：“模特”是鲥鱼，纤手如春笋

现今很多事业都有“形象代言人”，往往由美女模特充当。鲜味那么曼妙，其“模特”让谁当？非鲥鱼莫属。

“鲜味”怎么会从“新鲜”变来？因为鱼出水就死，一死就开始变质。鲥鱼，公认鱼里第一美味，王安石诗曰：“鲥鱼出网蔽洲渚，荻笋肥甘胜牛乳。”（《临川集·后元丰行》）恰好又跟美女联系在一起：人们管鲥鱼叫“水中西施”。有诗人歌颂鲥鱼说：“网得西施真国色，诗云南国有佳人。”清谢墉《食味杂咏》。如今一提模特，国人就想到裸体。这一点鲥鱼跟西施相反，是宁死不“脱”的“烈女”。它色白如银，华丽炫目，味美就美在鳞上，《居家必用事类全集》：“鲥鱼：去肠，不去鳞。”若是在网里蹭掉鳞片，它立马就死，不受“色鬼”侮辱。要尝它的鲜，容易吗？皇帝老儿是天下第一色鬼、馋鬼，他远在北京，偏要尝“江

南美女模特”的鲜。于是进贡鲥鱼的惨剧一年一度地上演。无数诗文记载的细节令人发指：为了极力保“鲜”，累死人马无数。[1] 鲥鱼出水很快就变质，运到北京还能吃吗？到了康熙皇帝，才借着大臣冒死上书的台阶，下令停止了进贡。山东按察司参议张能麟有《代请停供鲥鱼疏》。

从“新鲜”到“鲜味”要跨过的关键一步，就是从肉类扩大到蔬类。“鲜”从活鱼开始不断扩大范围，时间要求也越来越模糊。首先推广到兽肉，但强调得是新杀的。杀死的鸟兽不像拔出的萝卜，埋土里转天还能活过来，所以“鲜”用到蔬菜上时间就没法儿强调了。菜园里刚拔的菜确实更好吃，李渔在《闲情偶寄·饮馔部·蔬食第一》中强调，吃菜要“凡宅旁有圃者，旋摘现烹”。但菜新鲜不等于有鲜味。“鲜味”是先从肉里感觉到的。从化学上看，只有蛋白质才会发出鲜味。亡友陶文台先生在《中国烹饪概论》中最早论述鲜味时，曾引用过日本研究者的话，把鲜味定义为“对于蛋白质的感觉”[2]。推广到植物也一样，只有少数富含蛋白质的植物才有鲜味，最突出的是竹笋、蘑菇、豆芽。恰好都是华人的独有嗜好。

“鲜”味成熟的标志，应当是它开始用来形容蔬菜的味道。前面说过，最早明确地连用“鲜”“味”来形容蔬菜的记载，出现在宋代。植物鲜味的“模特”当然是竹笋，最早被夸为“鲜”的就是它，见前引宋代隐士食谱《山家清供》说，林边烧笋，“其味甚鲜”。最有权威的两大美食家赞赏的也都是它。袁枚说，埋在泥土里的冬笋味道真鲜。《随园食单·须知单》：“壅土之笋，其节少而甘鲜。”李渔更盛赞笋是美味蔬菜的女王，它美得远超过羊肉，连熊掌都不在话下。《闲情偶寄·饮

[1] 朱伟：《考吃》，中国书店，1997年，第127页。

[2] 陶文台：《中国烹饪概论》，中国商业出版社，1988年，第130页。

馔部·蔬食第一·笋》："此蔬食中第一品也，肥羊嫩豕何足比肩！……"

鲥鱼、竹笋像姐妹。更可以说，肉类的"鲜"像美女的躯体，而植物的像四肢。特有意思的是，中国诗人总是拿"玉笋"来形容美女的手脚。《辞源》："玉笋：喻美女的手指和脚趾。"从唐诗里各举一例，韩偓《咏手》诗说："腕白肤红玉笋芽，调琴抽线露尖斜。"杜牧《咏袜》描写裹着罗袜的嫩脚趾说："钿尺裁量减四分，纤纤玉笋裹轻云。"

千年"老味精"就差没提纯

上古华人对味精就有惊人的预见：引起"鲜"的感觉的，是一种纯粹的物质，汉代先知称之为"精"。《说文解字》："鱻（鲜），新鱼精也。"

"精"的显露极为困难，因为没办法跟水分开。华人食鱼的时代就用水煮。《道德经》第六十章："治大国若烹小鲜。""新鱼精"当然就存在于鱼汤中，那时不懂烹调，让腥气掩盖了。商朝伊尹说肉羹"精妙微纤"，正是"鲜"的感受。南北朝时，人们发现煮骨头的汤汁鲜味浓度特高，便有提取鲜汤的发明，把骨头砸碎了煮，提取鲜汤。《齐民要术》卷八"脯腊"："捶牛羊骨令碎，熟煮取汁，掠去浮沫，停之使清。"从此有了中餐烹调主角的"高汤"。游牧民族手握骨头棒子啃烤肉，没啃光就把骨头扔了，谁"吃饱撑的"，会想到煮碎骨头？

骨头汤又要撇油又要澄清，因为要拿它当"鲜味剂"，只许让舌头觉着鲜，不许叫鼻子闻出骨头的气味来。这不成了液体味精了吗？谁说不是！书里明确说，拿骨头汤煮别的食料有"味调"的效果。《齐民要术》卷八"作豉法"："用骨汁煮豉，色足味调。"至今菜馆高厨们仍旧坚持用古老的"高汤"，而对味精嗤之以鼻。

后世的烹饪古籍里多有提到汤的记述，只是名字不同。元代的倪云林做出了很大的贡献，他的美食专著中处处闪动着“清汁”（更纯的高汤）的倩影。鸡、蛤蜊、对虾头、鱼都成了提取清汁的材料。“用对虾头熬清汁”添加在“海蜇羹”中；“蜜酿红丝粉”要用“清鸡汁供”；“鲫鱼肚儿羹”也可“前汁捉清如水，入菜，或笋同供”。[1]清代的朱彝尊也有较大创新，他所记述的高汤是拿鱼、鸡、虾等多种肉料煮成的，统称为“清汁”，还有“捞沫”“澄定”的提纯工序。见朱彝尊《食宪鸿秘·肉之属·提清汁法》。

就像鲜味的形成经历过“动物→植物”的扩展一样，“液体味精”也从骨头汤演进到笋汤、蘑菇汤、豆芽汤等植物高汤。清代李渔最早认识到笋汤有鲜味素的功用，多半亲自做过实验。他把焯笋的汤夸成高厨的法宝、不论荤素菜肴都要添加的万能调料。《闲情偶寄·饮馔部·蔬食第一》：“庖人之善治具者，凡有焯笋之汤，悉留不去，每作一馔，必以和之。”他赞美香菇汤，说“蕈（香菇）汁”比蕈肉还要鲜美。“蕈之清香有限，而汁之鲜味无穷。”清末民初的薛宝辰有一本素食专著《素食说略》，末尾几段专论素汤，从中可以看出清代后期“素菜高汤”的地位已经确立。《素食说略》：“蘑菇……其汤为素菜高汤。”他对冬笋汤、蚕豆汤、黄豆芽汤个个都给予“最”高的赞美。“冬笋……汤为素蔬中最鲜之汤。”“蚕豆汤……作为各菜之汤，鲜美无似，一切汤皆不及也！”也许是被“鲜”晕迷糊了，以致几个“最”自相矛盾。[2]

“植物高汤”没有肉类的荤气，更接近纯净的舌感，所以李渔说出蘑菇“清香有限，鲜味无穷”的话来。他说，不管做什么菜肴，都可以拿焯笋的汤来提味。更了不起的是，李渔还天才地认识

---

[1]〔元〕倪瓒：《云林堂饮食制度集》，中国商业出版社，1984年，第41、29、28页。
[2]〔清〕薛宝辰：《素食说略》，中国商业出版社，1984年，第54、55页。

到：造成“鲜”感觉的物质是客观存在的。前引《闲情偶寄》言笋汤中：“有所以鲜之者在也。”

“味精”的提炼，只差去除大量的水分及少量的杂质。清代美食家朱彝尊拿虾米粉、笋粉当调料，可说就是低纯度的味精。《食宪鸿秘·鱼之属·虾米粉》，说“各种煎炒煮烩细馔，加入极妙”。同时，李渔也已清楚认识到笋的“渣滓”与“精液”的对立。《闲情偶寄》：“有此则诸味皆鲜，但不当用其渣滓，而用其精液。”

值得深思的是，竹笋、豆芽都是只有中国人才懂得欣赏的美味。

“味の素”：日本人捷足先登；“新鱼精”：神秘谶言证实

味精潜在水里，人们几千年前就发现了它的踪迹，几百年前就看出了它的身影，就是没法儿让它现形，露出纯洁的“玉体”来。日本人，中国文化的学生，一接触西洋文化就看透了自家的短处，喊出了“脱亚入欧”的口号，拜德国为师。恰好1866年德国化学家雷特豪森（Leopold Ritthausen）刚从面筋里发现了新化合物“麸酸钠”，如今通称“谷氨酸”，不知有什么用。日本留学生池田菊苗（1864—1936）成了雷特豪森的徒弟，别有用心地抓住老师丢到一边的线索当主攻方向。回国后不久的1908年，他就宣布“味の素”（味精）提炼成功。据古泽公章、洪光住合著的《论日中鲜味科学进展》。[1]

今天提到味精的发明，中日读物都津津乐道于一个故事：一天

[1] [日]古泽公章、洪光住：《论日中鲜味科学进展》，《首届中国饮食文化国际研讨会论文集》，1991年，第121页。

傍晚，池田教授疲惫地坐在饭桌旁，太太端上一碗用海带做的汤，他尝了一口若有所思，立刻跑进实验室。经过半年努力，“味の素”诞生了。池田的贡献固然不小，但不过是用东方人的眼光重新认识德国人忽略了的东西。转年，他就取得专利，办厂子大量生产“味の素”。用面筋当原料成本太高，改用海带，成本低到几乎白捡。

德国科学家与“味の素”失之交臂，等着日本人来“名利双收”。味精的发明者当然是嗜好鲜味的华人，最大的消费群体也是华人。日本人用味精从中国赚去的钱可太多了。直到1923年上海生产出“天厨牌味精”，才把“味の素”挤出巨大的中国市场，“味精”的名字才流行。

味精的“精”让人想到汉朝古人解释“鲜”字所说的“新鱼精”。“精”最纯的是结晶体。清澈的高汤就是“液体味精”。华人吃亏在于不会提纯，就差一步，名利全丢。日本人不愿让人想到“鲜味”的专利中本该有中华文化遗产的份额，便把日语うまみ（umami）定为“鲜味”的正式名称；跟うまみ对应的汉字也避开“鲜”字，改称“旨み”，有时也写作“旨味”或“旨甘”。大冢滋在《旨甘味及其标识》中说：“‘旨甘味’呈味的‘相乘效果’。”[1]古汉语里旨、甘是两个词，指肉汁、饴蜜，见《礼记·内则》。这事儿很多华人还不知道，笔者也是在为写这一节搜集材料时才发现的。

人类的四种味觉又加了一种，这不是足以跟“地理大发现”并列吗？然而西方人对新事实却置若罔闻。惯常吸收外来词语的英语，对日文うまみ排斥至今，连大型的英语词典里也找不到这个词。连“味精”也没法儿翻译。只能描述为gourmet powder（美味品评师的粉

[1] 日本味之素公司编：《女灶神》，1991年第8期。

末），要么就是谁也记不住的化学名字 monosodium glutamate（谷氨酸钠）。

相信“鲜味”会成为人类共同的日常体验。1987年在荷兰海牙召开的国际专业会议已经正式承认“鲜味”。“联合国粮农组织和世界卫生组织食品添加剂专家联合会第19次会议”做出结论。至于让普通人觉得亲切，恐怕还要等中餐在世界上的大普及。

第三节　道分阴阳，味合鲜香：“味道”在近代的形成

美食标准的分久必合、合久必分

台湾哲学教授张起钧写过一本《烹调原理》，有位学者在“序言”里誉之为“哲学界的一本划时代的巨著”。[1]这未免过奖。那书不过是作者在美国度假的遣兴之作，不大涉及哲学，“味的分析”一节连味觉、嗅觉都没涉及。但书中也有亮点，如提出一大发现：“美国人凡是好吃的一律用‘底里射死’（delicious）来形容。”[2]

“底里射死”是从形容娇娘而来的。《英汉词典》里另有个形容词delicate，解释是“娇嫩的、纤细的”。汉语的“美”也形容女郎，但那是转义，本义是谈吃的。古谚语集《名贤集》：“羊羔虽美，众口难调。”洋人喊“底里射死”等于张教授说的“好吃”。好、吃两字连用，洋人可能不解，岂知那本来是说“容易”吃，那只能是从华人熟知的草根之

[1] 吴森：《比较哲学与文化》（二），台湾东大图书公司，1979年，第245页。
[2] 张起钧：《烹调原理》，中国商业出版社，1985年，第164页。

“难吃”衍生出来的。“好吃”太常用了，又衍生出类似的词语，例如没道理的“好看”。

华人形容好吃的，最早也是只有一个“美”。例如学生问孟夫子：脍炙跟羊枣比，什么更“美”？《孟子·尽心下》：“公孙丑问曰：‘脍炙与羊枣孰美？’孟子曰：‘脍炙哉！’”尽管两种东西味儿差得远了去了，老先生并没说学生用词不当。可能会有老学究逮着漏儿，说还有“甘”字呢！没错，我还要说“甘”字更重要呢。从词义上说，甘就是美、美就是甘，二字互释。《说文解字》：“美，甘也。”“甘，美也。”

后世随着饮食文化的进步，华人对美食的欣赏，既要鲜又要香。用理论词语来说，就是“饮食审美的二元价值标准”。仔细分析，古人所说的“甘”跟“美”也有质的不同。华人先祖曾跟各种族一样以肉食为主，后来则以“粒食”为正宗。文字上“美”来自于肉食，带个“羊”字。《说文解字》：“美，从羊，从大。”徐铉注：“羊大则美。”近世对“美”字有不同解释，如李孝定《甲骨文字集释》：“疑象人饰羊首之形。”但“羊大为美”早已深入人心。粒食文化家家养猪，羊肉遂成珍馐。“羞（馐）”字也是羊部，本义为最美味的羊脸肉。“甘”字则来于“粒食”。《尚书·洪范·九畴》郑玄注：“甘味生于五谷，谷是土之所生，故甘为土之味也。”为什么这种差异后来被忽视了？可能道理在于甘、美毫无“对立统一”关系，不像鲜、香之别那样合乎“阴阳”格局。

“味”真正具有本质意义的分析，要从吃的感官构成入手。我们的祖先还把鼻子、舌头的感觉看成同一的“味”，等于洋人的“底里射死”。这个现象，用哲学名词来说，就叫“合二为一”。

华人连渔夫、樵夫都熟知一个哲学规律：“分久必合，合久必分。”《三国演义》第一句就是“话说天下大势，分久必合，合久必分”。作为事物发展模式的这种观念，不光是从朝代兴亡总结出来的，实际上更符合中国人的生活实践，尤其是饮食经验。假如有一部中国美食史的“演义”，也拿《三国演义》那两句来概括，真是贴切极了。头一回合的“分久必合”，就体现在“美”与“甘”的“合二为一”上。

“甘”的字形预言“味”将一分为二

同义的“美”“甘”，哪个字更通用？是“甘”字。段玉裁在《说文解字注》里解释说：“甘为五味之一，而五味之可口皆曰甘。”今天人们对“甘”字有点陌生了，那是古文改白话造成的。古文里谈美味一般都用“甘”，明显的表征，是拿“甘”当动词用：“甘之”就是“觉得（它）好吃”。齐桓公爱吃御厨易牙做的菜，古书就说“桓公‘甘’易牙之和”。“美”字则分工表示“美人”与“抽象的美感”。例如《左传·昭公元年》：“美哉，禹功！”中国平民长年吃米，肉摸不着吃，自然用于肉味儿的美就远了一层。

“甘”字有点神秘，老祖宗早就用它的字形做出预言：必将分为二的那个“一”乃是谷子的“味‘道’”。老仓颉造字那会儿，伴随着惊天地、泣鬼神的现象，包括天降小米雨，《淮南子·本经训》：“昔者仓颉作书而天雨粟，鬼夜哭。”后来“及时雨”就叫“甘霖”。爱幻想的读者会猜：半夜鬼哭因为天机泄露？天降粟雨，透露了中华文化跟粟米的关系。

《说文解字》解释篆字“甘”的字形，四框象“口”，口里含着个“一”字，还断言那个“一”的意义不是别的，正是深奥的“道”。“一，道也”，这三个字当得千言万语。可以参看对“一”字的解释。《说文解字》头一个就是“一”，最简单的字

“甘”的篆字

形，释文篇幅却最长，大意说："道"就是从"一"来的，"一"又派生出天地及万物。"一：惟初太始，道立于一，造分天地，化成万物。"再看"道"，让人失望，只说是道路，深奥的学理不是一部"简明字典"所该谈的。

仓颉以后，《易经》与大哲学家老子都道出了"道"的秘密。尽管老子声称"道"不可道。"道"要一分为二，生成阴阳。《道德经》四十二章："道生一，一生二……"《周易·系辞上》："易有太极，是生两仪……""一阴一阳之为道。"读者可能嫌离题太远，这就回到了饮食上。到了清代，人们对饮食经验够多、思考够深了，《说文解字》注释者集其大成，终于明白地指出：所谓"道"，就是从种种食物里抽象出来的。段玉裁注："食物不一，而'道'则'一'，所谓'味道之腴'也。""味道之腴"是味（动词）、道（哲学名词）二字连用的最早例句，出于《汉书》，这里讲不清楚，后边再谈。"道"的哲理正好能借着华人的食物而形象化。

中华饮食文化认定"'甘'为百味之本"。大美食家袁枚就是这么说的。《随园食单·饭食单》"饭"："饭者，百味之本"，"饭之甘，在百味之上"。按照"一生二"的"'道'理"，"甘味"派生"百味"之前，也得实现"一分为二"，也得先变出两种"味"来。中国饮食史的发展正是这样。

从"甘（美）"到"鲜"＋"香"

"甘"味分化成哪两字呢？笔者经过多年研究，从1991年"首届中国饮食文化国际研讨会"时开始。发现"鲜""香"二字。之后发表了两篇专论，分别考察鲜、香的形成过程，发表于《中国烹饪》杂志的《烹饪哲学》专栏，该年5、6两期。提出饮食审美“价值标准”的概念。

“甘”味的“一分为二”，清楚地显示在另一个汉字的字形中，就是“香”。“香”是个“老简化字”，书法家都爱写篆字。篆字的“香”，是“黍”“甘”两字合成的。《说文解字》：“香，从黍、从甘。”“香”是黍米才具有的特殊“甘”味，跟一般谷类淡而无味之“甘”不同。

经过前边对气味、滋味的分析，人们会发生疑问：黍米特有的“甘”是滋味还是气味？读者甲会说，既然“香”，当然是气味。读者乙家里有黍米，抓一把闻了闻，什么气味也没有，会说“黍甘”的“甘”不是气味。我要说，你俩都错了，而且也没法儿正确，因为字形里就包含着迷乱。“香”字带个“甘”，是造字的仓颉本人也让吃黍米那种神秘感觉给弄迷糊了。

黍米之“甘”，既不是舌头的味觉，舌头不可能尝出香来，“甘”倒可以指微甜。又不是鼻子的一般嗅觉，读者乙嗅不出气味来。准确地说，香是一种非常特异的嗅觉，笔者称之为“倒流嗅觉”。华人所谓的“味”极其复杂，得用“阴阳模式”来把握。构成“味道”之“阳”的是“香”。西餐以香取胜，中餐以鲜见长。华人吃的感官既已发生独特变化，其对象也会相应特殊：构成“味道”之“阴”，是中餐特有的“鲜”。

“阴”既指舌头的感觉，那酸甜苦咸洋人也认识到了，但这些简单的味觉并没有多少欣赏价值，甜味稍稍例外。“美”是无限量的，甜也是如此，而咸、酸超过适当程度则有负面效应。酸咸之类，不管怎么配比变幻，也嫌简单，够不上审美对象。让纯粹的味觉有“美”可审的，全靠姗姗来迟的新元素——“鲜”味。这要等待中餐菜肴的演进。

探究鲜、香的分化，还有一个更有效的角度，就是中餐特有的“饭菜分野”。饭的主要属性是淡而无味，浓郁的“味”是“下饭”之“菜”的天职。鲜、香的形成是“菜”的一分为二。“鲜”的前提是肉料。前述烹调原理，《吕氏春秋·本味篇》：“臭恶犹美。”中餐的演进，主要是肉肴烹调技艺的提高。

谁知“味道”是个近代新名词

电视的美食广告中，幼儿都会学舌说：“味道——好极了！”中餐的美味是几千年进化来的，“味道”一词之古老还用说吗？大错特错。这个词是直到近代才流行的。你不信，一查《辞源》里就有“味道”条目，但那不过是两个字的连用，跟吃无关。这种连用也是后汉才出现的。音乐家蔡邕不肯跟官场同流合污，上书明志，最早提过“味道”，他说自己宁愿“安贫乐潜，味道守真”。(出自《后汉书·申屠蟠传》)意思其实是沉醉在对“道”的体味中。前边说过，“味”可以作动词用，意思是“体味”。这里的“道”，是个哲学概念。《汉语大词典》就把“味道”解释成体味“道”的“哲理”。

用于美食的“味道”，辞书里只能举出现代作家的例句。《汉语大词典》引用的例句出自沈从文的短篇小说《灯》。考察一个概念的形成，得找出它的词语何时最早出现。“味道”是新名词，这么惊人的说法，不抬出权威学者来，很少有人信服。笔者查阅了各种大型辞书，最可取的当属四十册巨帙的台湾版《中文大字典》，它在“味道”条目中引用了国学大师的考证：章太炎的词语专著《新方言》肯定，“味道”不过是“今人”对“味”的新称呼。字典草部“蕈”字的释文中提到“味覃”一词，解释说：“今人通谓‘味’为‘味道’，本‘味覃’也。”笔者认为这个“覃”字包含着中华文化的核心奥秘，下边要专门破译。

所谓“今人”指什么年代？章太炎《新方言》的成书年代是1907年，那年作者40岁。[1]可见“味道”代替“味”而普遍流行，当是清朝后期的事。这时“味”的内涵已然经历了“分→合→分”的变化，借用一个物理学名词，就是“跃迁”（transition）。

前边说过，“味道”有两大要素，“香”形成在先（以“香油”的通用为标志），“鲜”在后（以“鲜”味的通用为标志），考察“味道”的形成，就要确定“鲜”的形成时间。恰好这是有年代可考的：通用“鲜味”的《随园食单》问世于乾隆五十七年（1792）。[2]“味道”这个词语最早的例句还不能确定，时间范围当在1792—1907年之间，从观念的形成到词语的流行。推想会首先出现在使用白话的通俗小说中。这仍待考证。

比起混沌的“味”来，“味道”一词的确是个大进步，给吃东西时的感觉确定了一个专用名词。尽管华人美食的“二元标准”早已超前，但汉语词语上比人家还落后。英文的flavour专门用在吃上，绝对不会含混，定义也无比周密。《简明不列颠百科全书》给flavour的定义是：“饮食时所觉察到的全部感觉；有助于识别物质，也是饮食时快感的来源。”释文接着指出：“涉及味道知觉的感觉器官有味觉、嗅觉和触觉器官。”当然鲜味、香味是不懂得分别的。

只有食物入口后才说“味道”。然而近些年来，时常可见有人管气味也叫“味道”。电视剧里有个女学生一进宿舍就喊闻见了

[1] 姚奠中、董国炎：《章太炎学术年谱》，山西古籍出版社，1996年。
[2] 据周三金等注释《随园食单》前附“本书简介”，中国商业出版社，1984年。

"臭袜子的味道"，她把袜子放进嘴里咂了？但编导跟观众都不觉得刺耳。这反映先民的"嗅觉迷失"正在重演。对于"味"，人们似乎天生倾向于它的"混沌"状态。

反向合抱"阴阳鱼"："味"→"味道"的分合过程

中餐宴席上常出现"阴阳鱼"的菜肴造型。像川菜里的"太极芋泥"、闽菜里的"太极明虾"。这种图形也叫"太极图"，孔庙大成殿的梁柱、算命先生的卦摊，直到韩国国旗，到处可见。因为它像黑白两条鱼合抱，所以俗称"阴阳鱼图"。

美食运动在千变万化中不无规律，借着反向合抱的"阴阳鱼"来讲解，胜过长篇大论，还让人觉得亲切。宋代哲学家邵雍说："太极，一也，不动；生二，二则神也。"《皇极经世书·观物外篇》。"一"是一切认识的出发点，所以叫"太极"。迈出"一变二"的关键一步，万事万物的神奇变幻随之而来。从"味"到"道"，先后经历了"一分为二"与"合二为一"的过程，这也就是中国烹饪的发展过程。

古代独立的"臭"（一切气味）后来消失在"味"里，鼻、舌混同。这个"合二为一"是中国饮食文化的出发点。美食运动的第一步是"味"从"食"里分了出来。但"食"是母体，母子并列，不能算典型的"一分为二"。

"一分为二"最好的模型莫过于"味"的"鲜""香"之分。"香"（不同于先秦的花香）的出现，是分的开始，反映在哲学上，就是"一分为二"理论的形成。据哲学史，隋代太医杨上善首先提出了“一分为二”的命题。《中国大百科全书·哲学卷》：“隋代杨上善注《黄帝内经·太素·知针石》中用了‘一分为二’这个词。”其年代大致跟“香”味的产生年代同时。杨上善活到唐代。从汉代引进“芝麻”到唐代“胡饼”流行，正好是“香”味的形成时期。

“味”的一分为二，完成于宋代“鲜”的出现。前边说过，“鲜”最早出现在宋代的《山家清供》中。同时，“合二为一”的过程也开始了。清代“鲜”的大流行，据袁枚《随园食单》。标志着味道“合二为一”的完成。这在哲学上又有反映，“合二为一”的命题，是清代哲学家方以智提出来的。方以智《东西均·三征篇》：“交也者，合二而一也。”[1]

一分为二就是阴阳。《周易·系辞上》：“易有太极，是生两仪。”邵雍《皇极经世书·观物外篇衍义》：“一气分而为阴阳。”“阴阳鱼图”里的黑白二鱼都在游动，方向相反。它象征“味”的演进过程是由两大反向运动组成的。

从“阴”的方面来看，由黑鱼代表。“味”（以及后来的“‘味’道”）本来是狭义的舌感，却包括了鼻感的“香”。这可说是“阴”主导着“味道”的方向。从“阳”的方面来看，由白鱼代表。在“味道”的两大成分中，鼻感“倒流嗅觉”的繁多及细微使它的重要性大大超过简单的舌感。据此可说主导“味道”方向的是“阳”。

结论：概念上，“味”有鲜、香，是一分为二；词语上，鼻、舌合“味”，是合二为一；两大反向运动合抱成圆。“阴阳鱼”惟妙惟肖地图解着中华饮食文化发展的全程。

---

[1] 庞朴注：《〈东西均〉注释》，中华书局，2001年。

阴阳鱼图形的由来曲折而迷离，奇妙的是，跟“味道”的发展大致合拍。陈立夫先生认为，阴阳鱼的源头可以追溯到传说中的伏羲时代，那时的肉食匮乏已注定了饮食的“歧路”。阴阳鱼的前身叫“先天太极图”，双鱼图的雏形出现于南宋，哲学家朱熹查明此图的来历，[1]那正是“炒”法形成、美食运动回归清淡之时。阴阳鱼的定型是在明代，[2]那时“鲜”已成熟、“味”的一分为二完成。“阴阳鱼”图形及俗称到处泛滥，例如京剧中诸葛亮的道袍上。是清代至民国初年的事，这又跟新名词“味道”的流行同时。

“阴阳鱼”的黑白眼：阴中阳、阳中阴

古人有“画龙点睛”的寓言，点上眼睛，龙就成了活龙。画鱼也是一样。黑鱼头上的白眼，白鱼头上的黑眼，有重大意义——象征着“阴中有阳、阳中有阴”。

“阴阳”本是静态物体的明暗，《中国哲学大辞典》引《说文解字》而断言：“阴阳：本义是指日照的向背。”它要动起来才有意义。“美食运动”的第一步是“味”从“食”里“异化”出来，“阳”（味）的萌动使“阴”（食）的静态也显示出来。哲学上也认为，“阳”是跟“动”结伴而来的。《庄子·天道》：“静而与阴同德，动而与阳同波。”宋代哲学家邵雍《皇极经世书·观物内篇》认识得更清楚：“动之始，则阳生焉。”

---

[1] 张其成：《阴阳鱼太极图源流考——兼与郭彧先生商榷》，《周易研究》，1997年第1期。

[2] 郭彧：《谈所谓“阴阳鱼的太极图”的来源》，http://www.guoxue.com/article/guoyu/011.htm.

把物质跟它的属性并列而纳入“阴阳”，物质为阴，属性为阳。这是从地跟天的对立中引申出来的。中间环节是“重浊者”跟“轻清者”的对立。见前引《淮南子·天文训》。后来进一步抽象化，地跟天的对立，被归为“形”跟“气”的对立，最早提出的又是医学家。《黄帝内经·素问·阴阳应象大论》：“阳化气，阴成形。”有形的“食”跟无形的“味”也就纳入了“阴阳”的框格。

“太极图”起先只有黑白对立。黑色让人觉得实在，邵雍《皇极经世书·观物内篇》：“阴体实而阳体虚也。”所以代表有形的“食”。白色显得虚空，代表“味”。后来演变成两条鱼头尾追逐，象征着阴、阳互转化的动态关系。《大戴礼记·本命》：“阴穷反阳，阳穷反阴。”《朱子语类》卷三五：“阳之退便是阴之生。”从饮食来看，既然“味”为阳，与“食”对立而言。那么，“鲜”就是“阳中之阴”、香就是“阳中之阳”了。

阳中有阴、阴中有阳，这是“阴阳”哲学体系的深层内容。《易经》符号系统的发展，《周易·系辞上》：“易有太极，是生两仪，两仪生四象，四象生八卦。”每一步都是依据“阴阳中再分阴阳”的机理而衍化的。最早把“阴阳”理论讲到这个深度的又是中医。《黄帝内经·素问·阴阳离合论》：“万物方生，未出地者，命曰阴处，名曰‘阴中之阴’；则出地者，命曰‘阴中之阳’。”

黑白鱼相反的眼睛，也提示着“阴阳转化”。阴化为阳，讲讲笔者的烹调经验。本人不擅厨艺，却自称有一大发明：炒芹菜时先往油里撒几粒海米炸黄了，吃起来多出了香味。至于阳化为阴，盐水煮花生是个好例子。花生炒了香气强烈，但加点儿盐、葱花、蒜瓣煮烂，却变成完全不同的东西，香味变成鲜味，清代薛宝辰《素食说略》卷二：“落花生……以盐水煨之，火候愈久愈佳，颇鲜美。”火气变水汽。明代兰茂撰《滇南本草》:“花生，盐水煮食治肺痨，炒用燥火行血。”

阴里有阳，阳里有阴，在烹调中就如鲜里有香，香里有鲜。中餐烹调擅长种种技法，阴阳变化无穷。例如“软炸鱼”，蘸上干粉下油锅炸，让鱼的外皮多一层香气；又如“咕咾肉”，肉片炸出焦香后，再浇上用酱油、味精勾芡的鲜汁，外鲜里香。

第四节 “倒流嗅觉”的发现：味道天机在“倒味”

我哥是个“瞎鼻子”

我哥因为“出身不好”，流落到遥远的边地。他是个天生的“瞎鼻子”，这是家乡的土话，指失去嗅觉者。他从小吃东西却比别人更“刁”，爱挑美味的菜下筷子。研究“味”以来，我时常琢磨：既然闻不到气味，那他吃起菜来就该光知道咸淡，为什么还这么刁？

有一年年老的哥哥回来小住，我特意问了个明白。厕所里多臭，他也毫无感觉，有时能觉出一股凉气钻鼻子，“那是阿摩尼亚的刺激”，他说。他夸弟妹炒的菜香，我突然问道：瞎鼻子拿什么闻香味？他说“舌头”。我说，舌头上的味蕾光能分别甜、咸哪？他茫然了。话题转到命运，他埋怨大学的身体检查，说：“化工专业应该检查嗅觉，那样我就去不了那倒霉地方。”不幸的哥哥，让我的研究幸而有个难得的标本。

“瞎鼻子”不算太罕见，医学上叫作“先天性嗅觉缺失”，有篇论文专谈鉴别方法。[1]先民对“瞎鼻子”现象早有认识，《列子》里还有个专用名词来称呼，叫“阏颤”，意思是膻气被阻挡。《列子·杨朱》：“鼻之所欲向者椒兰，而不得嗅，谓之‘阏颤’。”“向”指对香气的享受，“阏”就是遮蔽，“颤”，晋人张湛注释：“鼻通曰颤，……颤与膻字同。”王充《论衡·别通》：“人目不见青黄曰盲，耳不闻宫商曰聋，鼻不知香臭曰痈。”《太平御览》卷三六七引作“齆”。《广韵》：“鼻塞曰齆。”《列子》古称先秦之作，后来发现或是晋代伪书，但其中有不少智慧的闪光点。以上几个专有名词的失传，再次印证了人享受花香的“正面嗅觉”的退化。

看不见叫“瞎”，听不见叫“聋”，嗅不见也有专称。“倒流嗅觉”缺失的人则可能是不存在的。可以找到的“味觉嗅觉丧失”的报告，说的都是脑外伤的患者，“嗅觉”是否包括倒流的，没人注意。“瞎鼻子”照样讲究美食，表明“瞎鼻子”绝不等于嗅觉失灵，只能说一半嗅觉失灵。网上有人发起调查：假若五大感觉必须割舍一种，多数人宁愿放弃嗅觉。吃（而不是嗅）难道不如听重要吗？对“嗅觉”的轻忽，恐怕是由于对“倒流嗅觉”的一无所知。

“瞎鼻子”跟孔夫子说的“食而不知其味”是两回事儿。《礼记·大学》：“视而不见，听而不闻，食而不知其味。”“味”是鲜、香合成的。“香”是鼻感，却大不同于“嗅觉”，而是笔者发现的“倒流嗅觉”。

刚出生的孩子眼睛还没睁开，吮起奶来小嘴是闭合的，呼吸全走鼻子。他呼气时，妈妈奶汁浓郁的香气当然就在鼻腔里回荡，那不是纯粹的“倒流嗅觉”吗？这种倒流的气味，笔者管它叫“倒味”。人从襁褓阶段就开始了对“倒味”的体验。怎奈这种无比亲

[1] 崔丽英、埃文斯（W.James Evans）：《醋酸异戊酯刺激相关嗅觉诱发电位对先天性嗅觉缺失患者嗅觉功能的评价》，《中华医学杂志》，1998年第8期。

切的感觉，至今还处在人类认识自身的最后“盲区”中。

智者林语堂差点儿闯进“倒味”暗堡

有两位现代名作家喜欢谈吃——梁实秋跟林语堂。前者只对现象津津乐道，后者偏爱琢磨其中的道理。笔者发现，林语堂在一篇随笔中曾“漫步”到“倒流嗅觉”暗堡的入口。可惜他属于“智者乐水”的类型，谈了几句就滑过去了，幸而留下了空谷足音。

在《中国人的饮食》一篇里，林语堂的名著《吾国与吾民》的“生活的艺术”一章“饮食”一节中有部分重复，他谈到吃竹笋的微妙感觉说：“品鉴竹笋也许是辨别滋味的最好一例。它……有一种神出鬼没般难以捉摸的品质。”[1]“品鉴”是林先生的主观行动，“品质”是客观目标。竹笋是美食家的宠儿，苏东坡的至爱。东坡有不少歌颂笋的名句，例如《初到黄州》：“长江绕郭知鱼美，好竹连山觉笋香。”鲁迅说，华人爱吃竹笋连日本人都不解，胡说什么喜欢它是因为它“挺然翘然”像勃起的男根。《华盖集续编·马上支日记》。老外没法儿理解竹笋毫不奇怪，因为这东西正面嗅起来完全没味儿，又没啥营养。

要说笋富有华人欣赏的鲜味，那袁枚早就认识到了。《随园食单·须知单》：“拥土之笋，其节少而甘鲜。”什么味道值得林语堂“品鉴”？鲜就是鲜，还说什么“神出鬼没”？林先生所说的感觉，中国人都有亲切的感受。笋吃在口里感到味道醇厚，既非舌感之

[1] 林语堂：《中国人的饮食》，聿君编《学人谈吃》，中国商业出版社，1991年，第15页。

鲜，又嗅之无味，细心体察一下就会觉察，那是“另类”的嗅觉。醇厚的气味藏在笋组织的内部，只有咬碎了才能释放，而且只有呼气时才能从鼻孔里倒流出来。随着咀嚼，那种感觉时有时无、时浓时淡，这不正好是林先生说的“神出鬼没、难以捉摸”吗？

无独有偶，林语堂接着又提到茶叶。竹笋与茶，都是特别受中国人欣赏的食物。喝茶时感到的“回味”，引起了他的沉思。同样看《中国人的饮食》：“最好的茶叶是温和而有‘回味’的。”原文“回味”的引号显示他认识到这是个研究课题。更可贵的是，对于“回味”的本质，他还提出了一大假说，用有机化学中的“酶”来解释，说唾液中的“酶”在接触茶水之后很快就开始发生化学作用。他说：“这种回味在茶水喝下去一二分钟之后，化学作用在唾液腺上发生之时就会产生。”化学课本说，从史前时代人就用酶来让食物发酵；食物跟唾液一接触，化合作用就开始改变它的味道。林语堂那年头，“酶”还算新知识。据《简明不列颠百科全书》，1926 年才发现酶就是蛋白质。他就试图用来解释“回味”；人人都吃竹笋，独有他注意到那“神出鬼没”的微妙感觉。“回味”这两个字，就能抵得过长篇大论——跟“倒味”不是一个意思吗？

别看都是只言片语，笔者初读之下就像见到电光石火，照亮了通往“味道”暗堡的幽径。感谢林语堂先生，一个无名者借助他的权威，增加了说话的分量。

四大机理：人人熟悉的倒味体验

“倒味”跟“正味”的感觉相差甚远，甚至是两回事儿，却历来无人注意。《周易·系辞上》："百姓日用而不知。"拿抽烟为例，大家都有这样的体验：不会抽烟时闻别人抽，气味太好了，可自己试上一口，感觉却完全不同。相信倒流的烟气从成分到感觉都大大变了样。笔者一生不沾烟，但小时候常拾烟卷头儿掰开了闻个没够。倘若倒流的烟味跟正面一样好闻，笔者笃定会成烟鬼。

老年头的窗户拿纸糊，人们常拿老话"窗户纸一捅就破"来形容道理的浅显。"倒味"之说前所未闻，笔者却有信心让世人接受，因为那本来就是"人人心中所有"的。唐诗名句说"心有灵犀一点通"，下面摆出四点论据，证明"倒味"的存在。

【机理一】咀嚼能使食物里面的气味释放出来。华人常说"越嚼越有味"，道理何在？嚼得越细碎，食物暴露出来的总面积越大，鼻腔里出来的"倒味"也就越久越浓。为了延长享受，馋鬼们就嚼起来没完。贾平凹名著《废都》描写"油炸得焦黄的知了幼虫"，就说"一口奇香，越嚼越有味"。《废都》第72章。大美食家李渔风趣地说：牙齿嚼起美味来绝不会抱怨太累！《闲情偶寄·饮馔部·谷食第二》："凡物入口而不能即下，不即下而又使人咀之有味，嚼之无声者，斯为妙品。……齿牙遇此，殆亦所谓劳而不怨者哉！"

【机理二】唾液改变了食物的味道。首先，唾液本身不是"无臭"的。不同于化学课本说水"无色、无味、无臭"，《简明不列颠百科全书》只说唾液是"黏稠、无色的透明液体"，没说"无臭"。相反，人们都有体验：弄到嘴唇外边的口水拿风一吹，就能闻到臭气。谁都嫌恶别人的口水，所以古代的食礼早就规定，不许把沾过嘴的鱼肉重放回共享的食器里。《礼记·曲礼上》："毋反鱼肉。"古注："已啮残，不可反还器中，为人秽之也。"食物在嘴里跟唾液混合了，倒流出来的气息当然不一样。另一方面，唾液改变食物的味道，推想更包含对食物的个性化改造，使外来之物适应各自内在的消化系统。人的唾液不同，自己嚼过的东西才更“对味”。

【机理三】口鼻形成的“倒喇叭”对“倒味”的强化效应。在口鼻外边的大气里，食物的气味肯定稀薄极了，吃在口中则大不一样。咀嚼时，半闭的嘴被食物阻塞了；空间不小的口腔加上鼻子的“后门”，共同构成一个倒置的喇叭。每当呼气时，就会把口中本来较浓的气味加以集中、“放大”，使鼻腔里的倒味变得浓郁。这让人联想到“声呐”装置。人的耳朵，从大耳轮到细耳孔，也是个倒喇叭。声音传导、感知的原理，跟气味完全相同。

【机理四】口中食物的气味因变热而活跃、升腾。中国地处北温带，常温状态下的食物明显比体温低，在嘴里咀嚼时，气味分子会因为热度的升高而变得大为活跃，根据热空气重量变轻的原理，会自然地冲进口腔上部，达到鼻腔中，加强了“倒流嗅觉”。根据这个原理，更发展成中国人“吃饭趁热”的习惯。“热食”，反过来又强化了对“味道”的追求，这要用整章篇幅来讲。

味道是味觉加嗅觉构成的，这个事实并不复杂，何以成为千古奥秘？就因为只有“倒流嗅觉”才能跟口腔中的味觉结合。“倒味”极难发现，味道的奥秘当然也就无从破解了。

“七咂汤”气坏洋绅士

华人尝味儿叫“咂”，自古如此，先秦的礼仪中就提到咂酱。据台湾版《中文大字典》的考证，郑玄注《仪礼》就提到咂酱，这里从略。这显然是品味的需要。“咂”常用在汤汁之类的液体上，《水浒传》描写说：

“武松提起来咂一咂，叫道：‘这酒也不好！’”“咂”是唯一“吸气发声”的怪字。分析“咂”字能把“倒味”定成铁案。

林语堂曾说：中国人喝汤，常发出“咂”嘴唇的响声，那在洋人可是绝不允许的。他写道：中国人喝一口好汤时会“啜唇作响”，而西方礼节则“强使我们鸦雀无声地喝汤”。按西餐礼仪，喝汤出声简直跟“放响屁”一样粗野无礼，等于对公众的挑衅。记得见过一条信息：美国新泽西州曾有一条法规，喝汤太响者予以拘留。林语堂敏锐地意识到，这个中西相反的现象背后有着很深的道理，所以他甚至说“这也许就是阻碍西方烹调艺术发展的原因”，言外之意：懂得“咂”汤，乃是钻研烹调艺术的起点。

“咂汤”为什么如此要紧？因为汤是美味的精华所在。美食家李渔早就谈过，吃面条总要先咽下面，然后重点“咂”汤。《闲情偶寄·饮馔部·谷食第二》：“汤有味而面无味，是人之所重者不在面而在汤。……面则直吞下肚，而止咀咂其汤也。”用“咂”来品味的，是舌头的感觉呢，还是鼻子的？舌的方面，甜咸入口即知，“鲜”虽值得玩味，也不必有咂的复杂动作。下面的分析表明，需要用咂来加强的只有“倒流嗅觉”。咂汤给“倒味”的感觉提供了一个生动的模型。

咂，是从“匝”字衍生而来的。“匝”的本义是尝味的动作：用手的第二指往想尝的东西里蘸一下，文言文里叫“染指”。再放进嘴唇里吮它一吮，《字汇补》：“咂，染指而尝也。”中国话管这个指头叫“食指”。对比英文 index finger，意思是用来指示的指头。分析“咂”的口部动作细节，关键在于“倒吸气”。具体机理是，吸进多余的气必须即刻吐出来，这时偏要闭合嘴唇，好让气从鼻眼儿往外冒，这样才能充分发挥鼻腔里“倒流嗅觉”的功能。

“咂”字的发音简直奇妙到令人惊喜，它是口腔尝味动作逼真的描摹，既是声响的“录音”，又是口动作的“录像”。“匝”字属于入声，其古音［tsap］是带有唇辅音 p 音尾的。接近古音的广东话，入声音尾仍有辅音 k、t、p。分三步来细看：发［ts］音时，舌抵上颚；尝味的相应动作，是舌与上下颚联结成一体，并故意造成口腔里的“负压”，这样能使口中的汁液被彻底搅动。发 a 音时则口腔大开，空气骤入；尝味的机理是让汁液里含有的气味逸出，以加强分子的浓度。发 p 音时双唇急闭，使口中气体从鼻腔倒流而出。所有汉字的发音都要借助吐气，唯独“咂”字个别，发音时反而要求倒吸气。文字上的“倒”，与气味上的“倒”，恰好相应。

中国人进餐的礼仪也很严格，同样要求尽量少出声音，《论语》有“食不语”的叮咛，《礼记》中有一节专讲“进食之礼”，其中要求不得把骨头啃出声来，以免“不敬”。《礼记·曲礼》：“毋啮骨。”郑玄注：“毋啮骨，为有声响，不敬。”然而中国人的咂酱、咂汤，却是礼仪势不能禁的，实际生活中，这种失礼的行为反而大行其道。

更有甚者，有一种美食名字就叫“七咂汤”，从名称上就标榜用咂来尝味，喝起来讲究连咂七次，有人解释，“七咂汤”为扬州传统名菜，是用鸡、野鸭、鸽子等七种材料做成的，“七咂”是要咂出各种食材的味道。真是理直气壮。

倒味宜名“醇味”：“烹”字倒立的把戏

孔夫子有半句话“三嗅而作”，《论语·乡党》。几千年以来没人明白。美食家曾经借用来形容味道。明人屠本畯《闽中海错疏》：蛏宜“悠悠独酌，三嗅而作"。"三"当"多"讲，强调嗅觉的神秘难知。"味道"的奥秘，笔者冥思苦想了多少年，用文词说，就是"覃思"。"覃"，是一大怪字，笔者发现它包含着"倒味"的密码，"味道"这个新名词就是从"味覃"来的。前边介绍过章太炎的考据："今人通谓'味'为'味道'，本'味覃'也。""覃"的意思就是"绵长的味"。《说文解字》："覃，长味也。""长味"符合"回味"的感受，下咽之后"倒嗅觉"还可以发自食道。进一步还要追到"蕈"字。章太炎解释"味覃"，就是从"蕈"字谈起的。蕈就是香菇，李渔说它是"至鲜至美之物"。

"覃"的篆体字形，下部是"㫗"字（"厚"字的异体字）的篆体，上部还要加个"卤"字。《说文解字》解释说："覃，从㫗（厚），咸省声。"这表明"覃"本来就是"厚"，不过多出了盐卤的咸味。这样才表示说的是味道，而不是尺度的长短。

"覃"还有个加了西（酒）旁的同义字"醰"。段玉裁注《说文》：醰、覃音同意近，是"以覃会意"。酒有挥发性，酒气爱走鼻腔，美酒常用"醇厚"形容。可见"覃"更主要是指"倒味"。对"覃"字的"侦查"，还能引出意外的线索，得出更加意外奇妙的结论。既然"覃""厚（㫗）"两字相通，让我们转而"侦查""厚"字。《说文解字》给它的解释是跟"亯"相反。"㫗，厚也，从反亯。""㫗"的篆体

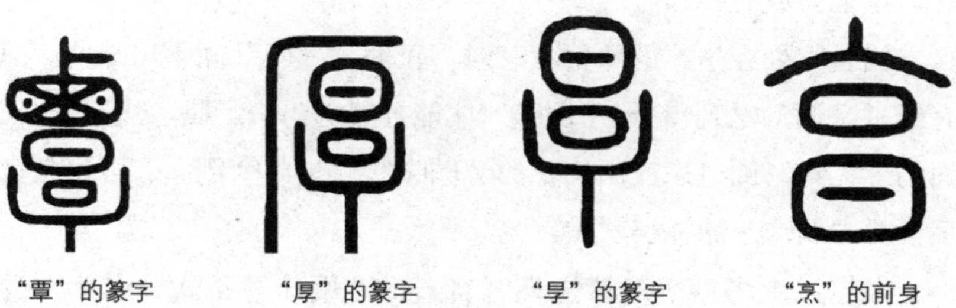

"覃"的篆字　"厚"的篆字　"㫗"的篆字　"亯"的前身

字形玩出了惊人的把戏：它一倒立，就成了“烹”字的前身！

说到这里，要先交代“烹”字的前身。原来“烹”字经历过曲折的演化，这要费点儿脑筋听笔者解释。先秦根本没有“烹”字，也查不到“享”“亨”二字。“烹”“享”“亨”本是“三位一体”的古字“亯”（xiǎng）。《说文解字》解释说：“亯”字头表示往上奉献，“曰”是“象熟物形”。段玉裁对“亯”字的注释是一篇长文，详细考证了“烹”“享”两个字在先秦经典里的用法。简单说，“亯”又跟“飨”相通，献给神要写“亯”，神的受用则写“飨”。亯有时读pēng，当烹饪讲；“亯象荐熟，因以为饪物之称，故又读‘普庚切’。”“飨”也写成“享”，“又读‘许庚切’。”（xiǎng）。结论是“亯”分化出读音不同的“享”“烹”两个字来。“荐神，作‘享’；饪物，作‘烹’。”

说“覃”字是“烹”字的倒立，根据就在“厚（𠪋）”字，它是“覃”“烹”的过渡环节。《说文解字》肯定“𠪋厚”的篆字是把“亯（烹）”字反转过来；对篆字“厚”的字形的解释是“从反亯”。既然“覃”“厚”两字相通，如果“覃”字也是反转的“厚”，那么“覃”也是倒立的“烹”字了。从“覃”到“厚”有一点儿曲折，就是“覃”的篆字上面的“卤”字。上面说过，“覃”还有加“酉”（酒）的变体字，从“味长”的字义来看，酒比盐卤的作用更大，可见加“酉”加“卤”都没有实际意义，可以忽略。“覃”“烹”同样是“厚”的反转，论证完成。

当食物处在生冷的原料状态时，正面“三嗅”闻不出味儿。只有经过烹调、吃到嘴里，“倒味”才能被感觉出来。是“烹”，让正面的“无味”倒过来变出绵长的“倒味”。“烹”字倒立，可说是文字上对“倒味”的神秘“谶言”。

根据以上考察，建议把笔者自造的“倒味”正式命名为“醇

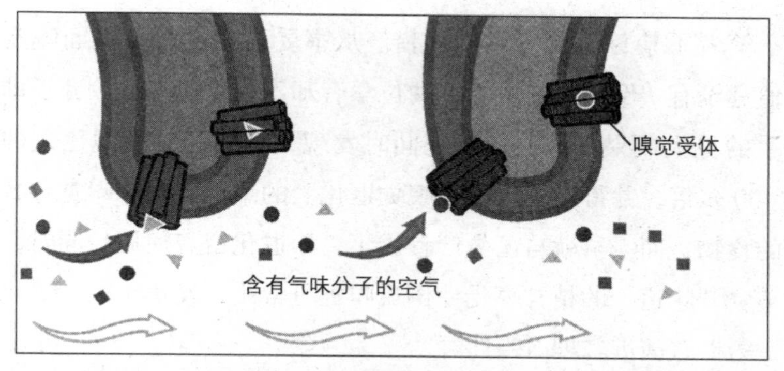

鼻腔里的“嗅觉受体”，朝着鼻孔方向能感受外来空气中的气味，反向朝着口腔的则能感受内侧倒流的气味（本图摘自诺贝尔奖官方网页对得奖者成就的简介）

味”。倒味与“香”的关系是大部分重合，因为美食的香气也包括正面嗅觉的成分。

诺奖与味道：“天人之际”的突破

2004年的诺贝尔生理学或医学奖发给了美国的两位学者——理查德·阿克塞尔（Richard Axel）及琳达·巴克（Linda B. Buck），成果是破译了“嗅觉密码”。当时笔者兴奋不已，因为预感到“味道”奥秘的破解到时候了。细看报道材料，突然眼前一亮，大为惊喜：有一幅示意图画着嗅觉器官的结构，上边所附的局部放大图显示，鼻腔里向下丛生着长柄的“嗅觉受体”，下端呈弯头状，有的向鼻孔方向弯曲，有的反向口腔的后门弯曲。向前弯曲的“受体”，当然是为了感受从外边吸进的气味；向后的“受体”，不是为了分辨从口腔倒流的气味吗？

笔者不禁替获奖者感到惋惜。从享受的角度看，正面嗅觉的价值远没有“倒流”的重要，两位学者却停止了思考，放弃了即将到手的更大成果。他们的研究同时发现，狗的嗅觉细胞比人的多出400多倍，并得出了“人类嗅觉退化”的结论。狗靠嗅觉寻找远方的食物，而人早就自己生产食物了，不退化留着何用！同时，人对美食“味道”的精神享受使倒流嗅觉更常用，发达于彼，退化于此，为器官演进之理所当然。

嗅觉是极其神秘的。鼻子是人类对其认识最差的器官，并且至今没有受到足够重视。有关鼻子的资料，笔者留意多年。“自”字的本义是鼻子，指着鼻子说自己。《说文解字》：“自，鼻也。”下边的“畀”是表音的。人类胚胎学家说，人的胚胎，最早形成的是鼻子。[1]人死时最后消失的是嗅觉，所以给死人烧香。古希腊智者早有类似观念。北京大学张世英教授有篇文章很有趣，其中引用赫拉克利特《著作残篇》说，“灵魂在地府里运用嗅觉”，“睡是死的兄弟”。他又说，睡觉时视觉、听觉都停止了却还呼吸，而呼吸同时有嗅觉，甚至“一切都变成了烟，还可以靠鼻子来分辨”。[2]

评论公认，两位神经生理学家获奖后，神经生理学成了科学前沿。嗅觉研究虽然有了突破，但仅限于正面功能，意义更重大的“倒流嗅觉”课题，以后可能最有获奖希望，理由是它空前地打通了“天人之际”这一人类认识上的最大空白。司马迁提出的“究天人之际，通古今之变”可说是学术的终极目标，但中国学术一直偏于后半句。“天”是变

---

[1] [德] 布莱赫施密特（Erich Blechschmidt）著，陈养正等译：《人的生命之始》（*The Beginnings of Human Life*），科学出版社，1987年。

[2] 张世英：《嗅觉灵敏的王国——读赫拉克利特残篇札记》，《北窗呓语——张世英随笔》，东方出版社，1998年。

化中的大自然，生物是自然演进的产物，而人是其中最高产物。生物跟自然的关系（“天人之际”）是维持生命的新陈代谢所必需的系统内外的物质交换——呼吸及吃食。人类的吃食之异于动物，在于其社会文化属性，本书的二十万言无非是对这一属性进行的比较与思考。而若要归结为一个字，非“馋”莫属。“食性”文化之差异，是人文社会科学领域的课题，也许相对容易认清；其个人差异，例如哥哥爱吃白菜厌恶萝卜，弟弟相反，更进一步，兄弟我幼时厌恶黄瓜，老来变为极“馋”此物，要揭示其中的道理，肯定需要生物化学家及实验心理学家协力。有人说呼吸及进食都是生命体与外界交换物质的“新陈代谢”，别忘了人不同于动物，是唯一的文化生物，人嗜好的美食是世代积累的文化成果。

对味道的嗜好因人而异。前已论证，味道是由味觉及倒流嗅觉合成的，四种味觉十分简单，味道的千差万别，主要是由无限多的可食动植物及变化多端的烹调方法造成的。为什么某甲爱吃鱼而某乙爱吃肉，为什么某甲爱吃清蒸鱼而某丙爱吃红烧鱼，为什么某丙小时候不爱吃红烧鱼而老来酷嗜此物，这些疑谜的答案涉及味道的客观构成，更涉及赏味者生理上的微妙变化，涉及主观与客观的严丝合缝的对接，特别是关系到自然科学跟人文科学的会通。

第五节 “口感”：味道的第三者

洋人纳闷儿：木耳、竹笋有啥吃头儿？

早在先秦，木耳就进了贵族的菜谱。宋人陈澔注释《礼记·内则》说：“芝，如今木耳之类。”此物不鲜也不香，毫无味道，华人为什么爱吃？洋人实在没法儿理解。像木耳一样没味儿却又“好吃”的，中餐里还有不少，像粉条、魔芋之类。另有一些，气味微不足道，却成了山珍海味的极品，比方西北沙漠里的发菜，因状似头发而得名。及东南远洋中的鱼翅。鲨鱼的背鳍，口感类似粉条。

木耳的吃头儿就在于它又滑又脆，现今的食客管这叫“口感”。汉语中本来没有“口感”一词，猜想是从现代纺织品商人的术语“手感”衍生出来的。“口感”的实质，现代智者林语堂曾经论及，他从“竹笋的品鉴”中试图分析那“神出鬼没、不可捉摸”的感觉（实为“倒味”）时，外加闪光的一句：“竹笋之所以深受人们青睐，是因为嫩竹能给我们牙齿以一种细微的抵抗。”他还用俨如物理学家的口气说：“我们吃东西是吃它的‘组织肌理’……”更可惊的是他竟把口感放在比“色香味”更重要的位置上。“……（吃）它给我们牙齿的松脆或富有弹性的感觉，以及它的色香味。”前边说过，“色香味”本是白居易形容荔枝的名句，用到菜肴上属于混乱。根据他的分析，“口感”的内涵是“进食时口腔内各部位对食物触觉的总和，包括热度”。“手感”叫人想到阿Q摸小尼姑脸蛋儿之“腻”，但鲁迅可没说过。

林语堂没有给这种感觉命名。台湾张起钧教授在《烹调原理》中管它叫“触”，“触觉”的简称。他说：“（食物）在咬的过程中，产生美妙的感受，……称之为‘触美’。”[1]色、香、形、触加起来跟“味”并列。见第二章“色香形触”，第三章“味”。这明显不够妥当：口腔里的触觉跟手的，岂能不分？况且还把“触”排除在“味”之外。美食家梁实秋的命名更明确，《雅舍谈吃·海参》说：“……妙处不在味道，而是在对我们触觉的满足。我们品尝美味有时兼顾到触觉。”

古人怎么表示口中的触觉？“滋味”这个词很值得琢磨。《吕氏春秋·适音》：“鼻之情欲芬香……口之情欲滋味。”《说文解字》把“味”解释为“滋味也”。分析两字的配合，可说“味”侧重主观感受，而“滋”侧重客观存在。人对触觉的感受更“实在”，适合用“滋”表示。“滋”本义为“增加”，《说文解字》：“滋，益也。”恰好表示给“味”又“增加”鲜香之外的一大要素。中餐烹饪肉料，常“增加”点儿黄瓜、笋片之类的植物辅料，京津一带叫“攙菜”。除了改进味道，更取其口感脆爽，《礼记》正是用“滋”来表示的。《礼记·檀弓上》：“食肉饮酒，必有草木之滋焉。”先秦古书里更有说“滋味”讲究“甘脆”，《吕氏春秋·遇合》：“若人之于滋味，无不说甘脆。”甚至烹饪文化研究的权威也用“滋”来表示口感。聂凤乔先生说：“滋，是食品质地的

[1] 张起钧：《烹调原理》，中国商业出版社，1985年，第95页。

感觉。”[1]

一位久居欧洲的华裔女博士写过一本中餐著作，其中说：“任何地方，不如中国烹饪如此强调菜的质地。”[2]她说的“质地”，就是林语堂所谓的“组织肌理”。她列举了中餐一些特有的原料，说它们“本身都没有多少味道”，其中举为代表的恰好是鱼翅，她说：“（鱼翅）只因脆、韧、滑，而成为无价之宝。”懂得欣赏口感的唯有华人，讲究口感又是中餐对美味的最高追求。

“胶牙饧”（糖瓜）的“游戏”：“好吃”在于“难吃”

小孩儿都爱吃年糕，更嗜好老年头过“小年”祭灶时的糖瓜儿。就是用高粱熬的“饴”糖，成语说当爷爷的要“含饴弄孙”，“饴”也叫“饧”，黏到张不开嘴。饴糖特有“吃头儿”，道理就在它的名字里，古代它叫“胶牙饧”。鲁迅在回忆儿时的文章里提到过，见《华盖集续编·送灶日漫笔》。从白居易的诗来看，唐朝时这玩意儿还是招待贵宾的美食呢。《岁日家宴，戏示弟侄等，兼呈张侍御二十八丈、殷判官二十三兄》：“岁盏后推蓝尾酒，春盘先劝胶牙饧。”

林语堂对吃年糕的感觉曾有过精彩的分析：“对牙齿的抵抗”比竹笋更妙，是双向的抵抗：牙齿咬合时它顶着，牙齿张开时它又拽着。

黏是口感的一种。综合各家所列，华人的口感多达几十种。

---

[1] 聂凤乔：《论味与饮食养生》，《首届中国饮食文化国际研讨会论文集》，1991年，第59页。
[2] 苏恩洁：《恩洁氏菜谱》，《中国烹饪》，1986年第3期。

陶文台在《中国烹饪概论》“口感美的追求”一节里，列举的中餐口感有两个层次，先分软、脆、嫩、滑、松、酥、糯（黏）、爽等十三四种，再细分，光是脆，就有硬脆、水脆、焦脆等，各不相同。书中说：油酥“触齿即成碎屑”；水脆“如萵苣多水，齿切爽利”；焦脆“略硬，入口有响声”。[1]陶先生还谈到“老”“硬”，那是嫩、软的对立面。“口感”还得掌握适当的“度”，过头了，就成了美感的“负面”。

各类口感，关系复杂，本质迷离，值得从力学、心理学上做专题研究。竹笋的口感追求“对牙齿的轻微抵抗”。老的硬的不好吃，因为“抵抗”太严重，咬不动了。既然软的吃着容易，何必又要焦脆？前边说过，有一位当代学者给出了高明的解释：高等动物感官天生具有“游戏活动”的要求。[2]在“谋生活动”之外。见《系统进化论美学观》一书。小猫逮个耗子先不吃，总要玩弄够了才吃，它需要游戏。游戏太简单了还不行，往往越复杂越过瘾。“胶牙饧”对牙齿两头逗弄，黏到叫人张不开嘴，跟年糕比，是更激烈的游戏，所以受到年轻人的酷爱，老人则没兴趣，再说，没牙佬当然“吃不消”这胶牙的玩意儿。

“游戏”的愉悦，原来是美食家“口味”上的一大需要。让我们比较一下美食要素“游戏功能”的大小。舌头的五味中只有酸的刺激能起到一点儿游戏作用。鼻子的“倒味”，也谈不到愉悦性的刺激。“口感”的游戏功能远远超过味觉和嗅觉。换句话说，华人对“口福”的狂热追求，主要表现在“口感”方面。

---

[1] 陶文台：《中国烹饪概论》，中国商业出版社，1988年，第197页。

[2] 汪济生：《系统进化论美学观》第二章第二节，北京大学出版社，1987年。

提琴曲悦耳：旋律、节奏，更有“音色”

笔者爱听音乐，不论西乐国乐，然而觉得二胡实在不如提琴。提琴的弓子何等平滑，胡琴弓子的马尾都拧着劲儿呢，技术差的一拉光剩噪音了，无怪乎被戏谑为“狗挠门”！二者差在哪里？音色。

《辞海》说音乐有旋律、节奏两大要素，显然跟美食有气味、滋味两大要素一样。前边用“阴阳”模式分析“味道”，认定“倒流嗅觉”为阳，而“味觉”为阴。分析音乐呢，自然是旋律为阳、节奏为阴。凭直感就知道，节奏比旋律更有“物质”的实在感；而根据阴阳理论，实者为阴。宋代邵雍《皇极经世书·观物外篇》：“阳体虚而阴体实也。”

有旋律又有节奏，从阴阳理论上讲，本质要素齐备了，然而你永远也听不到它。一段乐曲要想奏响，离不开具体的乐器，不同乐器的音色就掺和进来了。你说不用乐器而用喉咙歌唱？音乐术语叫“声乐”，跟演奏出来的“器乐”并列。人的发声器官本质上也是乐器，张三、李四的音色也不一样。用西洋乐器演奏同一段乐曲，可以是小提琴的华丽，也可以是吉他的清幽。小提琴又有名琴跟一般琴之分。从国乐来看：苏东坡《赤壁赋》描写吹洞箫，叫人感到莫名的惆怅，而要造成北方农村婚礼的欢快气氛，就要靠唢呐那浅薄的嘹亮。

用乐器的音色来比喻美食的“口感”，实在太恰当了。要说不同，就是菜肴原料的品种远远超过乐器的品种。菜肴的鲜香，离不开烹饪材料的“物质载体”，口感的花样无穷，正是高厨们大显身手的用武之地。同是“无味者使其入”（袁枚语），一席佳肴既要鱼翅，也要海参。袁枚《随园食单·海鲜单》：“海参，无味之物。……用肉汤滚泡三次，然后以鸡、肉两汁红煨极烂。”鱼翅的加工惊人的复杂，光说火候就得两天两夜。“鱼翅难烂，须煮两日，才能摧刚为柔。”若不是拼命追求俏皮的口感，何苦费那么大的事呢！

“口感”基因来自粒食

先民让粟米饭给涩怕了，于是“滑”就成了首要的“口感”标准。类似的标准还有十几项。华人对“口腔触觉”的追求是怎么来的？

游牧民族吃肉要费大力气。但对于中国人来说，米饭本来就细碎，并不需要把所有米粒都嚼烂，咀嚼更多的是让唾液跟米粒混成一团便于下咽。口舌用不着全力以赴，大有余裕来玩味食物；况且饥饿的先民会把进食当成享受，也不忙于下咽。

另一方面，舌头是人体最敏感的部位之一，异性接吻时，舌尖的互动就是触觉的享受。跟手指这专职的触觉器官一样，舌面上布满小突起。《简明不列颠百科全书·触觉》。舌头的触觉比手指尖还要灵敏多少倍，对一粒粒米有着清楚的感知。拿盲文来做比喻，最能说明道理。这种文字是由六点突起组成的，全靠手指尖触摸来阅读。盲人耳朵特别敏感，能补偿眼睛的部分功能。这表明人的感官经过长期练习会练出新的功用来。米粒对舌头的刺激，跟盲文的小突起对手指的刺激大致相当。笔者服用小米粒大小的“速效丹参滴丸”，用舌头计数，最多能数六粒，恰好跟盲文的点数一样。

在那饥饿年代，某机关有个老“右派”挨了批斗，因为偷吃办公室的糨糊，这真是闻所未闻。从前穷人光吃玉米面，过年才能吃到一顿白面馒头。白面既然好吃，给你一碗玉米面粥、一碗白面糨糊，你选哪碗？敢说没人受得了吃糨糊那近似窒息的感觉。糨糊的特性，是完全失去颗粒，加热使淀粉分子的化学键破裂，吸水膨胀，叫作“糊化”。对舌头触觉的刺激几乎为零。

人的口腔触觉通过长期练习，就成为习惯，甚至会上瘾。历史上的“麦饭”是例证。“麦饭”跟馒头同时出现在汉代。汉代史游《急就篇》：“饼饵、麦饭、甘豆羹。”《后汉书·冯异传》说，光武帝兵败落荒而逃，冯异弄来麦饭给他充饥，后来被封为大将军。麦饭的细情有几种说法，一说是整粒麦子直接上锅蒸。农业史专家曾雄生曾说：“小麦进入中国的粟作区和稻作区以后，中国人采用他们所习惯了的食用谷子、稻子的方法来食用小麦，即将整粒谷物蒸煮熟化。”[1]笔者认为最可能的是用石碾压成麦片再蒸，碾成的“麦片”扁而不破。两种吃法都是为了嚼起来能适应世代养成的“口感”习惯。宋代陆游还有歌颂麦饭的诗句。《戏咏村居》：“日长处处莺声美，岁乐家家麦饭香。”后世再也见不到了，显然是吃惯了馒头。北方汉人放弃粒食的口感，花了1000多年的时间才完全适应。

前边说过一个原理：高级动物的感官有“游戏活动”的需要。“游戏”忌讳老套，追求新奇；中餐讲究口感，缘由就在这里。美食家李渔认为凉粉是口感享受的“妙品”，《闲情偶寄·饮馔部·谷食第二》说：“齿牙遇此，殆亦所谓‘劳而不怨’（《论语·尧曰》）者哉！”凉粉的口感，是滑爽、脆嫩、“筋道”的结合。关于“口感”的追求，有个最精彩的掌故就是慈禧太后吃“臭萝卜”。李渔把遭遇旁人的萝卜臭嗝看成一场灾难。李渔《闲情偶寄·饮馔部·蔬食·萝卜》：“但恨其食后打

[1] 曾雄生：《论小麦在古代中国之扩张》，《中国饮食文化》研究学报（台湾），2005年第1期。

暖，暖必秽气，予尝受此厄于人。”宫中女官德龄用英文写成的《御香缥缈录》中，“御膳房”一节有生动的记述：太后忽然馋萝卜，御膳房的太监认为萝卜“竟是喂养牲畜用的，绝对不能用来亵辱太后”。“也亏那些厨夫真聪明，好容易竟把萝卜原有的那股气味，一齐都榨去了；再把它配在火腿汤或鸡鸭的浓汤里，那滋味便当然不会差了！”[1]这么看来，萝卜的“吃头”完全在于口感。

中餐烹饪材料千奇百怪，技法的争奇斗艳，给“口感”的游戏提供了无限广阔的空间。

---

[1]〔清〕德龄原著、秦瘦鸥译述：《御香缥缈录》，云南人民出版社，1980年。

第三部

中餐烹调与欣赏原理

第六讲

从“水火”关系分析中餐原理

- 蒸煮：水火从“不容”到“相济”
- 炒、炸：水火交战，美味创生

第一节　蒸煮：水火从“不容”到“相济”

烹饪“正史”排除烧烤

比较中西方吃的历史，能得出一大认识：对华人来说，水煮是烹饪之始，而没经过烹饪的算不得正式的饮食。深入本质，可以说中餐烹饪是“水先火后”或“以水制火”。这个原理要追溯到原始的炮法。没有密林，大兽及燃料都较缺乏，用火吊烤的致熟法是不可行的，所以人们极早就发明了特有的“炮”法，即用稀泥把鸟及龟兔等小兽包裹了放进火坑里烧熟。炮，读阳平，非武器之炮。《诗经·小雅·瓠叶》：“有兔斯首，炮之燔之。”《说文解字》段注：“《内则》注曰，炮者，以涂烧之为名也。《礼运》注曰，炮，裹烧之也。”厨房、厨师叫“庖厨”“庖人”也是从“炮”衍生的，可见“水先于火”的观念根深蒂固。

“鼎”卦的卦象是“木上有火”，说的只是用木柴烧火，水则隐含在“鼎”的卦名里没有露面。但《易经》的文字解释断言，用木头烧火就是“烹饪之象”。《周易·下经·鼎》：“象曰：以木巽火，烹饪也。”这等于说，对不用鼎光用火的致熟法，完全不予正视。这种看法其实深有道理：森林里的天火烧熟鸟兽，大自然里早就存在。

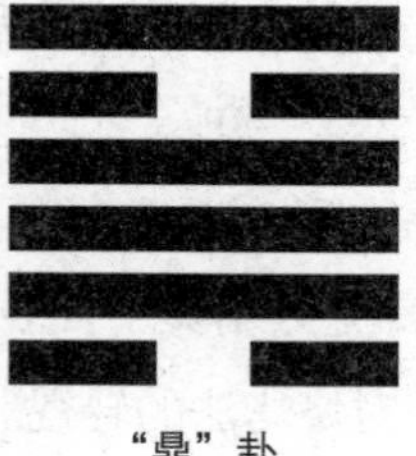

“鼎”卦

现代考据家王利器引古人之言，最先提示要特别重视“烹饪成新”之说。孔颖达《周易正义·鼎卦》注释说：“‘革’去故而‘鼎’取新，明其烹饪有成新之用。”他指出“烹饪”最早出现在鼎卦中，又强调：只有发明了鼎以后才有“烹饪”这回事儿。“烹饪始见于此。……必待鼎之发明，然后乃有烹饪之事。”[1] 这等于说，火烤兽肉的是原始饮食，够不上文明。笔者与之不约而同，曾经提出较大胆的论断：跟西方比较，中国烹饪从起点上就高一等——水煮之前漫长的用火时期，被“大方地”舍弃在烹饪史的“史前时代”。这个观点得到著名饮食史家王子辉先生的赞同，他在赴台湾讲学时曾经引用。他在结尾说：“我倒是倾向于高成鸢先生讲的‘中国烹饪史有较高的起点’之说。”[2]

烹饪的“成新”指的是人为的创新，是“文化”成果。三国时代的谯周在文化史专著《古史考》中概述饮食的进化时，有句话值得特别注意：只有发明了煮具之后，“火食之道”才算实现。《古史考》：“及神农时民食谷，释米加于烧石之上而食；及黄帝始有釜甑，火食之道成。”华夏先民经历过用石板烘带水之米的阶段，还是够不上有文化（道）的“火食”。

进入现代，散文家俞平伯先生还曾把以烤肉为主的西餐叫作“貊炙”。他说：“貊炙有两解，狭义的可释为‘北方外族的烤肉’，广义借指西餐。”[3]“炙”

---

[1] 转引自王子辉：《周易与饮食文化》，陕西人民出版社，2003年，第9页。

[2] 王子辉：《中国饮食文化研究》，陕西人民出版社，1997年，第9页。

[3] 俞平伯：《略谈杭州北京的饮食》，聿君编《学人谈吃》，中国商业出版社，1991年，第104页。

就是直接用火烧烤。"貊"是北方民族名，带兽类偏旁表示低于华夏人。"貊炙"一词出现在晋代胡人南下时期，那时汉族饮食受到不少影响。《晋书·五行志》："（晋武帝）泰始之后，中国相尚用胡床……貊炙。"后来用"羌煮貊炙"代表异民族的饮食。"羌煮"放在"貊炙"的前边，表明对烧烤法的轻视。

反自然的"水在火上"：烹饪的卦象

水火的关系是如此奇妙而深奥，对于中国人又是如此亲切，无怪乎"水火"被当成"认识模式"，当作中国哲学特有的"范畴"。孟子说，百姓天天跟"水火"打交道。《孟子·尽心上》："民非水火不生活，昏暮叩人之门户求水火，无弗与者，至足矣。"《周易》说"阴阳"的道理看似深奥，其实就体现在百姓过日子天天不离的"水火"之中。《周易·系辞上》说："一阴一阳之谓道……百姓日用而不知。"拿具体的事务当作"哲学范畴"是中国文化的特色，台湾哲学家韦政通先生在谈"水"的哲学意义时说过："中国哲学富有'概念之具象的表现'。"[1]高按，"具象"与"抽象"相对。跟"水火"类似的"具象"的范畴还有"方圆"。《周易·系辞上》曰："蓍之德，圆而神；卦之德，方以智。"唐君毅把中国文化称为"圆而神"，把西方文化称为"方以智"。[2]但中国的哲学研究者没有公认这类范畴，显得创造性不足。

叫人惊奇的是，人类对水火奇妙关系的认识，最早不是用文

[1] 韦政通：《中国哲学辞典》，台北大林出版社，1977年，第156页。

[2] 唐君毅：《中国文化与世界》，香港《民主评论》，1958年第1期。

字描述，而是用八卦的卦象画出来的。表示水火关系的“既济”卦（水☵上、火☲下）是六十四卦之一，卦象有六层，叫“六爻”，爻的符号为“两短”或“一长”，分别代表阴阳。上半部是八卦中的“坎”卦，象征水；下半部是“离”卦，象征火；叠加起来就是“既济”。“八卦”的由来是个久远的谜，据说是伏羲氏发明的，那时没有文字只有符号；后来周文王做了简单的说明。叫作“象辞”。“既济”卦的说明是“水在火上”。象曰：“水在火上，既济。”要理解这四个字的意思，先得看“火在水上”的“未济”卦。象曰：“火在水上，未济。”火的天性是往上蹿，水是往下沉。火在上边，就跟水背道而驰；要水火发生关系，就得交锋。“水在火上”是维持交锋的状态。“既济”的意思就是事成了。俗话管不成叫“不济事”。水火持续交锋是违反自然的，是人为的状态。这就是烹饪的本质。水能被放在火上煮，全靠人造的鼎鬲，所以烹饪是人类最早的伟大事业之一。

“既济”卦

六十四卦里还有个“革卦”，来自烤制皮革。卦象是“离”下“兑”上，兑表示水泽，鞣制兽皮要先在水里浸过再用火烤。“革”反映的是肉食生活的回忆，也是有水有火的创造，但简单得多，而且烤皮革时水火关系不能像煮粥那样持续。象曰：“革，水火相熄。”人们借着烹饪粒食的“鼎”才认识了“革”的意义，所以“鼎革”连用成了常用词语，表示革命性的变化。《周易·杂卦》：“革，去故也；鼎，取新也。”用于革命，例如明代的张居正改革时，王世贞上书就说“天地改革，万类维新”。[1]

---

[1]〔明〕王世贞：《上江陵张相公书》，《弇州山人四部稿》卷一二三。

甑：五千年前的蒸汽装置

陶甑看似简单，却意义重大。它是蒸锅，然而本质上也可以说是人类最早的“蒸汽利用装置”。而王仁湘先生说西方“连蒸的概念都没有”[1]。洋人根本不懂蒸法。汉语“蒸”是个“他动

陶甑。反转底部可清楚看见通蒸汽的气孔

[1] 王仁湘：《华夏盛宴——从考古看中国古代的饮食文化》，中央电视台《百家讲坛》，2003年2月21日。

词”，宾语是“饭”。“蒸”翻译成英文 steam，是名词“蒸汽”。steam 的十多项解释中，用他动词的排在最末。见 Webster's Third International English Dictionary（大部头的《韦氏第三版国际大词典》）。笔者把蒸锅跟西方的蒸汽机相提并论，肯定有人反对，但反对者准是国人，而洋人从名称上早就承认了：甑或蒸锅，翻译成英文就是 steamer。蒸汽机的俗称也叫 steamer，词根 steam 就是“蒸汽”，加个表示器具的词尾 -er，正是“蒸汽利用装置”。正式名称是 steam engine，译为“蒸汽引擎”。

蒸汽机是近代英国工业革命时才发明的，《简明不列颠百科全书》“蒸汽动力”条目说，1712 年英国人纽科门始创蒸汽机，1765 年瓦特把它改进成能推动轮轴的机器。中国的陶甑比英国人早了 6000 多年。你说蒸汽机有高气压？蒸锅里气压也高。市井小贩有做“汽糕”的，木头碹成的小蒸锅上面有个汽笛呜呜响，就是利用蒸汽压力。谁也不知能追溯到多早的年代，不就是洋轮船上的汽笛吗？

更有意思的是，用蒸汽推动的轮船，正式名称就叫 steamer，《英汉词典》中这个词的第一解释是轮船，第二是蒸汽机（俗称）。而早年中国话管轮船就叫“水火轮”。据“和记洋行”史料：1913 年开业，在南京建栈桥、码头、趸船和水火轮。这透露了国人对蒸汽机独特的认识角度。那时有人给新开张的轮船公司送对联，上联就是“水火轮水火相济”。《周易》跟轮船的关联，像神秘的谶言，扯到这些无稽之谈，等于给严肃学者的斥责提供了口实。本书每说到艰深之处偶尔添点怪味的作料，就当给读者提提神。

“蒸”，机理极其神奇，意义极其伟大。怎么说？要跟“煮”比。煮的实质只是“水火平衡”，使冤家对头持久合作，水还是水，火还是火；蒸的实质则是进一步实现了“水火交融”，容器里面的水吸收了外面的火，变幻成形态怪异的大团气体，以强烈的活力试图夺路而出、升腾而上，又有闭合装置不让它逃逸，因而吸收更多的火，形成内压和高温。被驯服的火力，成为比畜力强大千百倍的力量而为人所用。

第二节　炒、炸：水火交战，美味创生

煮→蒸→炒：水火调控的三次飞跃

用火弄熟吃的，各种方法都为了让它受到足够热量的作用。物理老师说，热的转移方式有传导、辐射、对流三种。洋人的烧烤是（接触）传导＋辐射，都是火的直接作用。而华人的烹饪，火的作用都是间接的。中国厨师像魔术大师，个个能把“水火交攻”的惊人把戏玩到“炉火纯青”的地步。这是8000年的修炼得来的功夫。漫长的过程经历了三次飞跃：煮、蒸、炒，共同本质都无非是水火关系的调控。

【第一次飞跃：煮】本质是水火的逼近平衡，原理是以水为热的载体。神农改吃小米，烤不得更“炮”不得，逼着人们发明了鼎、鬲。这种装置的原理就是用薄壁分隔，水在上火在下，只能和平相处，没法儿再打架。《文子·上德篇》：“水火相憎，鼎鬲在其间，五味以和。”水不断吸收火的热量，达到100 ℃时就进入持续的平衡状态：水不断变成蒸汽跑掉，直到汽化完毕或柴草烧尽而火灭，平衡状态结束。

中间那器壁也要传热。从三条腿的鼎改进成三个口袋的鬲，是为了让受热面积更大，后来又改进成“镬”（金属锅），传热更快。用热学名词概括，都为“提高热效率”，节省燃料、时间。

【第二次飞跃：蒸】本质是水火的交融，原理是以汽为热的载体。稀粥不如干饭解饱，但若靠长时间的煮来弄“干”，焦煳的问题没法儿解决，于是逼出了甑（蒸锅）的伟大发明。甑跟鬲比，多出箅子和锅盖两个部件。箅子托起米来，必先经过“淘”的工序，能让米跟水适度接触。不受水的过度浸泡；甑的功能，关键在于盖子，盖子把蒸汽封闭在容器里边，形成较高的气压，借助“压力大则温度高”的原理，让高温的水汽把米蒸熟。蒸汽的高温，是下边的火产生的热量的转化。后世的锅盖，改进成能适度透气的笼屉，使蒸汽穿过米层而上升，笼屉上面还可以压上大石头，以提高蒸汽的温度。如果盖子封闭严密，则成为现代的高压锅，若没有安全阀，还有爆炸的可能。假如再增加复杂装置，热能就会转化成机械能，那就成了一部蒸汽机。

【第三次飞跃：炒】本质是水火的受控冲突，原理是以油为热的载体，先把火的热量转化成高温的油，再把富含水分的烹饪原料直接投入热油里搅拌，迅速致熟。煮、蒸都是让水火互相隔离；炒，则是大胆地去掉隔层，让水火直接冲突。炒法的发明有两个前提：一是铁锅的发明，二是油的运用。油，特指植物油，在以植物性食物为主食的中国，植物油的运用到宋代才普及。所以，炒法出现得很晚。炒的形成与技巧，下节还要详谈。

【煮、蒸、炒的评述】一、蒸跟炒，都是中国人的独创。近代洋人有了蒸汽锅炉以后，也利用余汽来蒸熟食物；炒法，至今为中国人所独有。二、煮和蒸，开始都用于主食，稀粥和干饭。后来才用于烹饪菜肴。蒸饭锅中也有同时蒸菜的，可以节省燃料，后来改进成菜肴的清蒸法，例如淮扬菜的清蒸鱼，但远不如煮（熬、炖）、炒重要。三、煮（烹），从远古的烹羹开始也用来烹调菜肴。四、炒法不能用于主食，是中餐菜肴烹饪的主打技法。即使是炒饭，用来炒的也得是纯淡的米饭，不能用印度人米肉同煮的咸饭，所以炒饭本质上仍属于饭菜的合二为一。炒，集中体现了中国烹调的原理，在洋人眼里，是中餐、中国人以及中华文化的鲜明象征。

“炒”有点像“可控”核爆炸

炒菜活像两军交战，“水”军突入“火”军阵地，“火”军激烈抵抗，战火熊熊杀声震天，让旁观的洋食客心惊胆战，目眩神迷。这场精彩大戏要求导演有很高的“军事艺术”：必须保证两军势均力敌，大战 30 秒，“翻动十来下”所需的时间，速战速停，不分胜负。

中餐菜肴技法特多，假设只许选一样儿来保留，我猜大多数国人最舍不得放弃的就是炒了。炒菜又“下饭”又解馋，又鲜又香，鲜，是因为材料的水分和融于其中的味儿没有受到热的长时间破坏；香，是因为包含了油炸的因素。没有“炒”的日子怎么过！

洋人完全不懂得“炒”法，美食家梁实秋就是这么断言的。他在《雅舍谈吃·炝青蛤》一文中说：“西人烹调方法，……就是缺了我们中国的‘炒’。……英文中没有相当于‘炒’的字，目前一般翻译都作 stir fry（一面翻腾一面煎）。”[1] 他还风趣地说，美国有一种鲜美的大蛤蜊，叫古异德克（geoduck）。高级饭馆做出来却是“韧如皮鞋底”。他的好友高先生用

---

［1］ 梁实秋：《雅舍谈吃》，百花文艺出版社，1992 年，第 21 页。

炒法来做，过程是："切成薄片，越薄越好，旺火，沸油，爆炒，加进葱姜盐，翻动十来下，熟了。"

笔者一开始研究饮食文化就盯上了炒。"千虑一得"，提出炒的本质就是"水火直接冲突"。火在哪儿？隐身在勺里的热油中。油比水的"沸点"高出几倍。花生油、菜籽油的沸点是 335 ℃。烹饪大师的炒勺上时常出现烈焰冲天的景象，就是热到极点而现了火的原形。水在哪里？包含在被炒的嫩肉、鲜蔬里。猪肉、牛肉、鸡肉的含水量高于 77%；蔬菜含水量更是高得惊人，黄瓜含水量 96%～98%，俗名就叫"水菜"。若是干牛蹄筋，"水发"（长时间浸泡）后还得煨上半点钟才烂，能炒吗？

水珠滴进热油锅里，溅到手背上，烫出个大燎泡，从性质上看就是一场爆炸。如果水比油还多，热油立马变凉，就跟火被浇灭了一样。可见，水火的冲突只能是"速战速决"，不管火胜还是水胜。

让势不两立的水火直接接触？疯子才干那样的事。中国人可说都馋疯了，为追求菜肴的美味而挖空心思。炒法的要诀在于让水火打成平局，握手言和。大厨的任务，就是让双方保持势均力敌。容易败阵的是火，别看它气势汹汹，一堆生肉、凉菜往勺里一放，转眼间它就偃旗息鼓了。喊杀之声消失，就标志着战局的结束、炒菜的失败。所以必须想方设法加强火方，抑制水方。

加强火的一方，办法有几条：提高火的温度；中国发现了煤，宋代的汴梁已经烧煤做饭，元代《马可·波罗游记》描写为"黑色的石块，火焰比木炭更旺"。使用鼓风机是汉朝杜诗发明的。[1]改进炊具的传热效能；步骤：鼎→镬

[1]［美］罗伯特·K.G. 坦普尔著、陈养正等译：《中国：发明与发现的国度——中国科学技术史精华》，21 世纪出版社，1995 年。

（小型化，《说文解字》说镬是“小鼎也”。）→锅（锻铁薄壁，唐代普及使用，见颜师古注《急就章》：“鍪……即今之所谓锅。”）→铛（浅帮平底，《齐民要术》里普遍应用）→勺（带柄，便于两手配合翻动，《现代汉语词典》始见“炒勺”一词）。还有大量用油的办法提高锅里的总热量，以抵消肉、菜带来的急剧降温。

抑制水的一方，办法有：把原料切成细丝、薄片；不等水溢出，菜就炒熟了，所以中国烹饪对“刀口”有特殊的讲究，跟“火候”密切相关。用“挂浆”法把水分封闭在肉、菜里；“挂浆”是用调浓的粉芡包裹，浆里常加蛋清，遇热油会结成硬壳。用铲子快速翻动；极力避免肉、菜形成“团结的力量”。等等。

以上种种办法同时作用，使水火的交战成为可能。炒法的突出优点：不光口感脆嫩，而且维生素C等营养成分很少受到高热的破坏。这一点让注重保健的洋人非常欣赏。炒的发明，过程复杂。材料观点俱备，留待另写一部专著。

“炒”的神奇会让上帝惊叹。它让人联想到尖端科技的“可控核聚变”（controlled thermonuclear fusion reaction）。“核聚变”等于氢弹爆炸，“炒”是微型的可控核爆炸，它把可怕的能量爆发变为可控的缓释，把险情变成造福（口福）于人的手段。可控核聚变至今没有变成现实，而华人运用炒法却有1000多年的历史了。

吵→炒：水火关系的万年演进

死对头狭路相逢同时喊杀，让路人惊觉其吵声。“炒”字是从

“吵”来的，起先“吵”“炒”不分也没人考究。唐代出现了“吵”，宋代就有写成“炒”的。《敦煌变文·董永变文》：“暂时吵闹有何妨。”《梦粱录·茶肆》：“多有炒闹，非君子驻足之地也。”宋代字书最早收入“吵”字，解释就是声音。《广韵·巧韵》：“吵，声也。”《辞海》断言“炒同吵”，例句是元代戏曲里的“着他静悄悄，休要炒闹闹”。《辞海》引郑廷玉《忍字记》第一折。

打破砂锅问到底，“吵”字是怎么来的？原来就是从砂锅来的，陶鬲就是砂锅。“鬲”在篆文中是个部首，起先跟烹饪有关的字，大多下边带个“鬲”字。《汉语大字典》收的字多达55个。“鬲”部有个“鬻”（篆体下部为鬲，上部是两个“弓”字夹“刍”字）是“炒”的古体字，非常值得注意。《说文解字》注：“□，或作𤎅。”而“𤎅”古同“炒”。《说文解字》解释为“熬也”，但古本《说文解字》的解释完全不同，是用火把东西烘干，“火干物也。”段注：“与今本异。”汉代崔寔的《四民月令》中，“鬻”就写作“炒”，对象是大豆。最需要烘干的谷类正是大豆，因为需要长期储藏以防饥荒；又不能等熟透才收割。《齐民要术》卷二“大豆”引《氾胜之书》：“古之所以备凶年”；又说要早收割，否则“豆熟于场”就会脱粒。

炒黄豆时会爆出一片震耳的“吵”声，乡间老话儿形容能言善辩，就说“嘴像爆豆儿一样”。这就是“炒”“吵”通用的由来，也是炒法漫长演进历程的起步。在落后的农村，炒豆至今还是常见的很香的零食。炒豆是用火去除结晶水，这从一开始就决定了后世炒法的本质——“水火关系”。炒（烘）豆、炒菜，两种“炒”之间隔着六七千年。炒的目的，从陶器时代的去除水分变成明清时代的保存水分。“炒”菜普及的时间是宋代，这能从“烘”的字义变化推断出来。“烘”本来意为“放火”，后来代替了“炒”的本义，变成烘干。《说文解字》：“烘，燎也。”“燎，放火也。”到了宋代的《集韵》，变为“烘，火干物”。

炒菜跟烘豆同样最怕水多，因为那就意味着火的熄灭。台湾有本书谈中餐烹饪的“秘诀”，就强调“水为炒之大忌”。[1]后来炒豆的火被大水淹没，吵声沉寂了近万年；它再度响起时，就像虫蛹蜕变为美丽的蝴蝶，伴随着“香”气。从蛹到蝶，经历过无限多的细节，最后成为烹饪史的内容。炒菜的发明，是流质的羹逐渐减少水分的过程，动力是对“味”的追求，至于原理，袁枚说得很清楚：水越少味越浓。《随园食单·须知单》：“水多物少，则味亦薄矣。”

发明“炒”的诱因：肉的珍贵、油的缺席

从烹（煮）羹演进为炒菜，关键细节是动物“脂膏”的角色变化。前边说过，羹中的肉料跟蔬菜（调料）化合创生了美味，但是蔬菜越来越多，肉越来越少，美味就要依赖肉里溢出的脂膏，从烹羹到炒菜的演变也同时进行。等到羹变成“菜”时，脂膏自然就成了菜肴烹饪的前提。这个过程反映在“煎”的字义变化中。从水煮（至今还说“煎汤药”）变为用油加热，例如《齐民要术》卷九“饼法”说做鸡蛋饼要“膏油煎之”。为什么华人很晚才会用植物油来烹饪，答案在于脂膏在菜肴中的自然沿用，而背景是肉料匮乏。

友人邱庞同先生说炒“是中国乃至世界烹饪史上的大事”，他认定的最早一例是南北朝的炒鸡蛋。邱先生是菜肴史的权威，曾任扬州大学

---

[1] 杨万里：《中国菜烹饪秘诀》，台湾武陵出版社，1984年，第312页。

烹饪系主任。《齐民要术》卷六“炒鸡子法”：“打破，著铜铛中；搅令黄白相杂。细擘葱白，下盐米、浑豉，麻油炒之，甚香美。”[1]他抓住了用麻油的细节。用油的演进需要仔细考察，《齐民要术》中的“缹瓜瓠法”是难得的典型：其法是主料、调料同时放进铛中，肉在最底层。还没进步到先用油脂“炝锅”后加蔬菜。要特别注意下面这句：若是没肉就拿苏油代替。“先布菜于铜铛底，次肉；无肉，以苏油代之。”这就是说，发明用油之前，让肉炼出的膏油起作用，已成为自然的机理。

参照“缹瓜瓠法”的直接用麻油，强调“勿下水”，“直以香酱、葱白、麻油缹之，勿下水亦好。”最符合炒的原理。由此可以清楚地看出，炒法用油的发展步骤是：菜、肉同熬溢出脂膏的自然作用→让炼成备用的脂膏发挥特别作用→用植物油代替脂膏发挥特别作用。过程的第二步，提炼脂膏以备烹饪之用，书中有明确记载。《齐民要术》卷八“缹猪肉法”：“……其盆中脂，练白如珂雪，可以供余用者焉。”这有重大意义，表明当时已经认识到可以用高温来使脂油蓄积热量，作为“水火对峙”的前提条件。

炒的发明，是羹里的水分不断减少的结果，到没水时，油脂的温度就持续升高，跟烹饪的肉、菜起作用。只有没肉才会用植物油代替脂膏，可知油的作用对象首先是蔬菜。旅英学者苏恩洁博士在其烹饪专著中说：“尤其是炒青菜，在外国人的眼中可能会觉得不可思议。”她解释说：“非得用大火快炒不可，才能使青菜碧翠可爱，而又不失养分。”[2]

因此，笔者提出，炒蔬菜的出现是炒法成熟的标志。王子辉

---

[1] 转引自邱庞同：《中国菜肴史》，青岛出版社，2001年，第63页。

[2] 苏恩洁：《恩洁氏菜谱》，《中国烹饪》，1986年第3期。

先生在访台讲学中赞同此说。[1]炒蔬菜的首创者可能是苏东坡的诗友巢元修。东坡很欣赏他用野豌豆苗做的菜，曾写《元修菜》诗记之，于是诗题成了菜名，那蔬菜后来也叫“巢菜”。南宋林洪《山家清供·元修菜》在解释东坡诗句时说：“……巢菜，苗叶嫩时可采以为茹，择洗，用真麻油熟炒。”

近几十年来，见过多种论著把炒法的出现提前到商周青铜器时代，根据只是“炒”的要素之一，例如一件平底铛或铲，简单地做出判断，而不考虑那时华人对水火互动的把握还远未成熟。这类判断是缺乏“内在理路”（inner logic）思维方式的表现。

炒遍全球，无所不“炒”

近代以来，中餐日渐传遍世界。19世纪末，中餐馆就遍布美国城市，甚至让美国人“举国若狂”，孙中山先生在自己的著作中早有记述。他说：“近年华侨所到之地，则中国饮食之风盛传。……凡美国城市，几无一无中国菜馆者。”[2]他称中餐馆为“菜馆”，就是认同“炒菜”的代表性。

炒，洋人只要接触过，就会留下极深刻的印象，它已经成了华人的名片。华人来租房，各国的房主马上会想到炒菜的乌烟瘴气，怕弄脏房屋而婉言谢绝。一位女留学生在纪实文学著作中写道：“当地的一些人家是不愿意让中国人做饭的，因为中国人要炒菜，一炒就油烟四起，……会

[1] 前引王子辉：《中国饮食文化研究》，陕西人民出版社，1997年，第311页。

[2] 孙中山：《建国方略》，中州古籍出版社，1998年，第63页。

弄脏厨房的。”[1]

在漫长的发展过程中，“炒”跟国人日常生活的关系越来越密切，自然会借用到其他方面，成为含义广泛的一般词语，而且具有强大的“派生能力”。

例如香港、广州最先流行的俚语“炒鱿鱼”，取代了各地老年头流行的“卷铺盖（走人）”。旧时打工者的被褥都是自备的，离职时要卷起来带走。《官场现形记》第二十回：“把小当差的骂了一顿，定要叫他卷铺盖。”“炒鱿鱼”本来是粤菜中常见的菜品之名，也叫“炒鱿鱼卷”。因一侧被切出“花刀”的鱿鱼片一下炒锅就卷成筒状。最新版本的《现代汉语词典》已收进这个词，还作为新名词的代表。解释中说，近年在流行中又有了新发展，主动辞职也可说“炒老板的鱿鱼”。

“炒”，是在不断翻动中造成神奇效果。《现代汉语词典》：“炒：把食物放在锅里加热，并随时翻动使熟。”根据这个特点，又出现了一系列新词，构词法上属于“动宾结构”。例如“炒股（票）”“炒基金”“炒房”。“炒股”的“炒”，意思是有实力的股市操纵者通过买卖的“翻动”，让某些股票变“热”涨价，用炒菜作比，何等真切而生动！

炒菜时除了吵声，更有油酱飞腾、香雾远扬，于是人们又把“炒”借用于其他热闹场合和氛围，进一步派生出笼统的“炒作”。“炒作”跟获得新义的“包装”一样，用于现代生活的各个方面，例如“炒明星”。

在名为“汉语盘点2006”的一项网上评选中，国家语言监测机构与商务印书馆主办。调查最流行的新词，上百万网友推荐最多的关键字是“炒”。可见炒的泛化还在发展中。

---

[1] 余亭亭：《留学并不浪漫》，华艺出版社，2005年。

“炸”：冰激凌也敢炸

跟“炒”的露脸比，对于华人，“炸”有点丢脸，连用油都是很晚才从西域老师那儿学来的。然而徒弟的天才远远高过老师，油的运用很快就臻于炉火纯青，“炸”的技巧也“青出于蓝而胜于蓝”。

“炒”跟“炸”，名称都出现得意外地晚。这两个字在清朝《康熙字典》里还查不着，更别提《说文解字》了。“炒”字还有“𤎩”等前身，“炸”，则是近代才从市井里冒出来的。《汉语大字典》只能从百年前的通俗小说里举出例句：《儿女英雄传》的“炸面筋”。老学究见了这个大白字就有气，因为“炸”是爆炸，跟烹饪的“炸”毫无关系，读音都不一样。一读去声，一读阳平。

“炸”是怎么来的？古人起先写作“渫”，跟油炸的“炸”音调相同。就是在沸水里焯成半熟，至今还是凉拌蔬菜常用的方法。宋代字典《广韵》里才收“渫”字，文献里出现要比较早，《齐民要术·种胡荽》：“作胡荽菹法：汤中渫出之。”“渫”又写作“煠”，到清朝才开始借用在油“炸”上。清代翟灏《通俗编·杂字》：“今以食物纳油及汤中一沸而出曰煠。”

回民常吃一种油炸甜面饼，叫“油香”。据说，公元622年穆罕默德在麦地那吃过，元代传进中国。汉民最早学会的炸法也限于这类面食。“炸”先前叫“油煎”，到唐宋时才在北方普及，有人吃蛤蜊也用油炸，炸焦了还说没熟呢。北宋沈括《梦溪笔谈》卷二四：“如今之北方人，喜用麻油煎物。”有人弄来一篮子生蛤蜊，“令饔人烹之，久且不至，客讶之，使人检视，则曰：‘煎之已焦黑，而尚未烂。’坐客莫不大笑”。闹出这种笑话，说明对炸法还不熟悉。

华人探索烹饪法无所不至，油炸怎么成了空白？缘故在前边说过："肉菜同熬"使古人无缘认识植物油。"馋鬼"华人学会了油炸面食，很快就把炸法用到菜肴上。唐代宰相韦巨源家藏的宫廷食谱里有个菜叫"过门香"，做法是把多种肉料放到沸油里，炸出扑鼻的香气来。宋代陶穀《清异录·馔羞门》："过门香：薄治群物，入沸油烹。"

油炸尽管光用油没有水，本质上还是跟炒一样属于水火关系，不同的是水方弱不成军。汉人学会炸面食以后，"炸"法有了重大发展：头一步是消灭面食内部"分子结晶水"。驯服暴躁的火，使烹饪高手高度自信。下一步就大胆地走向反面：对水实行保护政策，留着为我所用，于是炸法开创了"外焦里嫩"的新境界。其法，被炸之物下油锅前要"挂浆"，用加了蛋清的稠面糊把肉料包裹起来，利用蛋白质遇热凝固的本性，炸出一层封闭的硬壳，里面形成一个小蒸锅，多水的原料大半是快速蒸熟的。

作家端木蕻良曾写道，北方人开玩笑常说"你可吃过爆炒冰核？"，意思是说根本不可能的事[1]。岂知高厨在卖弄绝技的冲动下，竟创造出"炸冰激凌"的梦幻菜肴。其法是"挖空心思"地拿块面包挖个槽儿，里面装进冰激凌，盖上槽盖，裹上蛋清稠面糊，放进高温油锅里，瞬间炸成。这属于绝技，当然说时易炸时难。冰激凌九成是水，既然炸得，纯冰块也可如法炮制。

炸法的演进过程，简单说就是：被炸食品的含水量从炸麻花的百分之零，到炸冰块的接近百分之百。这体现了"物极而反"的中华思维。

[1] 端木蕻良：《辽菜琐谈》，《中国烹饪》，1985年第5期。

第七讲

从“时空”关系分析中餐原理

- 用“时空转换”分析中餐的刀口、火候
- 用“时空转换”分析美食的宏观法则
- “时空大舞台”：美食运动的宏观方向

第一节　用“时空转换”分析中餐的刀口、火候

“时空”范畴与饮食万象

苏东坡的《老饕赋》替馋鬼们唱出了美食颂歌，其中有精彩的两句，说到猪脖颈上方那块嫩肉，还有秋霜之前的螃蟹螯。“尝项上之一脔，嚼霜前之两螯。”两样美食，分别要求空间上差不得几寸，时间上差不得几天。这显示了美食跟“时空”范畴的紧密关联。

说到吃跟空间，“画饼充饥”的故事说明食物是“物”，空间上要占有“三维”才行。平面的画饼缺少高（厚）的维度。说到吃跟时间，“黄粱一梦”说明米饭是不能即刻由生变熟的。

物体（物质）存在于空间里，事情（运动）在时间中，时空是分不开的。《辞海》条目：“空间和时间：运动着的物质的存在形式；空间、时间同运动着的物质是不可分割的。”如果我们面对的是简单现象，比方说西餐的现象，那确实用不着这么分析。然而，华人的吃实在太复杂了，个人经历中的一桌席，民族记忆中的饮食史，都充满着光怪陆离的景象、千回百转的变化。从时间、空间来分析，就是执简驭繁的高

效方法。

前边常用“阴阳”模式来分析现象，那么，“时空”跟“阴阳”有没有对应关系？有。时间属于阳，空间属于阴。“阴阳”理论认为空虚的属于阳，结实的属于阴。宋代邵雍《皇极经世书·观物外篇》：“阳体虚而阴体实也。”分析饮食现象，“阴阳”跟“时空”两套方法各有长处。用“阴阳”来分析面条跟饺子的关系，是肉馅儿跟面皮儿的里外颠倒；用“时空”来分析刀口跟火候的关系，刀口的本质就是空间，火候的本质是时间。

“水火”是中餐烹饪的基本范畴。“水火”跟“时空”又是什么关系？水比火更能占有空间，尽管因为流动而缺少固定的三维数据。而火焰的瞬息万变，时间属性更突出。

直观地看，空间似乎可以独立，跟时间没关系。这就是牛顿所谓的“绝对时间”。[1]古代西方人专注于空间认识，表现为几何学的发达，到了笛卡尔，“运动进入了数学”，恩格斯语。[2]才有包括时间要素的微积分。华人的思维，大学者牟宗三说是“象数不二”“代数与几何不分”[3]。英文的“宇宙”说的都是空间，《朗文英汉双解词典》：“universe：all space and the matter exists in it. 宇宙：全部空间及其中存在的事物。”中文却说的是时间与空间的综合，“宙”是时间，“宇”是空间，时间还摆在前头。《淮南子·齐俗训》：“往古来今谓之宙，四方上下谓之宇。”《辞源》：“时间与空间。”

洋人跟国人时空观念的不同，也体现到饮食观念上。笔者坚信

[1] 转引自王世范：《大学物理学习指导》第十九章“狭义相对论”，山东大学出版社，2007年。

[2] [德]恩格斯：《自然辩证法》，人民出版社，1971年，第236页。

[3] 转引自李曙华：《周易象数算法与象数逻辑——中国文化之根探源的新视角》，《杭州师范大学学报》，2009年第2期。

中餐跟中华文化有双向关联，至于华人独特“时空观”的形成是否曾受到烹调实践的影响，还有待更深入地探究。

中餐复杂的现象与变化，只有用时空关系模式才能认清。这一讲要做全新的尝试。

刀口、火候的互动关系

中餐厨师、食客常把“刀口”“火候”挂在嘴上。洋人进餐右手拿刀左手执叉，蔡元培先生说过，这叫人联想到“凶器”。[1]国人吃饭，一只手拿双竹木筷子就行。餐具不同，是因为食物的形体就不一样。中餐师傅下锅之前早就把肉料、蔬菜切成小块儿了。行话叫“预加工”。

中餐烹饪的刀工有无数花样，这固然跟繁多的烹饪技法密切相关，再深入一步来琢磨，更跟“火候”密切相关。不同的火候，配合着不同的刀口，反过来也一样。炖肉切成大方块儿就行，炒肉得切成薄片或细丝。炒法要求速战速决才能保持鲜嫩，块儿大了，火力一时透不进去。一般烹饪教材总是把刀口、火候分两节来讲，至于它俩什么关系，很少有人琢磨。

刀口属于空间形态，火候属于时间过程。中餐讲究刀口、火候，从“时空关系”的角度来看，就是用改变空间形状来适应时间的长短。哲学课堂上讲解时间、空间的密切相关，相信也没有比中

[1] 汪德耀：《回忆蔡元培先生对烹饪的评价》，聿君编《学人谈吃》，中国商业出版社，1991年，第361页。

国烹饪更形象的例证了。

研究刀口、火候的关系，先得弄清两个词语的由来。它俩作为形影不离的一对儿，推想应该是同时出世的。笔者用两整天时间翻检资料，结果有大出意料的发现。"火候"一词，从唐朝就有了，据《辞源》的例句，先流行于炼丹，白居易（772—846）《同微之赠别郭虚舟炼师五十韵》："心尘未净洁，火候遂参差。"后流行于烹饪。段成式（约803—863）《酉阳杂俎》卷七："物无不堪吃，惟在火候，善均五味。""刀口"一词，直到现代的《辞海》还没有收入。《辞海》有"刀法"，解释为"镌刻印章时用刀的技法"。翻检《现代汉语词典》更令人惊奇，"刀口"好容易出现了，解释却只是刀刃。看来尽管人们对刀口非常熟悉，却只限于在厨房里和酒席上才会谈论它。仔细翻检清朝两位美食家的书，袁枚的《随园食单》、李渔的《闲情偶寄·饮馔部》。刀口还是没有被谈及。"火候"，袁枚谈的倒不少，《随园食单·须知单》里还设立一节"火候须知"。

刀口的权威例句，晚到现代的梁实秋。《梁实秋谈吃》，此书收录谈吃之作较齐全，其中写道："刀口上手艺非凡，从夹板缝里抽出一把飞薄的刀，横着削切，把猪头肉切得其薄如纸，塞在那火烧里食之……"[1]还有一篇，是为台湾张起钧教授的《烹调原理》写的书评。《读〈烹调原理〉》："第二件是刀口，……一般家庭讲究刀法的不多。"[2]两篇文章里，刀口都没有跟火候并提。刀口跟火候正式并列较早的，就笔者所见，是在张起钧的专著中。《烹调原理》有"烹的实施"一章，"刀口""火候"为其第三节、第四节的标题。这堪称那本书的一大亮点。大陆"新时期"开始有正规的烹饪教育，教材一致突出了刀口、火候的并列。"刀工"成为标准的名称，见《中国烹饪百科全

---

[1] 梁实秋：《梁实秋谈吃》，北方文艺出版社，2006年，第59页。

[2] 梁实秋：《书评（七则）》之一，见《梁实秋读书札记》，中国广播电视出版社，1990年。

书》[1]。

经过认真考察，笔者发现，对于刀口、火候的对立统一关系，前人一直未曾认识。由于未能用"时空"范畴来分析，以致认识不到现象的本质：空间中"刀口"的度量，跟时间中"火候"的度量，是互为决定因素的。

肉食文化有割无切，"切"＝七刀

中餐"刀工"花样之多，洋人听了会吃一惊。据徐中舒主编的《汉语大字典》，汉字带"刀"旁的竟有400多个。专家说"刀工、刀法的名称不下200种"。[2]专家"略举数例"，就有切、包括直刀、跳刀、推切、拉切、滚刀切、转刀切……片、包括推刀片、拉刀片、斜刀片、坡刀片、反刀片……剞即花刀，有麦穗形、蓑衣形、菊花形……等名目。从成型来看，有茸、末、米、丁、粒、丝、条、块……刀工从很早就开始发达，例如剞，又叫"刉"，先秦神话里就有。《山海经·中山经》："刉一牝羊。"

种种刀法中，"切"是最基本的。洋人吃牛排得左手用叉子按住了，右手拿刀子割，笔者绝不会说"切"。您说切跟割不是一样吗？不，两者根本是不同的概念。可以说只有华人懂得"切"，相对洋人只懂得"割"。汉语里"割"指的是用刀从整体上分下一部分来，例如从躯体上割下脑袋。《三国演义》第二十一回："云长赶来，本要活捉，手起一刀，砍于马下，……割下首级提回。"英语中"割"跟"切"都通

[1]《中国烹饪百科全书》编辑委员会：《中国烹饪百科全书》，中国大百科全书出版社，1992年。

[2]熊四智：《中国烹饪学概论》，四川科学技术出版社，1988年，第96页。

用一个词cut。这个词可以对应汉语中的“切、割、剪、砍”。《英汉双解词典》里的英文的解释，除了to divide or separate something（分割东西）之外，同时又是“to make a narrow opening in（something）with a sharp edge or instrument，accidentally or on purpose”（意外地或有目的地用锐刃或工具在某种东西上弄出个窄口子）。词典里cut的例句还有“被玻璃割破了手指头”。华人要说“切了手指”，那准是在切菜中。

咬文嚼字的老先生会挑错儿：中国古代“切”也有说“割”的。您老对极了，例子我来举吧：孟夫子讲到伊尹借烹饪的道理游说商汤王，用的就是“割烹”。《孟子·万章上》：“人有言‘伊尹以割烹要汤’。”周代宫廷里还有专职的“割烹”官员呢：《周礼·天官·外饔》：“掌外祭祀之割亨。”这还在日本保存至今，我国台湾张起钧的书里说“常见日本饭馆门前写‘割烹’”[1]。古时候中国人也说“割”，那是因为进入“粒食”生活还不太久，游牧文化的词语习惯还没有完全变化。唐宋以后再也见不到“割”的例句了。

游牧民族吃烤肉，拿出腰里别着的小刀，割下一大块儿来，手握着骨头棒子，大啃大嚼。《史记·项羽本纪》描写壮士樊哙生吃猪腿，就是这么吃的。“切”，指的是按特定规格或模式连续地割。这么说是不容争论的，因为早已固定在文字构成上。《说文解字》说“切”跟另一个字“刌”是通用的，而段玉裁对“刌”的解释是：“断物必合法度，故从寸。”换成数字时代的语言就是有特定的“数据”。《说文解字》段注还举出史书里的例证：某人之母烹饪有严格的规矩，切葱都切成一寸长短。《后汉书·陆续传》：“续曰：‘母尝截肉，未尝不方；断葱以寸为度，是以知之。’”“切”的字形“七刀”

[1] 张起钧：《烹调原理》，中国商业出版社，1985年，第51页。

是怎么来的？一棵大葱够切七刀！相信厨师朋友听了会兴奋：他们教徒弟切菜总说“寸段”。为什么要一寸？因为那恰好合乎口的尺寸。把口张圆了，直径大约一寸。

往深里思忖，还有更惊人的发现：“刌”字跟表示暗自算计的“忖”字同源，表示心中自有分寸。段玉裁就曾联想至此，还引了《诗经》里的例句说明，“寸”“忖”曾经通用。“《诗·小雅·巧言》：‘他人有心，予忖度之。’”《论语·为政》也曾引用。心中算计可以用在千万件事儿上，却都跟切葱相关。可见华人切食物的“心理活动”是多么认真，跟洋人的随便“割”一刀，真有天壤之别。

肉片“薄如蝉翼”：“无限小”观念的由来

刀工最早用在什么食物上？都是动物的肉。《礼记·内则》：“肉腥，细者为脍，大者为轩。”刀工技术的进步是由粗大到细小的转变。孔夫子吃生鱼片，越薄越不嫌薄。《论语·乡党》：“脍不厌细。”为什么中国人做肉食要玩命地往细小处切？前边反复论证，肉料稀少珍贵，“精工细作”能增强调味的功效。

到了唐朝就出现了切生鱼片的专著《砍脍书》，可惜早已失传。明人李日华《紫桃轩杂缀》：“祝翁……家传有唐人《砍脍书》一编，文极奇古。……大都称其运刃之势与所砍细薄之妙也。”明朝书画家董其昌曾作打油诗夸张切的技巧：“薄薄批来如纸同，轻轻装来无二重。忽然窗下起微风，飘飘吹入九霄中。急忙使人追其踪，已过巫山十二峰。”[1] 这是模仿三国曹植

---

[1] 转引自熊四智：《食之乐》，重庆出版社，1989年，第141页。

的名篇《七启》的描写："蝉翼之割，剖纤析微；累如叠縠，离若散雪；轻随风飞，刃不转切。"

曹植用"知了"翅膀比喻肉片，薄到没法儿再薄了。但还有高人能形容出更极端的薄来。思想家庄子在一篇寓言里曾造出一个绝妙的词叫"无厚"，见于《庖丁解牛》的著名故事：对于"解牛"的生手，牛的肢体净是筋骨没处下刀，但老于此道的庖丁却"游刃有余"，他那刀刃就像失去了厚度，骨节缝儿倒显得很宽。《庄子·养生主》："彼节者有间，而刀刃者无厚；以无厚入有间，恢恢乎其于游刃必有余地矣。"刀刃当然不会没有厚度，"无厚"这个抽象概念表述的，正是高等数学里的"无限（穷）小"；反过来也就有了"无限（穷）大"。

"无限小"的观念，琢磨起来都很费脑筋，这类古怪想头不会凭空钻进脑袋里。洋人的事咱们不管，中国人的"无限小"，找不出比切肉更合理的由头。还是这位庄子，曾借着把一根木棍分成两半，其半再分两半，无限重复的思路，直接谈到"无限可分"的观念。《庄子·天下》："一尺之棰，日取其半，万世不竭。"

华人先进的"宇宙"观，也是庄子认识得最深刻。"宇宙"在《庄子》里出现了五次，《庚桑楚》《齐物论》《知北游》《让王》《列御寇》五篇。晋代的郭象在《庄子注》中概括成一句："宇者，有四方上下，而四方上下未有穷处；宙者，有古今之长，而古今之长无极。"[1]《庄子》中包含了"无限小""无限大"观念发展的完整过程：从刀刃"解牛"出发，通过把木棰"日取其半"，就引入了时间；无限重复下去，"空间的无限小"跟"时间的无限大"就融为一体了。

---

[1] 转引自张京华：《庄子的宇宙定义及其现代意义》，《中州学刊》，2000年第4期。

你仍然会想：说华人的宇宙观念是从切肉片来的，你就算勉强讲通了，可切肉片这个动作有那么重要吗？好，那就再补充些材料看重要与否。切薄肉片的动作，从上古就有个专门动词叫“聂”，《礼记·少仪》：“牛与羊、鱼之腥，聂而切之为脍。”洋人至今也该自叹弗如。你说老古董早被遗忘了？清代通俗小说《聊斋志异》里还用过这个词哩。《聊斋志异·姬生》：“乃以钱十千、酒一罇，两鸡皆聂切，陈几上。”

怎样“化为齑粉”？

切肉片的原理，是两次下刀之间只有很小的间距，一片片增加，相当于加法；切肉丝则是乘法，是一大飞跃；再次切成丁儿、末儿，更不用说了。从几何学的角度看，相当于把“面”变成了“线”，再把“线”变成了“点”。从面到点有三个层次。原始人类头脑简单，缺少想象力，不大可能预先想到切了片再切丝，除非受到偶发事例的启示。推想第一步的发明，要等到切菜丝来启发，因为菜叶本来就是片（面）状的，同样按很小的间距来下刀，结果就成了丝（线）。从丝再到粒，同样要等着偶然的启发。偶然加偶然，难上加难。

但笔者相信，对于先民，菜末儿的出现反倒比菜丝更早。这当然是违背几何学常理的，非有极特殊的缘由不可。这个缘由，就是中土特有的韭菜。百来种蔬菜里唯有韭菜，叶是窄窄的近似于线状。现今的宽叶韭菜，是拿农药催的。切一束韭菜，一刀下去，自然就会出来一堆细末儿。

韭菜曾让中国人的刀法超常飞跃，值得特别关注。恰好，它在中国饮食史上的地位也非常重要，可以跟粟（黍）米并列。日本权威学者说，韭菜是中国历史最悠久、分布最广的蔬菜，“重要程度，日本是无法相比的”。[1]我们的祖先祭祀始祖，规定要用韭菜。《礼记·王制》：“庶人春荐韭，……韭以卵。”聂凤乔先生认为做法是炒鸡蛋[2]。歌颂美食的唐诗名句拿韭菜跟黍米饭相配。杜甫《赠卫八处士》：“夜雨剪春韭，新炊间黄粱。”请注意，几乎所有的蔬菜都属于草部，唯独“韭”字特别，本身就是个部首，其中没几个字，却有独立地位。

读武侠小说，两将交战前要对骂，最狠的是“把你剁为肉酱”。肉酱，今天的厨师叫“肉茸”，刀工上比切肉粒更高一级。文言点儿的演义里，“剁成肉酱”常说“化为齑粉”。世界上根本就没有“齑粉”这种东西。《辞源》解释是“细粉，碎屑，喻为粉身碎骨”。最早是梁武帝在讨伐敌人的檄文里编造了这个词。《梁书·武帝纪》：“一朝齑粉，孩稚无遗。”为什么不说“剁”为齑粉？颗粒最细的酱也不是“剁”烂的，而是像吃涮羊肉蘸的韭花酱一样，是用石臼捣烂的。“粉”字属于“米”字旁，也是用石臼捣细的。

包饺子做肉馅，得先切成肉块再剁。《水浒传》里鲁提辖拳打恶霸镇关西，到他的肉铺里找碴儿打架，要他亲自切“臊子”30斤。“臊子”，一般辞书说是肉馅或肉末儿，不对，实际上是颗粒较大而规则（立方体）的细切肉丁儿。推想，“臊子”比“齑粉”出现得更晚，是齑粉的放大。

周天子的宫廷食谱里占重要地位的“齑”原写作“齐”。《周

[1]［日］田中静一：《中国食物事典》，中国商业出版社，1993年，第72页。

[2] 聂凤乔：《蔬食斋随笔》，中国商业出版社，1983年，第147页。

礼·天官·醢人》："五齐、七醢、七菹。"古注："齐，当为齑，凡醢酱所和，细切为齑。""齐"是刀切才有的效果，"齑粉"即腌韭菜末儿，它的成型只需要一道工序，这会启发我们的祖先越过两个层次，直接发明"切细末儿"的刀工。

馅儿的由来：比萨饼发明权的国际官司

笔者有幸结识美国中餐业界领袖汤富翔先生，听他讲过不少"海外奇谈"。他说美国中餐馆的总营业额赶不上比萨饼的零头；接着讲到比萨饼发明权的一场官司。后来他寄来了一份剪报。《世界日报》，日期不详。大致情况是：某华人学者声称比萨饼的前身是中国的包子或饺子，被马可·波罗传到意大利，洋人捉摸不透馅儿是怎么弄进去的，只好敷在面托上；又不会蒸煮，只会烤，就成了比萨饼。还有更甚者，说 pizza（比萨）的名字也是从汉语"饼子"（按，意大利语发音读作 pinza）来的。跟说阿拉斯加是上海话"阿拉自家"一样是胡说。不料这惹恼了意大利的经营者们，就把华人告上法庭，并提出了更早的史料，说马可·波罗之前 400 年，那不勒斯（Naples）面包师就发明了比萨饼。[1] 结果华人败诉。

汤先生感慨地说，华人输在不团结上，不能合力支持研究。笔者当时就说这个题目还有研究余地。结合面条的历史来看，日本学者认为"面条不该是原产于意大利"。他说意大利的"吃面文化"在欧洲是个"孤岛"；根据 11 世纪波斯学者伊本·西那的著作，意大利面条就是中亚乌兹别克人吃的

[1] Rosario Buonassisi, *Pizza: From Its Italian Origins to the Modern Table*, Firefly Books, 2000.

"利休塔（细绳子）"，是公元715年波斯—唐朝战争中由中国俘虏传去的。[1]然而笔者认为，更有力的理由在于饼馅儿的由来。

"馅"是包在皮儿里边的。皮有米粉、面粉，包在米粉里的是豆沙一类甜馅儿；更重要的是用肉和蔬菜做的咸馅儿。饺子的美"味"来自肉菜调和，典型的饺子馅儿是猪肉加韭菜。从形体上来看，"馅"的特点是细碎。假若没有肉食的缺乏，我们的祖先就不会早早发明切片的刀工；没有韭菜切出的"齑粉"，也就没有"丁儿"及"馅"的出现。

"馅"等于菜肴，按理说它在观念上的成熟该在菜肴之后。考察烹饪史，馅儿的形成经历了漫长的过程。"馅"字出现得相当晚，始见于明代《字汇》，但后来的《正字通》才给出了准确的解释。《字汇》（1615年成书）解释为"饼中肉馅也"，但用"馅"解释"馅"不能算定义；到1675年的《正字通》才准确地说"凡米面食物坎其中，实以杂味，曰馅"。两部书相隔的半个世纪，大约是"馅"这一概念的形成时间。

唐朝就有关于饺子的记载，段成式《酉阳杂俎》卷七"酒食"："笼上牢丸，汤中牢丸。"那时能没有"馅"吗？把查找范围从字书扩大到一般记载，"馅"的出现会提早到唐朝。一首打油诗就把大活人叫作坟墓的"馅"，就像俚语中的"棺材瓤子"。据宋人《诗话总龟》卷四一，唐代诗僧王梵志有诗曰："城外土馒头，馅草在城里。一人吃一个，莫嫌没滋味。"打油诗爱用民间俚语，大多数美食都是先在民间流行，后来才被贵族提炼而获得正式命名并造出新字来。"馅"当是这样。

"馅"是从"臽"来的，"臽"又是"陷"的前身。《说文解字》："臽，小阱也，从人在臼上。"唐朝管饺子叫"牢丸"，肉丸子包在面皮里，

[1] [日]辻原康夫：《阅读世界美食史趣谈》，台湾世潮出版有限公司，2003年，第15页。

不正像陷阱里供做肉馅儿的野猪吗？名称反映概念，概念必须精确。光有肉馅儿不足以抽象出“馅”的概念，还有糕点里的豆沙馅儿。考查古书，豆沙的古字是出现在宋朝的“豏”。宋代字书《集韵》：“豏，饼中豆。”“豏”的实物记载也出现在宋朝笔记中。《东京梦华录》卷八：“花花油饼、馂豏、沙豏之类。”宋朝还有个“馦”字，是“馅”的异体，据解释就是肉馅儿。《正字通》：“馅，或作‘馦’。”《集韵·陷韵》：“‘馦’，饼中肉。”

后来三种异体字统一为“馅”。“豏”的“豆”旁换成“食”旁，表明“馅”概念的成熟。总括“馅”的史料可以看出，从唐到明，随着饺子普及成为日常吃食，馅儿也获得了规范的名称。

马可·波罗从中国带回了较为先进的烹饪技艺，这种说法早已被人熟知。炒菜不符合洋人的吃法，面条、饺子则是容易被接受的美食。洋人做“大菜”，蔬菜常用整棵的，不容易想到要经过三道手来切成丁儿。

关于比萨饼的官司，华人翻案非常不容易，只能借助常理推断来否定西方人发明的可能性。用法学语言就是“运用公理以排除僵硬法律的适用”。如果连“馅”都不可能琢磨出来，比萨饼的发明权就谈不上了。这样申述，翻案不成，至少让华人摆脱“无理取闹”的尴尬。

读者可能会提出质疑：说西方人不会做细切的馅儿，那香肠呢？问得好。香肠近代才传到中国，古书里毫无踪迹，最早出现是在公元前 9 世纪希腊荷马的史诗中。“维基百科”的 Sausage（香肠）条目说，它是屠宰场合乎逻辑的副产（logical outcome），香肠是用动物的组织、内脏及血灌进肠子而成的。至于怎么将材料粉碎成糊状，书中没有提及，当然是利用磨面粉的石磨（西方远早于中国）。香肠的发明像华人的蒸饭一样神奇，这再次证实西谚——“需要是发明之母”。

炼丹和烹茶："火候"向时间的两极进军

中餐烹饪中，跟"刀口"并列而相关的技艺是"火候"，英文没法儿翻译。《汉英词典》里对应的有 heating（加热）等单词或词组，都不恰当。猎牧文化吃烤肉，不大在意用火时间长短，连"熟"的概念都没有。粒食文化用水煮，时间短了米不熟，太长了会烧焦。牛排不熟可以"回火"，米饭烧成"夹生饭"就没法儿补救了。洋人有的偏爱带血筋的烤牛排，可华人没人受得了夹生饭。

"火候"的"候"也当"等候"讲，意思是一边等一边观察。《说文解字》："候，伺望也。"火候的本质在于时间。时间像根直线，火候有相反的两个极端。从华人烹饪史来看，火候先是向长的方向发展。讲个历史故事：古代楚国宫廷政变，太子要处死楚成王。成王要求吃一顿熊掌再死，企图拖延时间等救兵。《史记·楚世家》："商臣以宫卫兵围成王，成王请食熊蹯而死。"杜预注："熊掌难熟，冀久将有外救之也。"熊掌很难煮烂，厨师朋友说用现代技术煮，少了三四个钟点不行，炖上几天也是它。晋国就有君主嫌熊掌煮得不够烂，把厨师杀了。《左传·宣公二年》："宰夫胹熊蹯不熟，杀之。"这类故事，保管洋人闻所未闻。还有更惊人的，据唐朝古书记载，有位美食家宣称："只要火候足了，世上就没有不能吃的东西。"段成式《酉阳杂俎》卷七"酒食"：贞元间一将军说："物无不堪吃，唯在火候，善均五味。"

长时间地煮，可以追溯到上古。周朝宫廷"八珍"之一的炖全猪要三天三夜不断火。《礼记·内则》："炮豚：三日三夜毋绝火。"长久的"火候"能导致美味的原理，是强化水的渗透力，使顽固的肉料也能跟调料充分融合。宋代苏东坡发明慢火炖肉，还编个《猪肉颂》的顺口溜来推广，说“待他自熟莫催他，火候足时他自美”。

笔者认为先民发明炼丹术跟烹饪直接相关，术语“火候”的出现，在烹饪中比在炼丹中要早几十年。烹饪的例句见上述贞元年间（785—805）的名言，炼丹的例句最早见于白居易（772—846）诗《同微之赠别郭虚舟炼师五十韵》：“心尘未净洁，火候遂参差。”加热往往会造成物质成分的变化。什么都拿来加热看能不能吃，这种实践跟道家的长生愿望一结合，就是炼丹的萌芽。科学史权威李约瑟曾断言中国炼丹术是现代化学的前身。[1]晋代炼丹家葛洪提到的“九转金丹”，烧炼时间要持续十来个日夜。《抱朴子·金丹》：“其一转至九转，迟速各有日数多少。”

烹饪技巧发展的相反方向是时间极端短暂。这方面的动机多是追求“口感”的适度。《吕氏春秋·本味篇》说商代的高厨就讲究“熟而不烂”。南北朝厨艺大提高，有时要求用火短。例如热水煠（zhá）牛百叶，不等开锅赶紧打住，才能脆而不韧。《齐民要术》卷八“羹臛法”：“用牛羊百叶……不令大沸，大熟则肕。”清代烹饪达到高峰，袁枚总结出一篇火候专论，也大谈口感。《随园食单·须知单》：“有须武火者，煎炒是也；火弱则物疲矣。有须文火者，煨煮是也；火猛则物枯矣。”

火候又有文火、武火的讲究，《辞源》中“文火”的例句出自唐代。僧皎然（730—799）诗《对陆迅饮天目茶园寄元居士》：“文火香偏胜，寒泉味转嘉。”“武火”俗话急火、旺火，梁实秋说：“北平有句俗话‘毛厨子怕旺火’。”武火不是加热时间短，而是在短时间内让烹饪原料获得大热量，很多动作要抢在瞬间之内完成。梁实秋描写炒“小嫩鸡”的

[1]［英］李约瑟著：《中国的科学与文明》（即《中国科学技术史》，*Science and Civilisation in China*）第五卷之分册《炼丹术的发现和发明》，科学出版社，1976年。

文章精彩，照抄以飨读者："……油锅里爆炒，这时候要眼明手快，有时候用手翻搅都来不及，只能掂起'把儿勺'，把锅里的东西连鸡汁飞抛起来，……真是神乎其技。"[1]两种火候各有优长，要配合运用。《随园食单·须知单》："有先用武火而后用文火者，收汤之物是也；性急则皮焦而里不熟矣。"长时间加热很容易，要时间极短则极困难，难在时间长线上理想之点怎么确定。梁实秋谈鱼翅，就强调火候的适中。《雅舍谈吃·鱼翅》："火候不足则不烂，火候足可又怕缩成一团。"

时间极端精确的典型是烹茶。唐代烹茶技艺达到高峰，茶圣陆羽提出了"鱼目"的视觉标志，通过密切观察来把握水温，当出现鱼眼大小的气泡连成一串时，立即停止加热，稍迟就饮不得了。陆羽《茶经·五之煮》："……其沸如鱼目微有声为一沸。缘边如涌泉连珠为二沸。腾波鼓浪为三沸，已上水老，不可食也。"到了宋朝，时间控制进一步向微观发展，又从"鱼眼"精密到"蟹眼"。苏东坡更说最理想的是蟹眼、鱼眼之间。为了减小把握时机的难度，又加上了谛听松风将起的声音。《试院煎茶》："蟹眼已过鱼眼生，飕飕欲作松风鸣。"

提醒注意：炼丹跟烹茶都是中华文化所特有的。要说它们都是中餐烹饪的副产品，并非无理由。

主妇为何不如厨师？与"火候"的时空相关

学生食堂里的"大锅饭"，请烹饪大师来做也好吃不了。大师不能叫"做饭"，得说"掌勺"。梁实秋说炒小嫩鸡来不及翻搅，得把整勺东

[1] 梁实秋：《梁实秋谈吃》，北方文艺出版社，2006年。

西“飞抛起来”。可食堂炊事员是拿铲土的大铁锨来翻搅的，那还算“炒”吗？

上文说“火候”的本质在于时间。但“时间”一会儿也不能脱离空间，没法儿孤立地考察。同理，谈论“火候”永远得结合着加热对象的具体状况，那就脱不开它的空间形态。

“火候”有温度高低、时间长短两大要素，一般说来，火力小而时间长，跟火力大而时间短可以大致一样。比方说著名的闽菜“佛跳墙”，传说最早是庙里的和尚用蜡烛的小火苗炖出来的。梁实秋《雅舍谈吃·佛跳墙》说：“也有老和尚忍耐不住想吃荤腥，暗中买了猪肉运入僧房，乘大众入睡之后，……取佛堂燃剩之蜡烛头……于釜下烧之。”然而在烹饪的操作中问题要复杂得多。实际上火候跟空间也大有关系。下边就借两个实例，来分析其中的道理。

苏东坡介绍慢火炖肉，在“火候足时他自美”前面，还要求把火焰覆盖起来，好减小火力。《猪肉颂》：“净洗铛，少著水。柴头罨烟焰不起。……”[1]还有加大火力的实例：有个著名的掌故说，要想把难烂的老乌龟煮熟，诀窍是拿火力最强的桑木当燃料。白居易的诗里用过这个典故。《杂感》(《全唐诗》卷四二五)：“老龟烹不烂，延祸及枯桑。”分析起来，其实这两个实例都涉及了空间要素：把火焰掩盖起来不让它升腾，火的形态属于空间；桑木燃料质地致密，那是“单位体积中的质量”较大，燃料的体积也属于空间。

“火候”跟空间相关，最最重要的是锅中之油的总热量。分析起道理来太费脑筋，也借着实例来讲吧。部队的长官都要吃“小灶”，小灶味美，苏东坡早就发现了。《雨后行菜圃》：“谁能视火候，小灶

---

[1]〔宋〕苏轼：《苏轼文集》卷二〇，中华书局，1986年。

当自养。”道理呢，他没说。袁枚的话倒沾点边儿。爆炒嫩鸡之类，他说必须用武火，否则就失去嫩脆的口感。袁枚原话：“火弱则物疲矣。”前边谈“炒”的一节分析过：炒的铁律是“火”始终要压倒“水”。“火”蕴积在热油中，不仅在于油的高温，更在于油的体积。油的温度乘以体积，就是热量。热量够不够炒的要求，是跟被炒的肉、菜的体积相对而言的。若是油只有一勺底，要炒的菜却有大半勺那么多，就算把油烧到冒烟，“水”也必然会把“火”浇灭。

袁枚特别强调烹调佳肴要用小灶。他说若嫌量小不够吃，宁可再炒一锅。《随园食单·须知单·多寡须知》：“煎炒之物多，则火力不透，肉亦不松，故用肉不得过半斤，用鸡、鱼不得过六两。（按，中国旧时的秤一斤十六两，半斤为八两，六两量更小。）或问：食之不足，如何？曰：俟食毕后另炒可也。”他在同书《羽族单》里又说，“炒鸡片：须用极旺之火炒，一盘不过四两，火气才透”。至于道理，他只讲了半句。他提到“火力”是对的，说“不透”就太不准确了。

家庭主妇里不乏烹饪高手，厨师的新招儿往往是跟她们学来的。然而有的菜肴，主妇们怎么做也没有厨师做得好吃。太太们常不服气，她们也不想想，馆子里吃的烧肉都红透了，人家用一锅热油炸一条鱼，你比得了吗？现在说点儿理论就好懂了：虽说“火候”的本质在于时间，但同时还跟容器里被加热之物的形态相关，那就是空间要素了。

第二节 用“时空转换”分析美食的宏观法则

“错而不乱”则美

提起吃宴席，常说“山珍海错”。你说是“山珍海味”用“错”了？你才错了呢。成语词典中只有“山珍海错”，出处是唐诗。韦应物《长安道》诗：“山珍海错弃藩篱，烹犊炮羔如折葵。”现代例句是闻一多的文章：“调补剂不一定像山珍海错那样适味可口。”（笔者查到出自《邓以蛰〈诗与历史〉题记》）[1]“海错”是形容海鲜的品类繁多。海味从明朝开始大为讲究，有个在福建当官的学者写过一本专著，题目就叫《闽中海错疏》。民国年间有单行本出版，其中介绍的海鲜，光“鳞部”（鱼类）就有167种。

山珍海错，“错”跟“珍”一样宝贵而美好。“错”字意为文饰、美化，《史记·赵世家》中“文身”跟“错臂”并提。另一意思是“错杂”，即错落有致不单调，这属于美学原理。鲁迅讲得好：“凡所谓

[1] 闻一多：《邓以蛰〈诗与历史〉题记》，《邓以蛰全集·附录》，安徽教育出版社，1998年。

文，必相错综，错而不乱，亦近丽尔之象。”[1]这句前边还引《周易·系辞下》：“物相杂，故曰文。”《说文解字》：“文，错画也。”《鲁迅全集》注释引《骈雅·释诂下》：“丽尔，华缛也。”

“错落有致”之美可以表现在空间、时间两个方面，运用到美食上也是如此。

从单纯的空间方面来分析：中餐的错杂之美，表现在一桌菜肴的“画面”上，就是追求丰盛。先秦时代，富贵之家进餐就讲究“食前方丈”，一丈见方的案面得摆满菜肴。《孟子·尽心下》。南宋奸臣张俊设家宴巴结高宗皇帝，保存下来的菜单《高宗幸张府节次略》篇幅长达1000多字，菜肴光“下酒”一项就有30碟。吴自牧《梦粱录》卷九。古代文化重心在北方，不懂得欣赏海鲜。有个老词儿叫“水陆”，字面看不出来指的是吃食。《辞源》的解释是“指水陆所产的食物”。古人描写盛宴，常说“水陆齐备”“水陆毕陈”。明代高濂《饮馔服食笺·序古诸论》：“水陆毕备，异品珍馐。”明代洪楩《清平山堂话本·西湖三塔记》：“……安排酒来，少顷，水陆毕陈。”“水陆”概括了一切美味的动植物。明代，东南种种海鲜登上宴席，“山珍海味”一词流行，“水陆”随之消失。一桌的“错杂”，还有反面的要求，就是避免雷同。炒肉丝配的是黄瓜，炒虾仁就得改配芹菜。

时间上，最重要的是中餐本质的饭菜交替入口，交替频繁而间隔短暂。满桌的菜肴，也不能同时摆满，上菜要分几“道”，讲究时间节律。一周的菜谱变换，是时间尺度的放大，不管家庭或集体食堂，安排上都要追求变化、避免雷同。华人受不了西餐，原因之一

[1] 鲁迅：《汉文学史纲要》第一篇“自文字至文章”，《鲁迅全集》第九卷，人民文学出版社，1980年。

是天天老一套。南方“主食”光有米，就在“副食”上变化。北方穷乡百姓也不甘于顿顿窝头咸菜，于是盼着一顿面条、饺子。穷苦人吃不起白面肉馅儿，也要代之以玉米面野菜馅儿的蒸“菜团子”。

时空两方面，菜肴花色的错杂，都追求差异的最大化。就像汉语独有的“对仗”文体，上下联的“意象”差异越远越好，“山珍”“海味”实际上就是理想的对仗标本，用在宴席设计上也一样。假定只点四种菜肴，最好的搭配应该是天上的珍禽、林中的奇兽、深山的老菌、远海的鲜贝。

黄瓜味儿怎么变得差远了？

黄瓜有凛冽的清香。但常听老人抱怨：改良品种把黄瓜味儿弄没了；又听一位农业专家说没那事儿。吃透了饮食之“道”才悟出：黄瓜“变味儿”，主要原因其实是人们违背了孔夫子“不时不食”的原则。

古书的注释说，“不时不食”指的是一日三餐得有一定的时间。孔颖达《论语注疏·乡党》：“不时不食者，谓非朝、夕、日中时也。”笔者认为那样理解太狭义，辜负了圣人的深意。如今不管研究《论语》的，还是研究饮食的，都把“时”解释成“时令”，也叫“时序”。就是说，人们吃动物、植物，都要符合它们各自生长的时序。

华人都熟悉两首古诗的名句：“西塞山前白鹭飞，桃花流水鳜鱼肥。”唐代张志和《渔歌子》。“……春江水暖鸭先知。……正是河豚欲上时。”宋代苏东坡《惠崇春江晚景》。两诗都涉及美味跟时序的关系。吃鲈鱼要趁桃花凋落的时节；吃河豚要更早些，正当江水将要变暖之时。换句话说，要品尝地道的美味，错过那几天，就得再馋它一整年了。

吃鲈鱼、河豚，江边的人才有那口福。节令吃食，人们最熟悉的是蔬菜。谈吃的文章常提到一句俗话："韭菜黄瓜两头鲜。"两头，指的是春天和秋天。最典型的是中国原产的韭菜。前边提过杜甫的名句："夜雨剪春韭，新炊间黄粱。"《赠卫八处士》。早春韭菜的味美是自古出名的。南北朝有个姓周的将军是美食家，皇太子问他什么菜最好吃，他回答说：早春的韭菜，晚秋的白菜。《南史·周颙传》："文惠太子问颙：'菜食何味最胜？' 颙曰：'春初早韭，秋末晚菘。'"晚秋的韭菜也很讲究，民谚说"八月韭，佛开口"。同样是韭菜，夏天就变得不是味儿，也不值钱了。民谚说"六月韭，臭死狗""六月韭，驴不瞅"。[1]

你说黄瓜可不像韭菜那么爱变味儿，说明"不时不食"的原则也有失灵的时候。不然。黄瓜原名"胡瓜"，因忌"胡"而改名，其色纯绿而叫"黄瓜"，是因为人们起先是在它成熟发黄时才摘食的，后来才发现嫩绿时吃清香最浓。人们追求美味发展成猎奇了，摘黄瓜的时间不断提前，甚至早到二月间。唐朝皇帝就追求这种口福，有唐诗为证。王建《宫前早春》："内园（宫廷菜园）分得温汤水，二月中旬已进瓜。"明清的书谈论宫廷生活，引了那句唐诗，记载了嫩黄瓜惊人的高价。明代的《帝京景物略》说："元旦进椿芽、黄瓜，……一芽一瓜，几半千钱。"清初的《北游录》说："三月末，以王瓜不二寸，辄千钱。"[2]其实，黄瓜没长大到当"食"之"时"，清香味儿尚未形成呢。

---

[1] 转引自聂凤乔：《蔬食斋随笔》，中国商业出版社，1983 年，第 76 页、第 148 页。

[2] 同上书，第 83 页。

黄瓜味美价高，这又催着现代园艺家不断培育高产品种，当代的产量直逼“亩产万斤”。产量3500公斤/亩已很常见。上市最多的时候，黄瓜往往成了“处理品”，贪便宜的花一块钱买一大堆，熬成大锅菜，全家一顿吃不完。俗话说“美物不可多用”，多到这份儿上谁都腻味。有味的东西连续吃得过多，会造成“吃伤了”的结果。“吃伤了”属于普遍体验，它的原理，应该属于“味觉疲劳”的严重化。

老人记忆中的旧时，吃黄瓜的机会很少，间隔很长，所以新鲜感很强烈。

韭黄和粽子：时序的超越与遵奉

春天韭菜清香，夏天变为浊臭。人们幻想：能再提早吃上冬天的嫩韭菜不更好吗？“馋”的巨大动力可以创造种种奇迹。经过长久的摸索，那个幻想实现了，出现了“韭黄”。让蔬菜提前长成，要靠温室。将近两千年前，正史里就留下了“温室”技术的记载。

汉朝有个官员，在地方上就留意农学，调到朝廷后，见到御菜园上有顶棚，里边烧火升温，冬天就能生长出菜来。《汉书·循吏传·召信臣》：“太官园种冬生葱韭菜茹，覆以屋庑，昼夜燃蕴火，待温气乃生。”用今天的术语说，就是“反季节蔬菜”。汉代刚确立了以儒家学说为官方意识形态，这位官员是理论水平很高的“原教旨主义者”。他相信人为地打乱天时，涉嫌大逆不道，便上书要求取消温室。这当然只能收敛一时。后汉一位皇后还曾下诏重申。《后汉书·皇后纪上·和熹邓皇后》：“凡供荐新味，多非其节。或郁养强孰……岂所以顺时育物乎！”韭黄屡禁不止，温室技术到唐朝也普及了。唐太宗视察路过某地，地方官就能随时拿出这种蔬菜来敬奉他。《资治通鉴》卷一九八："过易州境，司马陈元琦使民于地室蓄火种蔬而进之。"后世连民间也有了吃韭黄的口福。南宋陆游《蔬食戏书》："新津韭黄天下无，色如鹅黄三尺余。"

从时间范畴来说，温室蔬菜能改变大自然的时序，延长美味的享用。韭黄，是突破时序的值得肯定的一例。然而有的情况下，突破时序反而有害于美味的享用。可以拿粽子做典型。

吃东西讲究"应时到节"自古就是华人的习俗。有一类美食就叫"岁时食品"，也叫"节令食品"，包括正月十五（古称"上元节"）的汤圆、立春日清明节的春饼、端午节的粽子、中秋节的月饼等。粽子在岁时食品中历史比较久，包含的文化信息也最丰厚。据晋代周处《风土记》，三国时代端午节就吃"角黍"；据南朝梁吴钧《续齐谐记》，南北朝时期又把吃粽子跟纪念先秦投江自杀的诗人屈原联系起来。从美食的角度来看，粽子带着黏米的口感和芦叶的清香，也最有风味特色。

岁时食品的共同特点，是等一年才尝一次。到了现代，市场经济发达，加上保鲜技术进步，"岁时"食品变成了"随时"食品，昔日的风味随之减色。这是必然的，道理如前所说，味的感受力跟时间有密切关系，时间间隔越长，感觉越敏锐。节令食品并没有特别突出的味道，之所以印象深刻，全凭一整年的期待。

岁时食品的味道还有个原理，就是文化内涵的心理作用。前边说过，"味"的概念经过"泛化"，融入了文化心理的微妙因素。吃粽子就怀念屈原，精神的感动会让物质的味感更加绵长。早点市场上的粽子跟岁时文化毫无关联，"味"也显得更加单薄了。所以，为了重温传统味道，吃岁时食品还是要提倡固守习俗。现代人会认为守时一天不差即属迷信，不想今年延后一天等于明年提前一天，精确地看，对节令食品审美的“时间间隔效应”多少还是有所妨害。

时空转换：“移步换景”的动态美

爱惜光阴，古语说“惜寸阴”，用空间表示时间，说明“时空转换”是普通的观念。这种转换在艺术上才会得到真切的体现，理解起来也像欣赏艺术品一样轻松。

中华文化中，跟烹调一样特色突出、同属于综合艺术的，还有园林艺术。它成熟的高峰也跟烹饪、京剧差不多，也在明末清初。以计成的经典专著《园冶》为标志，此书问世于崇祯七年（1634）。在天空的飞鸟眼里，巴黎的凡尔赛宫活像一幅图画，整齐明快；再看苏州的拙政园完全相反，简直一团乌烟瘴气。可是在身临其境的游人眼里，拙政园更有看头，更有魅力。中华园林极力突出的就是“错落”，甚至追求“移步换景”。也常写作“步移景异”。本来认为这是古人的成语，却找不到出处。《园冶》一书里也没有。它常用在中西园林对比中，猜想是现代园林学家陈从周先生造的词。陈从周（1918—2000），著有《苏州园林》，曾往美国教授中国建筑史，并主持仿造中式园林。精巧的格局，让游人处处陶醉于“曲径通幽”，时时惊叹于“别有洞天”。相比之下，几何图形的“一目了然”让人觉得兴味寡然。

神秘的园林，用“时空范畴”的透镜能一眼看透：“移步”需要时间，“换景”是换了空间。美术光占空间，音乐和戏剧没有时间不行。于是会联想到前边讲过的艺术原理：“甘受和，白受采。”空间中的彩画跟白地儿，像凡尔赛宫一样一目了然；中餐菜肴美味的欣赏，则要像“移步”一样必须借助“吃”的动作，所以离不开时间。米饭的反衬，是用时间的间隔来加强味的效应。

中餐菜肴的设计，要充分运用时空转换的原理。这种感受，美食家太熟悉了，满肚子都是。比方说让人津津乐道的“外焦里嫩”。这本是中餐菜肴的特色，但梁实秋先生夸西餐“煎牛排”时也用上了。《雅舍谈吃·忆青岛》：“厚厚大大的一块牛排，煎得外焦里嫩，……”洋人自己吃煎牛排，也难得有这样的认识和描述。从“外”说到“里”，这就交代出了“时空转换”的实质。

笔者在忝为烹调大赛特邀评委时，听大师们夸过天津风味菜肴“独面筋”的传统高招，有“外口甜、里口咸”之说，秘诀在于“起锅”之前再往勺里加点白糖，一进嘴先是略微感到甜丝丝的，嚼起来很快又变成咸味了。

外焦里嫩，虽说不过瞬间，实际上却有被加长了的错觉。从微观上分析，咀嚼是个由破碎至搅拌的过程，“外”和“里”大小碎片的空间形态，以及它们的相对位置，都经历着千变万化，随着这些变化，不同的味道也不断被释放出来，混合交融，带来器官感觉的千般旖旎、万种风情。

笔者重写此书的2011年，得知“园林风景学”刚刚获得“一级学科”的地位，这真让“饮食文化”的研究者羡慕不已。中华园林艺术早在19世纪就已被欧洲实际接受。此外，园林艺术在西方的得宠，总是跟它的更空间、更直露有关。

“盖浇饭”现吃现浇，蘸拌夹尽皆烹调

笔者说“饭菜交替”是中餐的本质特色，一次，电视台主持人

在事先交流中突然问道："扬州炒饭呢？"笔者稍加思考后回答说，那也得用纯淡的米饭，跟印度人的米肉同煮咸饭一样吗？

周代宫廷"八珍"之一还有盖浇饭。《礼记·内则》有"淳熬"，注疏说做法是做好肉末炸酱浇在糯米饭上。有个前提是现吃现浇，若是提前半天把菜浇到饭上，那味儿就毁了。道理是吃到嘴里边咀嚼边搅拌，在"时空变幻"中尽显"移步换景"之妙。

中餐之美来自变化无穷的烹调技法，盖浇饭的"浇"也可以看作烹调技法。你说拿勺子一淋就算？凡是按照一定的吃法能吃得更美的，那"吃法"本身就是烹调手段的延长。这类吃法可以列出不少，共同特点是故意避免提早把调料跟食料混合，直拖到临吃的时候，让预期的"味道"进入口腔后才能形成，并在咀嚼中不断变幻。

【拌】典型的是人人爱吃的"拌黄瓜"，俗称"拍黄瓜"，要先拿菜刀把侧面拍碎再切片，加上蒜泥、酱油、醋来拌。"拍"的工序为使材料结构松散、边缘参差，酱醋容易浸进去。若是提前拌，就成腌黄瓜了。拌黄瓜的吃头儿在于里边的瓜是本味的，嚼起来阵阵清香钻鼻入脑。"烹调的本质就是食料跟调料相互作用"，拌法完全符合这个定义。

拌法可以看成烹调进步的产物，其流行要晚到宋朝。隐士追求口味清新，偏爱拌菜，最早的例子就出现在他们的食谱《山家清供》中。例如笋、香菇等三样嫩菜合拌。名曰"山家三脆"："嫩笋、小蕈、枸杞头，入盐汤焯熟，同香熟油、胡椒、盐各少许，酱油、滴醋拌食。"

【蘸】比"拌"更"先进"的吃法是"蘸"。食料都夹到筷子上了还没接触调料，直拖到入口之前一秒钟，让食料跟调料在嘴里交会，或者说拿口腔当炒勺，让烹调在口中完成。蘸，八成也是宋朝隐士创新的吃法。《山家清供》里有一款美食叫“蓝田玉”，就是蒸葫芦蘸酱吃。“蓝田玉：用瓢一二枚，去皮毛，截作二寸方片，烂蒸，以酱食之。”注意，不说“蘸”酱而说“以”酱。“蘸”字出现于南朝梁代的字书，意思还是让物体没到水里。南朝梁顾野王《玉篇》：“蘸，以物内水中。”及物动词的“蘸”，例句是明代画家徐渭说的用笔蘸墨。徐渭《葡萄》诗：“尚有旧时书秃笔，偶将蘸墨点葡萄。”“蘸”的吃法肯定会远早于“蘸”字的出现，记得在敦煌俗文学中就曾见过，一时查不到出处。笔者找到的最早例句竟在现代美食家、清末贵族后裔唐鲁孙的书中。说清宫里“吃祭肉不准蘸酱油”。[1]

按字典解释，被“蘸”之物限于流体，《中文大字典》：“蘸，以物沾水或糊状的东西。”可人们吃年糕要“蘸”糖，吃炸里脊要“蘸”椒盐。花椒焙焦煳后压碎跟盐混合而成。“蘸”的吃法还在发展中。

【夹（卷）】把调和的发生推迟到极限的是夹法，典型是天津大饼夹煎鸡蛋，夹进饼层里咬一口嚼一口。笔者曾论证大饼为“天津人的一大发明”[2]，其特点是像米饭一样全淡。清代朱彝尊称之为“北方代饭饼”。西餐的“三明治”用的就是夹法，朱自清说过，英国人喝茶时还吃“生豌豆苗夹面包”。《伦敦杂记·吃的》。[3]既然西餐连饭、菜的观念都没有，洋人就谈不上领悟“夹”法之妙，有跟没有一样。

“卷”跟“夹”是一类，也可说是一回事儿，只是多个动作。“卷”的多是细碎或带汤汁的，唐鲁孙曾把夹、卷连用于薄饼夹带汁

[1] 唐鲁孙：《天下味》，广西师范大学出版社，2004年，第44页。

[2] 高成鸢：《饮食之道——中国饮食文化的理路思考》，山东画报出版社，2008年，第190页。

[3] 朱自清：《欧游杂记·伦敦杂记》，东方出版社，2006年。

肉。“红烧牛肉，……夹两块卷在饼里，一边吃一边吸，能让牛肉汁不流出来……”[1]

时空大跨度：“菜系”与“仿古菜”

说到各国菜肴，洋人只知道有两个层次：“法国菜”“中国菜”等以国家分类；再就是“宫保鸡丁”、鹅肝酱之类具体菜式。哪里知道中餐里其实还隔着一大层次，就是所谓“菜系”。

一般食客常说中餐有“四大菜系”：鲁、淮扬、川、粤，还以为“菜系”跟中餐一样古老，实际上是20世纪50年代才流行的。《中国烹饪概论》作者陶文台说：“中国古无菜系之说，但称‘帮口’。”[2]还说：“菜系之说始于本世纪50年代，一位商业部长在接见外国代表团时最早提到。”后来“八大菜系”之说甚嚣尘上，继而形成争夺“菜系”的局面。陶先生主张称为“风味流派”，说“中国烹饪的地方风味特色是客观存在”。

用学术名词来说，“菜系”属于“地域文化”，本质在于空间的差异。俗话说“一方水土养一方人”。地域广大了，气候、物产等才会有明显差异，造成不同的人文特色，若叫“系”就应该统属更低的层次。例如鲁菜就包括内陆的济南风味跟沿海的烟台风味。如今流行的叫法就是粤菜、潮州菜、川菜等。

地域影响饮食，最重要的是通过特产。螃蟹是国人公认的美味，可是宋朝学者沈括讲过，陕西人却把这种“怪物”挂在门外吓

[1] 唐鲁孙：《唐鲁孙谈吃》，广西师范大学出版社，2005年，第33页。

[2] 陶文台：《中国烹饪概论》，中国商业出版社，1988年，第221页。

唬病魔，还说连鬼都不认识。《梦溪笔谈》。粤菜特色四个字：生猛海鲜。北方小女孩看见蛇会吓得昏死过去，敢吃吗？广东山野里到处是蟒蛇，按中国人“两条腿的不吃爹娘”的食性，不吃上瘾来才怪呢。

“风味”跟“风俗”相近，俗话说“十里不同风，百里不同俗”。《晏子春秋·内篇·问上第三》：“百里而异习，千里而殊俗。”后来越说越近。这是认识到空间距离对“地域文化”的影响。距离是“不均匀”的，其实山川的阻隔、河流的沟通，才是影响地域文化的要素。最明显的是淮扬菜，淮安在淮河下游，扬州在长江边上，由于有交通命脉大运河，才汇合成同一风味。

时间对“菜系”的影响，似乎没有空间那么明显，但尺度放大点儿就能看得很清楚。“四大菜系”本身就有时间的先后。鲁菜的历史最悠久，因为是中原饮食文化的结晶。齐、鲁是春秋时代的文化中心，直到明清，鲁菜一直为宫廷菜的主体。川菜资格也够老。可以追溯到汉代扬雄的《蜀都赋》，晋代《华阳国志·晋志》就说当地形成了“尚滋味”“好辛香”的食俗，笔者的好友熊四智先生考据最详。[1]淮扬菜跟时间的关系更明显，大运河通航的隋代以前，是不可能形成的。粤菜，要到近代随着华侨流传海外，才名声大振。

时间性突出的，还有就是所谓“仿古菜”了，例如“孔府菜”“仿唐菜”“红楼宴”等。仿古的前提是知古，“一般以历史研究、档案材料、古代名著等记述和文物资料为依据”[2]，所以仿古菜

---

[1] 熊四智等：《举箸醉杯思吾蜀》，四川人民出版社，2001年，第6页。

[2]《中国烹饪百科全书》编委会：《中国烹饪百科全书》，中国大百科全书出版社，1992年，第145页。

只能是饮食文化研究开拓的副产品。事实上仿古菜肴的几位设计者正是开拓者本身，恰好几位开拓者都是笔者的友人。“仿唐菜”是西安的王子辉先生开创的，还有专著[1]；“红楼宴”，由周颖南先生成功实施红学家胡文彬的创意，周先生是新加坡的作家兼企业家，世界中国烹饪联合会第一届副会长。他曾在新加坡大摆“红楼宴”，把电视剧《红楼梦》剧组的美女们请去助兴，轰动了东南亚。

比仿古菜时间尺度短的也有，例如老华侨回乡，借着乡土吃法“忆儿时”。“文化大革命”中常见的“忆苦饭”也突出了时间性，此事荒唐，不说也罢。

[1] 王子辉：《仿唐菜点》，陕西科学技术出版社，1987 年。

第三节 “时空大舞台”：美食运动的宏观方向

茶文化：中餐演进历程的剪影

前边说过，茶的高雅境界是“禅茶一味”。深入琢磨，没有中餐的特殊背景，就不会有茶的讲究。茶似乎无关乎吃，却是饮食的灵魂。讲茶的书数以千计，再赘言会近于无聊。但笔者发现，茶的历史对本书有鲜明的参照作用，像神奇的药剂，能使中华饮食文化混杂的沸鼎顿时变得澄澈。本节的取材，大多不出友人赵荣光先生的专著。[1]

茶，最初跟“荼”（苦菜）同类，连名称也是混同的。《尔雅·释木》：“槚（茶本名），……可煮作羹饮。今呼早采者为荼。”中唐以前，茶都是采来就烹成菜汤的。唐人皮日休《茶中杂咏并序》：“必浑以烹之，与夫瀹蔬而啜者无异也。”赵荣光先生考订“茶”字约出现在唐朝元和年间（806—820）。这标志着茶从食物中独立出来，但此后很久还残存着跟食物不分的习惯，喝茶得说“吃茶”。周作人有篇随笔就叫《吃茶》。[2]宋

[1] 赵荣光：《中国饮食文化史》，上海人民出版社，2006年，第157～221页。

[2] 周作人：《知堂集外文·四九年以后》，岳麓书社，1988年。

朝北方人还要掺上盐、奶酪、花椒、姜之类的调料。苏辙诗《和子瞻煎茶》："北方俚人茗饮无不有，盐酪椒姜夸满口。"诗里说"北方"，可见南方人喝茶已经有了新口味。

宋代美食家苏东坡提出的主张值得注意：烹茶不宜加盐。《东坡志林》卷十："茶之中等者，若用姜煎，信佳也。盐则不可。"到了他的学生黄庭坚，茶风沿着清淡的方向进一步演变。黄庭坚激烈地反对加盐，将之比喻成引进窃贼来耗失家财，《山谷集》卷一"煎茶赋"说加盐是"勾贼破家，滑窍走水"，"滑窍"可以理解为妨害感官对茶香的品味。黄庭坚又提出煎茶忌用"鸡苏与胡麻"。胡麻是香油的原料；鸡苏是有香气的草药，是烹鸡的调料。《本草纲目·草三·水苏》："水苏（即鸡苏）其叶辛香，可以煮鸡。"盐的咸味属于舌感的味觉；香油、烹鸡调料属于笔者发现的"倒流嗅觉"。咸味及油香的去除，使茶的微弱倒味得以显露。茶的崇尚清淡能显示品味感官的精粹化。

饮食文化史上很早就形成的"美食运动"追求"味"的浓度及多样性，而"物极必反"，相反倾向很早就有显露。战国时代的道家就表现出对清淡的崇尚。《吕氏春秋》（杂家名著，包含道家观点）的"本生篇"就说："肥肉厚酒，务以自强，命之曰烂肠之食。"起先这只是个人口味。隋代大运河通航，唐宋时代淮扬菜崛起，美食运动的转折具有社会规模，表现为整个"菜系"风味的"清淡"趋向。淮扬菜"清蒸鱼"在鲁菜"红烧鱼"背景上的兴起就是典型表现。可见唐代茶风的演变，可以看作菜肴风味转变的标志。

从唐代始，前卫的美食家就对油脂的负面作用开始有选择地排斥。根据宋代笔记记载的唐代饮食史料，有美食家讲究馄饨汤不带油星，可以浇砚研墨。《清异录·馔羞门》记"建康七妙"说："馄饨汤可注砚，饼可映字。”[1]唐人留下的一则记载更是既有趣味又有意味：姓萧的官绅府上有一种名吃，居然敢向烹调领域里的难题提出惊人的挑战：高汤里的油脂去除得如此彻底，竟然标榜馄饨汤可以沏茶！《酉阳杂俎》卷七“酒食”：“今衣冠家名食，有萧家馄饨，漉去汤肥，可以瀹茗。”[2]让人想到现代的《雅舍谈吃》说的“狮子头”（淮扬菜）“碗里不见一滴油”。

美食运动总是由宫廷及豪富之家主导的，袁枚早就指出：“富贵人之食素，嗜素甚于食荤。”《随园食单·杂素菜单》。品茶风尚的进化，完全符合美食运动的这个规律。尽管宋代上层饮茶已经不再滥掺别物，小说《金瓶梅》反映的明代市井之徒，茶里还是像开了杂货铺。《金瓶梅》中描写有盐笋芝麻玫瑰香茶、芫荽芝麻茶、梅桂泼卤瓜仁泡茶、核桃会夹春不老茶……

美食运动的高级阶段反对过度加工，追求的是食料的“真味”。清代顾仲《养小录》的序说：“烹饪燔炙，毕聚辛酸，已失本然之味矣。本然者淡也，淡则真。”突出代表是南宋隐士的食谱《山家清供》。饮茶也追求真味。明代文人屠隆《考槃余事·择果》：“茶有真香、有真味……不宜以珍果香草夺之。”

比美食运动更进一步、主导茶风的超出富贵者，是“更高层”的雅士、高僧。不仅茶的品类及水质要求精严，量也变得精微化。《红楼梦》里的尼姑庵论茶，有著名的“饮驴”之说，对俗人给予无情的嘲笑。《红楼梦》四十一回中，妙玉讥笑宝玉说：“岂不闻一杯为品，二杯即是解渴的蠢物，三杯便是饮驴了？”

[1]〔宋〕陶縠（谷）：《清异录》，中国商业出版社，1985年。

[2]〔唐〕段成式：《酉阳杂俎》，中华书局，1981年，第71页。

西北的羊→东南的鱼："水潦归焉"向海洋

中餐的发展漫长而曲折，要想看出整个轮廓，就得"放宽历史的视界"。借用美国史学家黄仁宇名著的题目[1]。因此笔者提出"时空大舞台"之说。

华夏先民笃信"天圆地方"，朱熹《周易本义》。方的该是平的，但事实上中国地形却是西北高东南低，为自圆其说，遂有"女娲补天"的神话。传说远古水神共工曾跟火神颛顼决斗，据《淮南子·本经训》。共工一头撞折了擎天柱，导致中国地势西北高而东南陷进海里。地势决定大陆水流的宏观方向是从西北到东南。《淮南子·天文训》："昔者共工与颛顼争为帝，怒而触不周之山。天柱折，地维绝。天倾西北，故日月星辰移焉；地不满东南，故水潦尘埃归焉。"

汉文化的重心也像流水一样转移。饮食是文化的基础，所以美食运动也循着大方向：从西北向东南移动。水火对立，水趋向东南，火自然归属西北。五行中的"水""火"符号，代表跟水、火相近的一切，也有不同的食物分别代表水、火。"水性"的食物是水族之长的鱼，"火性"食物得用中医的眼光看。《本草纲目·兽部》说羊肉"大热"，民间都知道羊肉要冬天吃才不"上火"。羊的习性也跟水对立，《本草纲目·兽部·羊》："在畜属火………其性恶湿喜燥。"《齐民要术》卷六强调养羊"唯远水为良"。被称为"火兽"。

民间迷信"拆字"，认为鱼羊合烹，其味最"鲜"。对于粟食

---

[1] [美] 黄仁宇：《放宽历史的视界》，中国社会科学出版社，1998 年。

的中原先民，鱼类总算肉食；古民谣说，洛、伊两河里的鱼跟牛羊肉一样珍贵。北魏《洛阳伽蓝记·城南》：“洛鲤伊鲂，贵似牛羊。”跟粟饭藿羹比，鱼属于美味，先秦孟尝君奉养的一位奇士曾为“食无鱼”而大发牢骚。《战国策·齐策四》“冯谖客孟尝君”。羊更是公认的珍馐。猪，家家能用谷糠养；羊因为没有草场而缺少饲料，所以羊肉珍贵。

笔者认为“鱼+羊”的真正象征意义，在于游牧、农耕两种饮食文化的交会。这发生在南北朝时期，那时，西北“诸胡”大举侵入中原。羊肉是游牧民族的主食，中原汉人羡慕人家的口福；另一方面，随着人口繁生而水产资源有限，鱼鳖之“鲜”日益成为人们的向往。后来鱼跟羊肉在北魏的首都洛阳隆重会见，食料上的“水火相济”加上从西域引进油料带来技法方面的“水火相济”，共同标志着“中华美食运动”在“时空大舞台”上正式启动。

在南北朝中原城市的胡汉杂居处，两种饮食文化的交融大举进行着。据《洛阳伽蓝记》记载，南朝高官王肃投奔北魏，起先吃不下羊肉牛奶，顿顿鲫鱼羹就饭，时时喝茶。北朝皇帝问他：羊肉比鱼羹、牛奶比茶水，哪样更好？他委婉地答道：旱地产的，最美味的是羊；水产品里最重要的是鱼，两样都是珍味。《洛阳伽蓝记·城南》：肃初入国，不食羊肉及酪浆等物，常饭鲫鱼羹，渴饮茗汁。……经数年已后，肃与高祖殿会，食羊肉酪粥甚多。高祖怪之，谓肃曰：“……羊肉何如鱼羹，茗饮何如酪浆？”肃对曰：“羊者是陆产之最，鱼者乃水族之长，所好不同，并各称珍。”

稍一琢磨就会想到，羊跟鱼不该并列。羊只是兽类的一种，鱼却是个总类名，常吃的也有几十种。北魏人光提羊，因为只有羊可吃。鹿也是美味，但不能批量供应。而传统上由鱼代表的“水族”更有鱼虾蟹鳖等无数品类，包括贝类美味“西施舌”、江珧柱等。所以，单凭对口味多样性的追求，早就足以决定美食运动推进的东南方向。单说鱼类，晋代的长江下游肯定要压倒汉代的黄河中游，“鲈脍莼羹”的著名掌故就是明证。《晋书·张翰传》说，东晋时苏州人张翰在洛阳当大官，一阵干燥的秋风让他馋极了水汽充盈的鲈鱼脍（外加莼菜羹），竟毅然辞官回了老家。何况更有鲥鱼、河豚，都是值得用生命换取的美味。

“海鲜”的价值高过江湖水产，能印证美食运动的东南取向。另一方面，“鲜”味必须借咸味才能呈现，川菜高厨坚信井盐鲜过海盐，地下千米的卤水远深过海水，恰好能逆向印证“海低于河”体现的鲜味之高下。

历史记载中，南朝宋明帝最早对海味着迷，他酷嗜的“鳡鮧”，可算海鲜的代表。沈括《梦溪笔谈》卷二四：宋明帝“好食蜜渍鳡鮧，一食数升”。鳡鮧蜜饯乌贼肠，一说是腌河豚精子，河豚实属海洋动物。隋炀帝则成了海陆两珍结合而食的典型。他酷嗜海鲜，《大业拾遗记》：“吴郡献海鮸干鲙四瓶，瓶容一斗。……帝示群臣云：‘……今日之鲙，乃是真海鱼所作。’”同时又很爱吃羊肉。为他掌管御膳的谢讽在《食经》（原书已佚，部分内容被收录于明初陶宗仪的丛书《说郛》）中记载了“辣辣骄羊”等三款羊肉菜肴。从他以后，就连北宋的开封宫廷里也是光有羊肉而没猪肉。《续资治通鉴长编》卷四八〇：“御厨止用羊肉。”《后山谈丛》：“御厨不登彘肉。”

这表明，从北魏到隋唐，“美食运动”从黄河中游发展到长江下游。南宋以后文化重心南移，美食运动也沿着命定的宏观方向继续向前推进。明末清初终于到达福建沿海，同时，中餐的发展也到了最高阶段，标志是“海鲜热”的风行。

伊尹他娘的怪梦：从舂谷臼到鱼翅碗

神话传说保存着文化的早期记忆，包括“潜意识”。比较完整的华夏传说，幸存的最早一篇是《本味篇》，根据鲁迅的考证，前边已有交代。它的主要情节很像是对粟食文化之美食运动的预言。笔者在此正面谈论预言，难免损害本书的学术性，但既然是学术之路上碰见的真实史料，何不摆出来给大家看？

故事说，被尊为“厨神”的伊尹本是半神的人物。他出身极端低贱，奴隶更兼弃婴，是由一位厨师养大的。《吕氏春秋·本味篇》：“……女子采桑，得婴儿于空桑之中，献之其君，其君令烰人养之。”出生前一夜他娘做了个怪梦：神嘱咐她说，你儿子一降生就要发大水。那水是从石臼里冒出来的，往东南方向流。你逃的时候可别回头。转天梦境实现，她招呼邻人一起逃命。“梦有神告之曰：‘臼出水而东走，毋顾！’明日，视臼出水，告其邻，东走十里而顾，其邑尽为水，身因化为空桑。”

以上情节很古怪，也很具体，反映了什么“潜意识”呢？几千年来没人做出解读，留给笔者胡猜。石臼是什么？是谷子脱壳的工具，是中华粒食文化的象征。冒水什么意思？小米干饭离不开多水的羹，羹的烹调是美食运动的起点。向东南什么意思？那是美食之历史运动的地理方向。总之，伊尹他娘的怪梦好像预言了中餐的美味追求注定以海鲜为顶点。

袁枚曾指出，“海鲜”这个词先前是没有的。《随园食单·海鲜单》：“古八珍并无海鲜之说，今世俗尚之。”“海鲜”时代的到来，反映到史料上就是专著《闽中海错疏》及《闽小记》的出现。明末万历二十四年（1596）屠本畯的

《闽中海错疏》问世；周亮工（1647～1658年在福建当官）的《闽小记》于清初写成[1]。这两本书中出现了一批海产：江珧柱、海参、燕窝、鱼翅等等。根据古书记载，可以看出各自开始流行的年代。例如江珧柱，一种大蛤体内专司双壳开关的肉柱，取出后晾干，俗称“干贝”。南宋皇帝较早享用过这种福建海味，吴曾《能改斋漫录》卷一五：“诏福唐与明州岁供车鳌肉柱五十斤。”但那不叫流行。《闽小记》的作者周亮工说，明末福建进士谢肇淛还“未见其形、未识其味”呢。周亮工刚到福建还觅而不见，十年后水产市场上已遍地都是了。《闽小记》上卷：“十年以来，遂与香螺、蛎房（牡蛎）参错市中矣。”

海参，明朝还没有入肴，吃法不过糟、酱两种。朱彝尊《食宪鸿秘·鱼之属》。清代人发明了让它“入味”的烹调法。《随园食单·海鲜单》。《闽小记》说福建有人用牛皮造假冒充，可见开始风行。燕窝，清初连产地的人都说不清楚到底是什么东西。一种说法是筑在海岛礁石上的海燕巢，只能由经过训练的猴子摘取；另一说，是海燕越洋飞行时嘴里叼着的“小船”，浮在水上以供歇息。连海燕都飞累了，那产地离海岸该有多么遥远啊！由此可说燕窝提示了美食运动的动向：它到达福建海岸后绝没有停止，强大的势头一往无前，跟在海燕后边，向远洋进军。

海鲜崇尚的巅峰在鱼翅，至今还是“现在进行时”，腐败分子的宴席少了此味绝对不行。鱼翅是鲨鱼的背鳍，口感像细粉丝，什么味儿也没有，却难做得很，弄不好吃时会蹦起来吓人一跳。《随园食单·海鲜单》：“若……鱼翅跳盘，便成笑话。”华人什么都吃而鲨鱼除外，可见其味道恶劣。烹饪原料权威聂凤乔列出的咸水鱼多达83种，不含鲨鱼。[2]

---

[1] 两书单行本都被收入商务印书馆的《丛书集成初编》。

[2] 聂凤乔主编：《中国烹饪原料大典》上卷，青岛出版社，1998年。

高档远洋海鲜，共同的特点是既没好味儿又难烹调。《随园食单·海鲜单》前四种为燕窝、海参、鱼翅、鲍鱼。“海参无味之物，沙多气腥。……鱼翅难烂，须煮两日，才能摧刚为柔。……鳆鱼（即鲍鱼）……火煨三日，才拆得碎。”孙中山先生说：“……鱼翅、燕窝，中国人以为上品，而西人见华人食之，则以为奇怪之事也。”[1]要说营养，海参倒有点价值，可至今没人能劝动洋人尝它一口，哪怕改个巧名叫它“海黄瓜”。

然而若是信了《本味篇》，那么鱼翅之类的讲究是4000年前伊尹他娘那个怪梦早就昭示了的。石臼里冒出的水，必然流往东南方向。物极必反，“大味必淡”，鱼翅无味却无比讲究，正是美味追求的命定结局。

为取得小小的背鳍而不惜杀死庞大的鲨鱼，这是华人馋鬼破坏生态的“滔天罪行”，是中餐的糟粕，为普世伦理所不容。以鱼翅为代表的远洋海鲜，是中华美食运动的巅峰，也将是尽头。

[1] 孙中山：《建国方略》，中州古籍出版社，1998年，第62页。

第八讲

华人别有“口福”

- “热吃”是中餐的灵魂
- “馋”的研究
- “餐式”种种尽成双

第一节 “热吃”是中餐的灵魂

美食家大汗满头，冷餐者不懂味道

梁实秋谈吃的书，读着就觉得热气腾腾。《雅舍谈吃·饺子》说他在小馆里买饺子吃，“外加一碗热汤，我吃得一头大汗，十分满足”。莫非天冷图个暖和？可《豆汁儿》说他夏天喝豆汁儿也要“先脱光脊梁”，还说北京豆汁儿之妙在于“越辣越喝，越喝越烫”，“最后是满头大汗”。

近代笔记中有林则徐借着饮食的冷热跟英人“斗法”的传说。绝妙的情节，显示华人、洋人在热吃冷吃习惯上的极端对照：英国大臣巴夏理请林则徐吃雪糕，林则徐一看冒白气就撮起嘴来呼呼地吹，英人大笑；转天林则徐回请，端上了“老母鸡汤炖南豆腐”，汤面上盖着厚油层，滚热却不冒气。英国大臣猛喝一口，被烫得嗷嗷叫。这段野史流传很广，亦见于《中国人的吃》[1]一书中，日本人曾翻译出版。

有个成语“惩羹吹齑”，出自屈原《九章·惜诵》，羹是滚烫

[1] 阿坚等：《中国人的吃》，中国文联出版社，2000年。

的，得先吹吹气，让它凉到不烫嘴了再吃；吹成了习惯，吃口凉咸菜（齑）也吹。《成语词典》还从近代梁启超的文章中举出例句。吹应当始于煮粥的初民，至今有些老人喝粥仍沿着碗边吹之。

袁枚说，菜肴若不趁热吃，稍过一会儿就会像发了霉的估衣，光剩叫人厌恶了。《随园食单·戒单·戒停顿》："物味取鲜，全在起锅时及锋而试；略为停顿，便如霉过衣裳，虽锦绣绮罗，亦晦闷而旧气可憎矣！"还说"以起锅滚热之菜，不使客登时食尽，而尚能留之以至于冷，则其味之恶劣可知矣"。照他的标准，仅仅菜肴热度降低，就能叫美味变成"恶劣"之味。可见热吃不仅是华人的饮食习惯，更是中餐美感的灵魂。

冷吃是华人的一大痛苦，突出表现于寒食节的风俗。很多宗教都有体现"自苦"（asceticism）的禁忌，最常见的是禁食。德国哲学家叔本华说过，"这种自苦最后可以至于以绝食、葬身鳄鱼之腹，……"[1]伊斯兰教的"斋月"连续30天，日出之后的整个白天饿极了也不准吃一点儿东西、喝一口水。中国少有禁食的礼俗。丧亲"守孝"期间的节制饮食属于个人行为。华人在宗教之外也有用禁食来提高精神境界的冲动，表现只是如每年清明节前一天的寒食节，有的地方连续三天不许用火。传说是为了纪念节烈之士介子推，据《庄子·杂篇·盗跖》，此人救过晋国君主，后来受到不公平待遇，负气抵制封官而在烧山中殉身。汉代寒食节的冷吃一度长达一个月，人们本来就半饥半饱，每年饿死不少人。据《后汉书·周举传》。后来官方强令改革风俗，只许寒食三天。象征性地吃三天凉饭就能满足"自苦"的祭祖情怀，这表明"寒食"的痛苦近于断食。

---

[1] [德]叔本华:《作为意志和表象的世界》，商务印书馆，1982年。

华人、洋人同样是人，应该“口之于味，有同嗜焉”，《孟子·告子上》。怎么走了冷热两个极端？没人琢磨过。旅美的张起钧教授在《烹调原理》一书中说：“我从来没有听到洋人吃西餐说要‘趁热吃’，……好像他们天性就是爱吃凉的，尤其在美国到了任何馆子，都是先倒一杯冰水。”[1]至于道理，他从女儿说起。张教授在美国顺应了洋人的习惯，跟在台湾的女儿有了分歧。他把牛奶放进冰箱里，女儿就拿出来，几经重复。女儿强调自己的理由说：“牛奶冰了没有味道，不好吃！”张教授说：“这句话给了我极大的震动，美国两亿人，谁不把牛奶放在冰箱里？有谁想到这里面还有个好吃不好吃的问题？”他接着说，小学六年级的中国小孩发现了“味”的差异，“足见我们中国人是好吃的民族了”。[2]

书里的这一小节题目就叫《味与热》，其中也谈到了正面的例证：北京的芝麻烧饼“刚出炉又香又脆，人人爱吃，等到冷了就皮软不香”。他的结论是：“可见热对烹调具有重要的关系。”可惜他没有涉及“热吃”的原理，不大符合《烹调原理》的书名。笔者替他分析一下刚出炉烧饼的香、脆跟味道的关系。香：前边说过，香味来自融于空气中的分子。食物趁热入口，分子特别活跃，热气较轻，会向上冲进鼻腔里，所以香的感觉特大。脆：准确地说是“酥”，是用热油去尽水分的结果。凉了就会重新吸收空气中的水汽，“酥”变成“韧”了。

对于“香”气，洋人的倒流嗅觉还没开窍呢。谁若是替洋人不服就想想台湾小女孩的话，她说冰奶“没有味道”不就等于“洋人

---

[1] 张起钧：《烹调原理》，中国商业出版社，1985年，第119页。

[2] 同上书，第117页。

不懂味道”吗？

“脍（生鱼片）”的失传 / 热吃习性的由来

“鸿门宴”的故事中，作者用生吞大块肉的细节来刻画壮士樊哙。《史记·项羽本纪》。肉食跟强壮是有天然联系的。饥寒交迫的漫长历史，加上缺乏猎牧生活的体格锻炼，导致华人的体质相对薄弱。

比起吃生牛肉的民族来，粒食者体内蓄积热量的能力较低，容易形成中医所谓“厥冷”“畏寒”的身体类型，其表现是面色苍白、四肢冰凉、小便清长等。“寒凉”类的蔬菜多吃一点儿又会腹泻。按道理，粟食越久，消化力“退化”越甚，秦汉时代樊哙那样的壮士注定越来越少。号称“百菜之王”的葵菜，汉代还是做菜羹的主料，后来急剧消失，也是因为其性“寒滑”而被后起的菘（即白菜，性温）取代，据唐代“药王”孙思邈《千金食治·蔬菜第三》。道理当也在此。

历代养生家没有不强调热食的。研究饮食之初，笔者买了一部《中国养生大成》，中医史专家方春阳编的文献汇集，包括历代专著几十种。其中异口同声地叮咛人们：少吃凉东西！引多了怕嫌烦琐，用梁代养生家陶弘景的话最能概括，他断言，不管什么吃的，总是热的比凉的好，熟的比生的好。“凡食，欲得恒温暖，宜入易消，胜于习冷；凡食，皆熟胜于生。”[1]

华人饮食史上的一大怪事，是“脍”的失传，这可以用体质的变化来解释。去过日本的人无不对“生鱼片”印象深刻，日本人也

[1] 方春阳主编：《中国养生大成》，吉林科学技术出版社，1992年，第14页。

为这种美食感到自豪。其实，那是跟华人学的，成语“脍炙人口”出自《孟子》。你说“脍”是生肉片不是鱼片？“脍”字本来作“鲙”。有个“脍残鱼”的历史典故说，西施吃剩的脍扔进太湖里变成了银鱼。东汉赵晔《吴越春秋》卷三。银鱼也叫“面条鱼”，可见中国古人吃的“脍”是生鱼丝，日本学生还欠一道刀工工序。生鱼片好吃，除了最新鲜的本味，更因为片儿薄，跟蘸的调料融合得好。如此说来，生鱼丝的味儿该更美多少倍。

唐朝白居易诗歌里还拿“脍”当作美食的代表。白居易《秦中吟·轻肥》：“果擘洞庭橘，脍切天池鳞。”宋朝以后急剧衰落，到了元朝，就很少见了。曾是第一美食的“脍”，怎么到了后世国人连这个汉字都不熟识了？这叫人联想到另一种消失了的古代美食“鲊”。“鲊”是用鱼肉加米饭层层交错铺置，发酵而成的。古代笑话说有个吝啬鬼，用字儿下饭待客，客人口吃，连声称“鲊”，其人心疼不已。日本的“寿司”亦能写为“鲊”字，但当中只有一种名为熟寿司的古老乡土料理符合“鱼饭发酵”的描述，是现代寿司的原形。元代《居家必用事类全集·饮食类》中，“鲊”类菜单还单设一类，包括八种；“脍”只有两三种，不但不成类，还有两种竟在“素食”类里，已完全变样而徒有其名。例如“假鱼脍”改用面筋做材料，不过还用脍的调料（用“鲙醋”浇）；又如“水晶脍”，拌的是石花菜。[1]

“脍”消失的缘故，推想是华人“肠胃弱”的体质日益加重，受不了又生又冷的拌鱼丝。梁代的陶弘景最早提出，吃“脍”可能有害，流行病刚好痊愈的吃了会拉肚子。陶弘景《养性延命录·食诫篇第二》：“时病新差（瘥），勿食生鱼，成痢不止。”到了南宋，哲学家、养生家真

[1]〔元〕无名氏编、邱庞同注释：《居家必用事类全集》，中国商业出版社，1986年，第134～135页。

德秀（字西山）明确提出，吃生鱼“脍”会招引消化系统疾病，应跟“自死”的牲口一样划入禁食之列。《真西山先生卫生歌》：“生冷粘腻筋韧物，自死牲牢皆勿食，馒头闭气宜少餐，生脍偏招脾胃疾。”唐代人就开始全面戒绝生吃动物。《天隐子养生书》：“百味未成熟勿食，……腐败闭气之物勿食，此皆宜戒也。”[1]

“脍”的消失，另一缘故当是“炒”法的发明。鱼脍变成熘鱼片，在适应华人变弱的肠胃的同时，最大限度地保存了生鱼片的新鲜。

饥寒交迫：为何汉语“衣”在“食”先？

华人热吃还有一个重大缘由，就是人们经常挨冻。老话说“饥寒交迫”，既然没离开过“饥”，体会这话更强调的应该是“寒”。身体饿得虚弱了，最怕再添上“寒”。没食物充饥还能忍受不短的时间；没衣服御寒，一夜之间就会冻僵。所以杜诗名句说“朱门酒肉臭，路有冻死骨”。一样的天气，我们穿上毛衣了，街上的洋人还光膀子，问什么道理，都会说人家吃牛肉的身体多壮。我们身上“火力”太弱，净仗着吃顿热饭祛祛寒气。

晋代文人束皙给我们留下了一幅生动的“热吃”图画。在歌颂面条的名篇里，他描写隆冬清晨吃汤面的情景说：“涕冻鼻中，霜凝口外。”接着，明确提到热吃面条最能解寒。“充虚解战，汤饼为最。”这篇的题目是《饼赋》[2]，最早的面食统称为“饼”，面条叫“汤饼”。

---

[1]〔唐〕司马承祯：《天隐子养生书》，《道藏精华录》，浙江古籍出版社，1989年。

[2] 被收入唐代欧阳询等编的大型类书《艺文类聚》。

有一出京剧，演到剧中一个穷人正在吃施舍的粥时，陪笔者看戏的京剧家提示：那乞丐双手捧个大碗、缩颈耸肩的吃相合乎“书文戏理”。这令人想起大画家郑板桥的一段话：“天寒冰冻时，穷亲戚朋友到门，先泡一大碗炒米送手中，佐以酱姜一小碟，最是暖老温贫之具。”郑板桥《范县署中寄舍弟墨第四书》。当县官的郑板桥本人也靠热粥取暖：“煮糊涂粥，双手捧碗，缩颈而啜之，霜晨雪早，得此周身俱暖。”[1]可见对于华人，不分贵贱，热食都有御寒功能。

华人比较怕冷，又是由所处的生存环境决定的。跟别的几大古文明比，埃及的尼罗河流域、巴比伦的中东两河流域、印度的南亚次大陆，都接近赤道，烈日炎炎，想尝尝挨冻的滋味都难。黄河流域属于北温带，漫长的冬季天气严寒。你说远古欧洲的游猎民族不也冰天雪地吗？人家拿最保暖的毛皮做衣服，“取之不尽，用之不竭”。最早古华人也过过一段好日子，有肉吃，有皮毛穿。《韩非子·五蠹》：“古者……妇人不织，禽兽之皮足衣也。”可很快就倒霉了。野兽少，好容易逮着几只，连毛带血都强嚼硬吞了，还舍得穿？

上帝还干过更不公平的错事，就是把棉花赐给了不大需要它的印度，而未给迫切需要它的中国。“最亲是爹妈，最暖是棉花”，明朝以前这话不会流传，根据《天工开物》，那时国人还没见过棉花，明代宋应星著《天工开物》被公认为“工艺百科全书”。此书“衣着”一章的总论中，植物、动物材料都列举全了，唯独没有棉。第二卷《乃服》：“属草木者为枲（大麻）、麻、苘（白麻）、葛，属禽兽与昆虫者为裘、褐、丝、绵……”[2]

---

[1]〔清〕郑板桥：《郑板桥集》，《家书》部分，岳麓书社，2002年。

[2]〔明〕宋应星：《天工开物》，蓝天出版社，1998年，第19页。

你说“绵”呢？那是丝绵；你说“棉”字宋朝就有，那是塞枕头的木棉。裘衣很贵，丝绵更贵，便宜的是“布衣”，这个词成了平民的代称。“布”本是用葛草做的，纤维又粗又硬，做夏布倒够凉快。南朝诗人鲍照的《代东门行》说：“食梅常苦酸，衣葛常苦寒。”

解释“衣在食先”还得把礼仪的讲究说清楚。考古发现长江的稻米文化不比黄河的粟米文化晚，为什么粟文化成了中华正统？没见历史学家回答，沈从文的《中国服饰史》[1]里也不置一词，那笔者就不惮于亮出又一个想头：古书说“黄帝垂衣裳而治”，《周易·系辞下》：“黄帝、尧、舜垂衣裳而天下治。”穿衣服是“礼”的第一步，《千字文》说“礼别尊卑”。直到清末，穿长衫还是短褂，都体现着人的等级身份。

忘记黄酒热饮，危及中餐生存

老年头没有煤炉，取暖用炭火盆。人们总是用火筷子夹着小锡壶的细脖颈烫酒，黄酒要沸腾冒泡，烧酒（白酒）不等冒泡就蹿火苗了。周作人说：“中国酒也热吃，不但是所谓黄酒，便是白酒也是一样，这也是世界无比的。”小品文《真说凉菜》[2]。鲁迅小说《孔乙己》中的“我”，是咸亨酒店里专管“温酒”的小伙计。宋朝一位大臣选妾，一位姑娘因为“能温酒”而当选，她温的酒热而不烫正对口，特别得宠，后来竟继承了巨额家产。元末陶宗仪《南

[1] 沈从文：《中国服饰史》，陕西师范大学出版社，2004 年。

[2] 周作人：《真说凉菜》，《知堂谈吃》，中国商业出版社，1990 年，第 147 页。

村辍耕录》。[1]

杜甫诗："苦辞酒味薄，黍地无人耕。"《羌村三首之三》。元朝以前的酒基本上都是黄酒，是用黍米酿成的。后来也用稻米。黄酒煮沸了，黍特有的暗香因气体分子活跃而变得特别浓郁，冲鼻入脑，引起心灵的陶醉。

白酒到元朝时才传来中国。李时珍《本草纲目·谷部四》卷二五"烧酒"："烧酒非古法也，自元时始创其法。"饮食史学者赵荣光还有更多的考证。[2]近代华人喜欢喝白酒的越来越多，对黄酒带来了严重的冲击。为什么会对白酒"移情别恋"？道理在于，白酒有个特性跟黄酒很相近。白酒酒精度高，而酒精有很强的挥发性，不用加热，喝到嘴里，挥发在气体中的酒精也会像热黄酒一样冲进鼻腔，因此能起到黄酒的功用，即清除鼻腔里菜肴气味的残余，让味道感官保持清新。现代华人非常喜爱喝啤酒，是因为啤酒含有压缩碳酸气，能代替热黄酒的"冲鼻"功能。

水果清香，推想果酒加热会更好喝？错！笔者做过实验，反而热出了一股子怪味儿。后来见到周作人的文章，兴奋于他对此早有发现："说也奇怪，葡萄酒、啤酒、白兰地烫热了真是不好吃。"上引他的小品文。缘故他显然不懂，才说"说也奇怪"，其实就在于，果酒是用水果酿造的，跟黄酒、白酒用的是粮食根本不同。果品跟蔬菜可以归为一大类，跟菜肴同属于"副食"。拿果酒配菜肴，副食配副食，"同性相斥"，就出了怪味儿。

黄酒是黍酒，黍是黄米，在"五行"配比系列中处于"中心"

---

[1]〔元〕陶宗仪：《南村辍耕录》，辽宁教育出版社，1998年，第84页。

[2] 赵荣光：《中国饮食文化史》，上海人民出版社，2006年，第125页。

地位。前引《礼记·月令》。黄酒对于华人，有着神圣的属性，是当然的“国酒”。不喝黄酒，就算不得华人。现今的同胞们不会对这话产生共鸣。他们会异口同声地说：黄酒跟中药汤子一个味儿。身为华人而不恋黄酒，那完全是因为忘记了——黄酒必须烫开了喝。不信试试，保管十天就上瘾。

不喝黄酒，劝你喝白酒也要烫热了。明代文臣陆容说，他夏天常喝凉酒，几年后病倒了，医生问：“公莫非多饮凉酒乎？”嘱咐他“酒不宜冷饮”，他说的就是白酒。陆容《菽园杂记》卷一一。黄酒没人不热饮，元代白酒传来，明代才流行。

黄酒应当是中餐事业的守护神。要老外接受中餐，关键是让他们学会家常饭的“饭菜交替”。这种吃法在现代酒席上已不可行，然而代之以酒菜交替，则本质依旧。黄酒热饮已被全民遗忘，这必将弱化对菜肴的赏味能力，动摇中餐的根基。

“自助餐”可能会毁掉中华文化

如今笔者参加大型聚会，最怕中午吃“自助餐”，吃完像中毒似的难受，只能等到下一顿“家常饭”来解毒。一次，主持活动的地方烹饪协会老会长酒后失态，喊道：“谁说自助餐好吃，他就是放洋屁！”

台湾张起钧教授说：“美国流行一种 cafeteria 的吃法，中文译称‘自助餐’，因其一应食物，连同餐具皆由自取，……”[1] 其实这

[1] 张起钧：《烹调原理》，中国商业出版社，1985年，第204页。

种吃法比"自取"更突出的本色是凉吃，所以把西餐的另一形式 buffet party 译成"冷餐会"倒是很恰当的。西餐并不是没有热菜，只是比中餐冷；自助餐则几乎等于"冷餐"。洋人居然能倒退到这一步，更表明他们根本不在意饭菜的冷吃热吃。

"热吃是中餐的灵魂"，在中国，"冷餐"本该没有立足之地。但经过几十年严酷的自我封闭，一旦打开大门，人们对外来文化"饥不择食"，只要新鲜就热烈欢迎。成批涌入的跨国集团公司经常举办招待会或大型宴请，动辄几百人同时进餐，现代生活又要快节奏，自助餐真是"生逢其时"，得到了广阔的"用武之地"。

蹩脚的自助餐居然走红，更得利于它是"乘虚而入"。"虚"指的是年轻一代赏味能力的下降。几十年前出现全民大饥饿现象，继而对美食进行全民"大批判"，必然造成这一结果。旧日小康以上的老食客可说人人都是美食家，相比之下，新时期的暴发户们个个都是"味盲"。正像香港食评家詹宏志先生所说："一代食家凋零，恐怕还得用一段时间来补补课。"为台湾朱振藩《食林外史》所作序言。

张起钧教授早就看出了自助餐跟中餐的对立。他说："此法（自助餐）可行于西方，而不宜用之于中餐。假如中餐用这种办法吃，那不如干脆把中国的烹调艺术取消算了。"自助餐的冷冰冰，会坏了国人在"味道"上的千年"道行"，甚至会坏了整个中华饮食文化。

中餐之美，不光在单个菜品的味道上。菜肴品类繁多，繁了就会杂，就是古人说的"丛然杂进"，凉热荤素一起下肚，不仅没了美味，更会造成脾胃不和。元代养生家贾铭在专著《饮食须知·序》中说："丛然杂进，轻则五内不和，重则立兴祸患。"自助餐的食品多达百十种，赶得上一席中餐的菜肴，但两者却有本质上的不同。中餐体现着中华文化的“整体性”，使各因素的关系达到理想的平衡。陶文台专著有“宴席”一节，谈到菜品的色、香、味、形、口感等方面的搭配，时间上更要讲究冷碟、热炒、“头菜大件”、饭食、羹汤等“格局”。[1]

自助餐的吃法，宾主随意落座、自由走动，甚至站着吃，在破除宴席礼仪的同时，也颠覆了中餐所具有的社会功能。后边将要详谈。往严重处说，这可能会动摇中华文化。

---

[1] 陶文台:《中国烹饪概论》，中国商业出版社，1988年，第206页。

第二节 “馋”的研究

美食家≠大肚汉

孟子说过，人的口味大致相同。《孟子·告子上》：“口之于味也，有同嗜焉。”那说的只是人的共性，像猫儿都爱吃腥一样，没有涉及个性的千差万别。《孟子》有言曰“鱼，我所欲也”，但有人闻见腥味就想吐。关于吃，容易想到的是物质方面，包括食物的营养成分，人体的生理需要。深入美食层次，就是进入精神世界了。

宋代笔记说，宰相赵雄以饭量特大而闻名，皇上好奇，请他吃饭，酒喝了六七大碗，100个馒头吃了一半。无独有偶，赵宰相曾经找人陪伴进餐，被荐来的一位官员更不得了，一顿饭吃了猪羊肉各五斤，海碗酒水还不算。告别时，忽听此人腰间响了一声。宰相估计他撑得“肚肠迸裂”，转天派人看望，他谢道：我官小俸禄薄，终年不得一饱，昨天撑破的不过是裤腰带而已。周密《癸辛杂识·健啖》。“大肚汉”哪个民族都有，没像中国老年头那样的。当官的还不饱呢，百姓“糠菜半年粮”，人人练就一副大肚皮。苏东坡创造“老饕”这个词儿时怎么没想到跟“大肚汉”的内涵混淆？因为他还脱不开中国“饥饿文化”的背景。

前边说过，人饿极了吃东西觉着味儿格外香。同样是嗜好美味，饿鬼跟老饕是不一样的。饥饱的程度掩盖了嗜好的程度，孟子就谈过这个道理。《孟子·尽心上》：“饥者甘食，渴者甘饮，是未得饮食之正也。”因为吃的两种动机搅在一起，同是人，要弄清“不同的个体对味道的嗜好是否一样”，是一个难度极大的问题。苏东坡何等聪明，也显得头脑不清。他写了一篇《老饕赋》来歌颂讲吃的人，《苏东坡集·续集三》。堪称“美食家宣言”，但题目里就把意思弄混了。

“老饕”来自古老的词语“饕餮”，是贵族“肉食者”铸在青铜鼎上用来“护食”的怪兽。老饕，《辞源》的解释是“贪吃的人”。这个词始见于北齐时代的谚语，本义是“老而能饕”，就是俗话“老饭量”。宋代吴曾《能改斋漫录》卷七：“颜之推云：‘眉毫不如耳毫，耳毫不如项绦，项绦不如老饕。’此言老人虽有寿相，不如善饮食也。故东坡《老饕赋》盖本诸此。”古人认为耳朵、脖子上的长毫毛，跟长寿眉一样都是“寿相”。苏东坡首先借用在美食上，随着《老饕赋》广泛流传，这个怪词变成了美食家的代号。

“饕餮”，既然跟饥饿有密切关联，便天然有两重含义：一是专门想吃美食，一是平常食物也贪心没够。后一种含义跟“美食”可没有多大关系。梁实秋说“美食者不必是饕餮客”，《雅舍谈吃·芙蓉鸡片》。我还嫌含糊，该进一步强调：“美食家‘绝不是’饕餮客。”

饕餮客吃得比一般人多，美食者吃得少而精。这是饮食文化进步的规律，从美食家袁枚的诗句能看得很清楚：“不夸五牛烹，但求一脔好。”《兰坡招饮宝月台》。[1] 近代北京有面向美食家的高档菜馆，专门用小盘子来标榜菜肴的精美，还特意盛得很不满。梁实秋《雅舍

[1]〔清〕袁枚：《小仓山房诗集》，《袁枚全集》第一册，江苏古籍出版社，1993年，第688页。

谈吃·芙蓉鸡片》:“东兴楼的菜概用中小盘，菜仅盖满碟心，……或病其量过小，殊不知美食者不必是饕餮客。”

说到“美食家”，这本来不是汉语之词,《辞海》里都没收。现代人梁实秋用得较早，起先叫“美食者”，跟“饕餮客”对应。“美食家”来源于法语。美食家 gourmand,《美国传统双解辞典·语源》:“from Old French”，汉译也作“善食者”，仍有“贪吃”意味。派生的 gourmet，汉译“美食家、能品尝食物和美酒的行家”。英语里跟“老饕”近义的有 4 个词，3 个都以胃为词根，gastronomist 意思也是贪吃者；gastrologist，烹饪学者、胃病学家。通晓法文的钱锺书先生还宁愿用“老饕”。他把法国的美食刊物 *Almanach des Gourmands* 译为《老饕年鉴》[1]。

“馋”是个很深的课题，从来没人研究过。梁实秋在短文《馋》里肯定英人没有“馋”的概念。此文《雅舍谈吃》不收。[2] 智者钱锺书曾用“拟人法”的寓言形式谈论馋：爱吃馆子的舌头对肚子说：“你别抱怨，这有你的分！你享着名，我替你出力去干……”然而对美味没有感觉的肚子抱怨说，你贪馋却要我辛苦。[3] 显然酒囊饭袋的肚子是吃的代表。这象征了充饥跟解馋有本质的不同。

起用“馋虫”替换“老饕”

对待吃，人有各种类型。清代美食家朱彝尊把吃客们分为三

[1] 钱锺书:《吃饭》，聿君编《学人谈吃》，中国商业出版社，1991 年，第 83 页。

[2] 梁实秋:《梁实秋谈吃》，北方文艺出版社，2006 年。

[3] 钱锺书:《吃饭》，聿君编《学人谈吃》，中国商业出版社，1991 年，第 79～81 页。

类：一是“铺馁之人”，饭量特大，不挑肥拣瘦；“食量本弘，不择精粗。”二是“滋味之人”，追求珍奇之味以至于“养口腹而忘性命”；三是“养生之人”，吃腻了厚味而回归清淡。朱彝尊《食宪鸿秘·食宪总论·饮食宜忌》。后两种人合起来近似于今天所谓的“美食家”。在西方，饮食文化发展进程不同，这两种人都是极少的。为口福不惜一死的有吗？

怎么称呼脱离了饥饿的贪吃？今天都知道叫“馋”，却想不到这个字出现得很晚。“馋”字《说文解字》里没有。道理可能在于要等上述“美食文化熏陶”的条件具备。最早的例句只能举出唐代韩愈的诗。《韩昌黎集》卷五，《月蚀诗效玉川子作》：“女于此时若食日，虽食八九无馋名。”笔者研究饮食后很久，却在汉代的《焦氏易林》里发现了“馋”的句子。西汉焦延寿《焦氏易林·蒙之第四·需之·解》：“一指食肉，口无所得。染其鼎鼐，舌馋于腹。”《辞源》给“馋”的解释是“贪嘴、贪吃”，“贪嘴”还算准确，俗话“肚子饱了嘴不饱”。“贪吃”则大错特错。最早收入“馋”的字典是唐代的《玉编》，解释为“食不嫌也”，同样混乱：“不嫌”是不讲条件，而“馋”的特点正是讲条件：吃这不吃那。

苏东坡的诗提到“清贫馋太守”，说的是这位太守最馋竹笋。《筼筜谷》：“料得清贫馋太守，渭滨千亩在胸中。”东坡诗中还有“馋涎”一词，可见“馋”字在宋代大为流行。《次韵关令送鱼》：“举纲惊呼得巨鱼，馋涎不易忍流酥。”汉唐以前的华人不能说没有馋的感觉，只是特殊的饮食文化背景使人们没能把馋跟饥饿感分辨清楚。

管馋嘴的人叫“美食家”不恰当，馋得要命也未必够得上“家”，况且是外来语。馋是一种脾性，称呼这种脾性突出的人，倒是可以叫“馋人”。台湾史学家、美食家逯耀东就爱自称“馋人”，他给美食家唐鲁孙的书写序言，题名“馋人说馋”。[1]但“馋人”不是个词儿，电脑词库里都没有，也太缺乏文采。

更好的名称早就形成。笔者发现宋代馋人陆游用过“老馋”。《戏咏乡里食物示邻曲》：“湘湖莼长涎正滑，秦望蕨生拳未开，……老馋自觉笔力短，得一忘十真堪咍。”“老饕”的错乱它没有，长处它具备，为什么没有流行起来？推想陆游的名气没有苏东坡大，“老馋”作为一个词只出现过一次，敌不过《老饕赋》的整篇；更因为“老饕”已经先入为主了。

笔者主张推行“老馋”代替“老饕”，只怕也无济于事，因为人们宁愿容忍惯用词义含有的错乱。民间俗话有个“馋鬼”一词，一时很难从权威文献里找到例句。周作人爱用“馋痨”一词，至少用过三回，如短文《吃肉》中说，有“鸡豚”吃就够了，“无须太是馋痨，一心想吃别个的肉”。[2]又在一篇书话里说：“捏起饭碗自然更显出加倍的馋痨。”[3]“痨”曾是不治之症，跟鬼同样伤雅；再说馋鬼、馋痨都被饥饿扭曲了。《孟子·尽心上》说：“饥者甘食，渴者甘饮，是未能得饮食之正也。”

幸而梁实秋用过一个好词：馋虫子。他回忆儿时吃炸小丸子，每人分两三个，“刚好把馋虫子勾上喉头”。《雅舍谈吃·炸丸子》。旧笔记中常见这样的掌故：“馋痨”病人经神医下药，果然吐出一堆虫子。用虫子代表“饱了还贪”的馋人是非常恰当的。现今正流行用“虫”来称呼具有某种特长或癖好的人，譬如“网虫”，所以，强烈推荐

---

[1] 逯耀东：《馋人说馋》，《唐鲁孙谈吃》逯耀东序，广西师范大学出版社，2005年。

[2] 周作人：《知堂谈吃》，中国商业出版社，1990年。

[3] 周作人：《隅田川两岸一览》，钟叔河编《知堂书话》，中国人民大学出版社，2004年。

“馋虫”这个词，来填补我们美食之邦的一大词语缺陷。

“口刁”：美食家不吃黄瓜、香肠

“饕餮客”，从字面看该是什么都吃不够，即俗话“不忌口”。“馋人”里，有一些特别极端，跟“老饕”正好相反，这也不吃那也不吃，俗话“口刁”。这种人很少，所以更没有称号，只好先叫“口刁者”吧。人为什么“不吃”某种食物，原因不清楚，也未闻有人研究。但既是因人而异，便属于高级的个性，而非低级的本能。

清代美食家梁章钜可算“口刁者”的典型。他曾开出一份《不食物单》交给家人跟家厨，为了避免反复嘱咐，“以省口舌之烦”。《浪迹丛谈》。所列“不食”的食物分两大类：一是根据祖传信仰而“深戒者”，例如狗肉。道教忌吃狗肉，列为“三厌”（天厌雁、地厌犬、水厌鲤鱼，因其知礼义而忌食）之一。二是他个人生来就不吃的“深恶者”，例如香菜。不吃几样东西的人很平常，但梁章钜“不食”的竟达 23 种，包括鳝鱼、猪头肉、排骨、鸡蛋汤、香肠、黄瓜等人人爱吃的美物。

历史上的大美食家，饮食行为往往有点古怪。苏东坡发明了慢火炖肉，那篇讲做法的顺口溜《猪肉颂》有“贫者不解煮”，可见主要是为了向穷人推广。而他自己却多次歌颂莱菔（又名芦菔，即萝卜）、芥菜，嘲笑晋代那个名叫何曾的大官就爱吃肉。《撷菜》：“秋来霜露满东园，芦菔生儿芥有孙。我与何曾同一饱，不知何苦食鸡豚。”“东坡肉”是后人起的称号，“东坡羹”（芦菔羹）则是苏东坡自己命的名，他还在高雅诗篇中说：可千万别透露给官僚崽子，让他们吃臭肉去吧！《狄韶州煮蔓菁芦菔羹》："中有芦菔根，尚含晓露清。勿语贵公子，从渠醉膻腥！"另有荠菜羹，做法很奇怪：既要求用油，又要极力避免有"油气"。《与徐十三书》："取荠一二升许，净择，入淘了米三合，……同入釜中，浇生油一蚬壳，当于羹面上。不得触，触则生油气，不可食。"按，"气"在古代食书中特指恶劣的气味。怎么做，谁也讲不清楚。这给人以挑剔、乖戾的感觉。美食家袁枚也极为挑剔，常为没吃舒服而大发牢骚。一位富商设家宴款待他，菜肴丰盛达40多种，但他却说："愈多愈坏……主人自觉欣欣得意，而我散席还家仍煮粥充饥。"《随园食单·戒单》。他还有一次坐席，"诸菜尚可"，就因为"饭粥粗，勉强咽下"，结果"归而大病"。同书《饭粥单》。

"口刁"的内涵比较复杂，还得进一步分析。《庚溪诗话》说宰相蔡京吃一碗"鹑羹"要用鹌鹑千只，记载简略，不知做法。很可能是为了摆阔而故意挥霍，跟"知味"没什么关系。晋代的何曾是一种类型，他每天的膳食要花费"万钱"，还说没地方下筷子。《晋书·何曾传》："日食万钱……无下箸处。"这肯定有摆阔的一面，但他又确有"口刁"的一面，馒头不蒸"开花"的他不吃。"蒸饼上不拆作十字不食。"开花的馒头确实有更好的口感，俗话说就是"暄"。从我家乡话的古音来分析，"暄"应写作"轩"，取其宽大之意。

唐代某豪门弟兄吃饭，不是无烟的"炼炭"做燃料的不吃，原因是嫌有"烟气"。一次经宴会主人再三恳求，哥儿俩尝了一点点儿，面面相觑，说就像"吞针"一样受不了。"置一匙于口，各相眄良久，咸若啮檗吞针。……乃曰：'……凡以炭炊馔，先烧令熟，谓之炼炭，方可入爨，不然犹有烟气。'"出于唐代康骈《剧谈录·炼炭》。见北宋《太平广记》。[1] 虽然可以说

[1]〔宋〕李昉等编：《太平广记》卷三五一，中华书局，1961年。

他俩是“吃饱了撑的”，但从理论上说，二人堪称“口刁”的真正典型，因为他们是从反面抵制食物的弊端。

“口刁者”有个共同特点，吃的量都比较小。这让人想到老子的名言：“少则得，多则惑。”《道德经》第二十二章。也就是俗话说的“美物不可多用”。

“尖馋”与“清馋”：黛玉爱吃螃蟹吗？

《红楼梦》第三十八回描写贾府里怎么样吃螃蟹。林黛玉只肯吃点儿蟹螯里的“夹子肉”，蟹黄更贵重更讲究，她却不取。不能说她不馋螃蟹，那她可以躲开；只有蟹脚白肉她才能接受。她之不吃蟹黄，跟晋代何曾吃馒头只吃开花的比起来，又有“正面挑选”“反面挑剔”之别。不开花的馒头只是“价值不足”，蟹黄对于林黛玉是有“负面价值”的。

从反面挑剔者，不吃的甚至多过能吃的，这是“口刁者”中最尖刻的一类。北方京津地区的土话中有个词倒够准确，叫“尖馋”，表现是“择食”，产妇、病人最常见。产妇择食是因为缺乏某种营养成分，病人择食则是因为胃口不开。两者比较，病人的择食就是反面的，也更绝对。

筵席上一味地大鱼大肉腻倒了袁枚的胃口，他便回家煮粥充饥。饮食行为的这一细节是他个人的，却能代表一个群体的倾向。粥是最粗疏的饮食，近乎于“吃糠咽菜”。中华美食运动有个明显的轨迹就是“返璞归真”。先是由于兽类的缺乏而极为珍视肉食，物极必反，吃腻了荤的必然转而崇尚素的。苏东坡对蔬菜的偏爱便是美食运动转向的标志。转向绝不是倒退，而是螺旋式的上升。

明末清初的散文家张岱，国破家亡后成为隐士之流，他写的“性灵小品”成了文学新高峰。张岱描写自己口味的特点，用了个词叫“清馋”。《陶庵梦忆·方物》：“越中清馋，莫过于余。”他列举了自己所馋的食物，只有几十种，大多是韭芽、莼菜、红腐乳、山楂糕之类；“荤物”只有白蛤、河蟹等寥寥几种。

细细品味，就能辨别出“尖馋”跟“清馋”的不同。“尖馋”反映的可以是不良的机体状态，林黛玉像古代美女西施一样，都是有病在身，一个害肺病，一个害胃病。以致形体清瘦。《管子·形势解》：“飬食者不肥。”笔者曾以为“飬食”近似俗话“择食”，但查辞典上“飬”的解释是“嫌食”，那多半是患了消化系统的病。“清馋”反映的则肯定是高雅的精神境界。还从《红楼梦》描述吃螃蟹的细节来看。注意林黛玉跟王熙凤两人的吃法完全相反：林黛玉只吃一点儿蟹螯中的白肉，王熙凤却违背了美食家公认的“蟹必须自剥自食”的吃法，偏吃剥得现成的。她“站在贾母跟前剥蟹肉，头次让薛姨妈，薛姨妈道‘我自己掰着吃香甜，不用人让’，凤姐便奉与贾母”。王熙凤专吃蟹黄，要丫鬟平儿剥了一大堆给她吃。“平儿早剔了一壳黄子送来……”这不能简单地归为“萝卜青菜各有所爱”。贪吃油腻的蟹黄，是“老饕”的习性；只吃清气的蟹夹子白肉，则是典型的“口刁”。林黛玉的口刁，一方面的缘由是她病弱的体质。新陈代谢不旺盛，对热量的需求减少，使“胃口”的营养因素被剥离，于是表现为感官选择性排斥的高雅境界。

“口刁者”跟“饕餮客”相比，一方面是品位水准高出一等，另一方面是艺术素养也高出一等。《红楼梦》中不吃蟹黄的林黛玉最有诗才，而贪吃的王熙凤是不懂诗的俗物。第三十八回中各位“金钗”

都有吟蟹的诗，唯独她写不了。“清馋”是高雅的士人阶层共同的饮食审美取向。苏东坡、陆游有无数歌颂青菜的诗。南宋时代，“清馋”的清高群体成为食尚的引领者，出现了一本隐士食谱的奇书——洋溢着诗意的《山家清供》，其中的美食都散发着林泉的“清味”，寄托着高雅的精神享受。

“大馋者寡食”

“口刁者”“忌口”的东西多了，很容易被看成“美食家”的对立面。然而，就连把他们当成美食运动的局外人，也大错而特错了。甚至可以说，“口刁者”是比“馋虫”更挑剔的食客，他们才是美食运动的真正主导者，尽管还没人认识到他们的伟大功劳。

最早关注“事物的反面”的是哲人老子，最早关注“运动的反向”的还是老子。美食方面当然也不例外。他那预见文明发展规律的名言，日益让全世界惊叹：“大方无隅，大器晚成……大音希声，大象无形……”《道德经》四十一章。魏源《老子本义》引宋吕惠卿曰：“以至音而希声，象而无形，名与实常若相反者也。”汉代的老子信徒扬雄，仿照老子的思想和语句，把同样的意思引申到吃上，加了一句：“大味必淡。”《解难》。我们不妨仿照扬雄，再进一步，提出另外一句：“大味寡食。”“大器晚成”的老话是有错的，出土帛书《道德经》证实，原文为“大器免成”。[1]“免成”确实比“晚成”更符合老子的思想。这样，根据《道德经》一连串“无”“不”的否定句，就能提炼出一个公

[1] 何琳仪：《长沙帛书通释》，《江汉考古》，1986年第1～2期。

式：A＝不A。套用这个公式，就可以得出“大馋者不食”的极端判断。馋到极点就什么也不吃了，这个惊人的推导能成立吗？

先讲个西洋掌故：柏林墙倒塌前，艺术家卡普罗在西德一侧用蛋糕奶油砌成一段大墙，让围观者抢吃一空，吃的看的都感到愉悦、受到启迪，很像艺术作品达到的效果。这叫“行为艺术”（performance art），“行为”有“表演”的意思。尽管属于国际前卫，但在博大缤纷的中华饮食文化中却是“古已有之”。

中国文化是“官本位”加“食本位”，当小官也得“为五斗米折腰”。追求精神自由的隐士，把饮食的“厚味”看作官场恶浊的表征，便想法借“吃”发挥。这里介绍一件经典“作品”，供读者鉴赏、品“味”。

作品题目：银丝供。背景：中华文化中美食与音乐的相通。情节：一位隐士画家举行宴会，吩咐家厨做“银丝供”款待宾朋，还交代“要细心调和，要有真味”！食客们都料定这回有脍炙人口的生鱼丝了。只见仆人托出一架琴来，琴师随着出场，弹奏了一曲《离骚》。原来“银丝”指的是琴弦，“调和”是调准音高，“要有真味”指的是陶渊明的名句“此中有真味”。本作品出自《山家清供·银丝供》。

前边说过中国美食运动的规律：口味越是高级越是清淡，这跟人的精神追求是一致的——传统士人的最高理想是“功成身退”，修炼成仙。完美的楷模是汉朝的张良。他为“天下”建成了设想的秩序后，不想享受“钟鸣鼎食”的尊贵，毅然躲进山林，修炼“辟谷”之术——绝食了。《史记·留侯世家》：“（张良）乃学辟谷，道引轻身。”接着还说，后来他看着吕后的面子，吃过一回，可见真的“绝粒”了。

第三节 “餐式”种种尽成双

可能因为深受阴阳、水火等“对立统一”思维模式的影响，实际上又跟中华饮食文化中的饭与菜、鲜与香之类二元并列互相匹配，中餐现象中充满“成双成对”的特有格局。这里先列举一些重要现象，后文还要做深入探讨。

饮与食

在汉语里，“饮食”是最古老的词儿之一，先秦典籍里触目皆是。这个词指的是一切入口的吃食，不分吃的喝的。例如《诗经·小雅·天保》：“民之质矣，日用饮食。”如果强要区分，古人也知道“食”比“饮”更重要，“饮”的可以是取之不尽的凉水。孔子形容学生颜回的生活，就先说“食”后说“饮”。《论语·雍也》：“一箪食，一瓢饮……贤哉，回也！”一些记述，实际上先谈吃后谈喝，却照样用“饮食”来概括。例如《礼记·礼运》先概括说“礼”始于“饮食”，却是先吃后喝，“其燔黍捭豚”在前，“污尊而抔饮”在后。

洋人会很奇怪：为什么中国话总是饮在食先？再对照词典，跟“饮食”对应的洋话，只能是 food and drink（食与饮）、rice and soup（饭与汤）或者不分吃喝的 diet。连东洋人也适应了从中国引进的习惯，现代日语经常只提“食”不提“饮”。例如贾蕙萱教授的书《中日饮食文化比较研究》[1]，古田朱美的日文译本序言说：“本著は日本と中国の食文化について比較研究を行ったことは先駆的なものである。”日文题目就变成了“中日食文化比较研究”。

“饮在食先”的错乱，或许是在文化源头上就决定了的。肉食时期，吃鱼的老祖先就养成了亲水的食性；进入“粒食”生活时期，最初吃的是焦煳的烘米，干得要命；后来烹饪技法又是水压倒火。水对生命极其重要，几天不吃饭能活，不饮水则必死。这都影响到对“饮”的强调。

干与稀

对“饮”的重视，表现为“餐式”就是“干稀搭配”。上文说颜回“箪食瓢饮”喝的是凉水，是最原始的“干”“稀”。那年头穷人也有“浆”来送饭。“嗟来之食”的著名典故说明，救济路上的饥民都得一手干的一手稀的。见前述《礼记·檀弓》：“黔敖为食于路……左奉食，右执饮。”“浆”是发过酵的米水，有点儿酸味，胜过清水。贵族人家用肉汁当稀的，就是羹；平民吃不起，便发明了廉价的代用品。用富有黏性的树皮炮制，名叫“滫瀡”。《礼记·内则》：“滫瀡以滑之。”再一步，美味的

[1] 贾蕙萱：《中日饮食文化比较研究》，北京大学出版社，1999 年。

糁（米屑）羹普及各阶层，于是“羹、饭搭配”成为汉代以前的固定餐式。羹进化为炒菜后，“干稀搭配”继续保持，直到现代饭后的“汤”。在面食盛行的北方，吃够了馒头就菜，习惯上还要喝点儿“稀的”收场。“稀的”有面汤（包括“疙瘩汤”）或稀饭（粥）。干稀搭配，恰好符合中国人的“阴阳”观念。

粥或稀饭又有“饭、菜搭配”，得佐以咸菜，无味反衬有味。咸菜要量少而味强，除了咸还讲究口感脆爽、味儿清香，像腌黄瓜、酱豆腐之类。黄云鹄《粥谱·粥之宜》说：“蔬宜脆，宜菹，宜盐醢之物。”这种对搭配的重视，能在高层次上体现美食家的水准。袁枚《随园食单》特设“小菜单”一节，高度评价咸菜，说能“醒脾、解浊”。中医认为主管食欲的脏器是脾，洋人不爱吃咸菜，他们的脾还没睡醒哩，怎么能欣赏美味！

荤与素

洋人吃肉又吃菜，不也是“荤素搭配”吗？不然，西餐的荤、素够不上“搭配”。中餐的“素”，不光指蔬菜，蔬菜也有很多是洋人没听说过的，如木耳、竹笋、豆芽。更包括粮食预制的烹饪原料，像豆腐（及派生的“豆制品”系列，如香干等）、面筋、粉条之类。据说豆腐发明于汉代。面筋古称“麸鲊”，明人高濂《遵生八笺》始有记载。粉丝，北魏《齐民要术》已记其做法。这些都是世代探索的结晶。例如面筋，从“鲊”（以鱼肉为料的失传美食）的旧称可见发明的曲折。“荤”是肉食的总称，其字形却带“艹”，本指烹调肉料所需的葱、蒜等调料。这表明，中餐是站在吃蔬菜的立场上的，这才能得出袁枚“素压倒荤”的认识。《随园食单·杂素菜单》：“富贵之人，嗜素甚于嗜荤。”中餐厨艺的最高表现，在于素菜的烹调。宋代素菜蔚然成风。《东京梦华录》《梦粱录》记载有很多素菜馆。《山家清供》有“假炙鸭”“素蒸鸡”等多道素菜。用瓜果之类容易“赋形”的食材做质料的，“素菜荤做”，达到了以假乱真的地步。[1]这是洋人闻所未闻的。

西餐里的蔬菜是肉的点缀，生的或煮熟的，摆在烤肉盘子里。没有参与烹饪过程。中餐缺肉，便在素料上下功夫：先是蔬菜为主料，肉成了“味精”；尝到美味上了瘾，纯肉也要配点儿蔬菜。肉里加蔬有个动词“芼”，《仪礼·公食大夫礼》：“三牲皆有芼者，牛藿、羊苦、豕薇也。”“素”便深入“荤”的内部。更有上一层次的荤素搭配：一桌菜肴要有荤有素，连“大锅炒、小勺舀”的“经济盒饭”也以“四荤一素”为号召。荤素成双，符合中华文化的阴阳对应的模式。《礼记集解·曲礼上》：“食饭燥为阳，故居左；羹湿是阴，故右设之。”《随园食单·杂素菜单》：“菜有荤素，犹衣有表里也。”

酒与肉

“喝酒不就菜，抱着孩子谈恋爱”，开放之初流行的“老美八大怪”说这话，真是少见多怪。老辈人认为酒不“就”菜没法儿喝，“菜”还得是肉。“酒肉”就像一对夫妻一样难解难分。从《诗经》时代，“旨酒”（美酒）就总得跟着“嘉肴”。《小雅·正月》：“彼有旨酒，又有嘉肴。”《小雅·车舝》：“虽无旨酒……虽无嘉肴。”“肴”（殽）就是肉。

俗话说“无酒不成席”。酒，从上古就是宴席上的主角。《诗

[1] 王子辉：《素食纵横谈》，陕西科学技术出版社，1985年，第199～213页。

经·小雅·鹿鸣》："我有旨酒，以燕乐嘉宾之心。"肉，至今是酒的随从。酒，其实是粮食的精华。《本草纲目·谷四》中"酒属·谷部"卷二五。跟"精华"对立的"糟粕"，本义正是做酒剩下的废物。肉，是菜肴的精华。大美食家李渔说："古人饮酒，即有下酒之物；食饭，即有下饭之物。"《闲情偶寄·饮馔部·谷食第二》。"下酒"属于中餐的"下饭"范畴。这是中餐"饭菜搭配"的本质属性。"下饭"前边已有详述。精华就得跟精华配对，也得有"酒肉交替"。先民早就养成了"饭菜交替"的习惯，酒比饭更浓郁，"下酒"就该比"下饭"更精美。至于说孔乙己"就茴香豆"，鲁迅《孔乙己》。那是穷得不得已拿代用品凑合。代用品里，茴香豆的浓郁也是最接近肉味的。

分析起来，"下饭"跟"下酒"的功用是有差别的，说法上也不同。"下酒"也叫"案酒"。《辞源》引元曲："买些新鲜案酒。"《水浒传》中，山路上喝酒解渴，拿枣子权充菜肴，用的词是"过酒"。第十五回："送这几个枣子与你们过酒。"让人想到"过门"能让人交替欣赏乐器之美、歌喉之妙。"下"跟"过"可以交替使用。《齐民要术》说鳢鱼脯"过饭、下酒，极是珍馐也"。尽管有的菜肴跟酒、饭搭配都很适合，梁实秋《雅舍谈吃·鱼翅》："致美斋的鱼翅，……下酒、下饭，两极其美。"但下酒、下饭是有分工的。唐朝就有了专门适宜下酒的"酒肴"。段成式《酉阳杂俎》卷七"酒食"："邺中鹿尾，乃酒肴之最。""下酒"量少而精，味道也要鲜美得多。从《金瓶梅》的菜谱来看，下酒无羹汤，而下饭多热菜。

中国人拿肉配酒，绝不光是饮食习惯，而是确有道理。宋代就有人认识到酒、肉能相互作用。宋赵希鹄《调燮类编》："煮肉……以酒付之，则易烂而味美。"至今厨师炒肉还加"料酒"。"酒肉"翻译成英文，肉carnivorous可以当"饭"，跟酒也许没关系。老美"喝酒不就菜"，是没领略过酒、肉的相得益彰，倒是个习惯问题。

家常饭与宴席

谚语说："家常饭好吃，常调官难做。"现今的宴席，偶尔吃吃，谁都盼着下回，三天两头吃宴席，谁也受不了。问"宴席"跟"家常饭"有啥差别？洋人会说，不就一个丰盛点儿，一个简单点儿吗？对于中国人，那差得可大发了。中国"粒食者"，老祖宗传下了"饭菜交替"的"基因"。尽管馋肉，怎奈消化系统已经在"以饭为主"上定了型。所以孔夫子断言饭不能让肉压倒了。《论语·乡党》："肉虽多，不使胜食气。"办宴席也叫"请客吃饭"，可几乎没饭，当然跟"家常饭"根本不同。旧时中国人常年半饥半饱，甚至吃糠咽菜，肚子里严重缺少"油水"，主人投客所好，大鱼大肉猛劲儿上，有人就会吃不消。"物极必反"，高层次的食客更讲究荤素搭配。美食家袁枚说，他有回赴宴，归来大病一场，就因为主人忽略了"粥饭"。《随园食单·食粥单》。

"家常饭"好吃，自古已然，如今变得更甚。笔者自从参与餐饮界的活动，就怕吃席，回家总得来点开水泡饭就咸菜，肚里才觉着消停。为什么如今宴席更难吃了？我相信自己悟出了缘故：旧时人们肚子空，食量大，席上尽管酒肉为主，也有饭菜，所以菜肴有下酒、下饭之分。随着肚子日渐"有底"，先是"饭"免了，后来由于种种"富贵病"的肆虐，喝酒的也很少了。更有，别忘了古人喝的大多是黄酒。杜甫《羌村三首之三》："莫辞酒味薄，黍地无人耕。"酒精度很低，更接近于饭，所以梁山好汉能"大碗喝酒，大块吃肉"。如今喝白酒，从分量上本来就跟菜肴失去了平衡，何况多数人戒掉了酒，一口连一口地吃菜，甚至夹带着喝有怪味的可乐等碳酸饮料。

对于国人，这简直成了对胃肠的折磨。要保护中餐，主要靠“饭菜交替”的家常饭。同样要紧的是，得大力提倡宴席的正确吃法：恢复喝黄酒，必须像古人那样烫得滚热，道理后边要讲。一口酒、一口菜。

正餐与小吃

周作人有篇随笔谈到，他家乡的老人如果哪天胃口不开，就诉苦说：“饺子之类也相当吃了些，可是饭并没有吃。”南方人认为面条、饺子都只能算“点心”。唐代传奇《幻异志·板桥三娘子》：“置新作烧饼于食床上，与诸客点心。”它跟“下饭”一样先是动词，后变为名词。北方话的“点心”指的是糕点。周作人《点心与饭》说，家乡话里有糕点属“干点心”，饺子属“湿点心”。[1]“粒食”的国人，每餐汲取的热量不是很足，没到下顿又饿了，需要“垫补”一下，所以才有了“点心”。另一方面，追求“味道”的国人不饿时也酷爱满足“口福”，但要限于量少而味浓的精品，“点心”又得名“小吃”。宋人《能改斋漫录》：“世俗例，以早晨小吃为点心。”普通话是以北方话为基础的，“小吃”完全取代了南方的“点心”。小吃流行后又出现了“正餐”的概念。正餐又要蒸饭又要炒菜，“垫补”贵在便当，就想法让主食、副食结合，于是“粒食”被碾成粉加水和成团。汉代外来的面粉（麦粉）普及于北方，吃法正是先和面，形成富含蛋白质的面团，热凝成“饼”。饼起先是面食的统称，《释名·释饮食》：“饼，并也，溲面使合并也。”唐代长安的胡饼（芝麻烧饼）又咸又香，不用就菜，可算典型的“小吃”。

---

[1] 周作人：《知堂谈吃》，中国商业出版社，1990年，第87页。

面条、饺子主食与副食合一，经历过曲折的过程。晋代“索饼”（面条）流行，束皙《饼赋》的描写详细而生动。主食变了样，“菜”也跟着变成很咸的肉“卤”，饭菜合一，实现了中餐体式上的革命。饺子的发明当在煮面条之后。皮裹馅儿，可能又是受了粽子的启发，粽子古称“角黍”，后世北方话“角”与“饺”读音相近。听先辈说，驻烟台的英国领事夫人曾试做饺子失败，原来是她包好了就下到凉水里煮，成了一锅糊涂酱。分析起来，饺子、面条同是饭菜合一，不过来了个“阴阳转化”，从“卤面”的副食在外、主食在内，变成饺子的“馅”在里、皮在外。唐代出现的饺子，被形象地叫作“汤中牢丸”。段成式《酉阳杂俎》卷七“酒食”。更早的肉馅包子本名“馒头”（谐音“蛮头”），传说三国诸葛亮南征时用它代替祭神的人头。

后世小吃的花样不断争奇斗艳，大量品种都超出了上述的基本模式。

第四部

吃与中西文化及人类文明

第九讲

“调和”与华人的人生哲学（伦理、艺术）

- “水火”：中华文化哲学的独特范畴
- “和”＞烹调＋音乐＋伦理＋政治＋哲学……
- 吃出来的华人“通感”及“诗性思维”

第一节 “水火”：中华文化哲学的独特范畴

“蒸”的意义涵盖了中华文化

“蒸”，古书中常用“炊”。《水浒传》里的武大郎卖的本是“蒸饼”（即馒头），宋朝人避讳皇帝的名字，宋仁宗名赵祯，蒸与祯音近。改成“炊饼”。但早在南北朝时期，《齐民要术》谈到造酒时就反复说“炊饭”。如卷七“作粟米炉酒法”一节说“夜炊粟米饭”。“炊”只是技法，而“蒸”有着无尽深广的文化意义。

“蒸”字的字形本来是“烝”。《诗经》描写淘米蒸饭，原文就用“烝”。《诗经·大雅·生民》：“释之叟叟，烝之浮浮。”高亨注：“烝，蒸也。”苏东坡记述做酒法，用的也是“烝”。苏东坡《酒经》：“吾始取面而起肥之……烝之使十裂。”

“烝”的字义多得惊人。据台湾卷帙浩繁的《中文大字典》，有义项40多条，大陆的《汉语大字典》择其要者也有11项。“烝”属于火部，《说文解字》给出的基本字义是“上升的火气”。《说文解字》：“烝，火气上行也。”《汉语大字典》的解释，头条是祭礼，特指“冬祭”。《礼记·王制》：“天子诸侯宗庙之祭，春曰礿……冬曰烝。”推想冬天摆供的熟食，上升的热气触目可见。祭祀可是古代部落生活中的头等大事。《左传·成公十三年》:“国之大事，在祀与戎。”“烝”的其他意思中，重要的还有“众多”“长久”“国君”“美好”等。

“烝”就是众多。《尔雅·诂释下》:“烝，众也。”众，首先说的是众人。《左传·桓公十一年》:“师克，在和不在众。”

“烝”就是长久，《诗经·小雅·南有嘉鱼》郑玄笺:“烝，犹言久也。”也就是“寿”。古语常言“五福寿为先”，华人历来以长寿为价值核心。

“烝”就是国君。《诗经》歌颂周文王，就喊“烝哉！”。《诗经·大雅·文王有声》古注:“烝，君也。”上古部落长老即君王，都是群体的代表。

“烝”就是美好。唐代学者陆德明注释《诗经》:“烝，《韩诗》云:‘美也。’”

中国古人有句口头禅，就是“天生烝民，有物有则”，《诗经·大雅·烝民》，意思是“老天爷生下咱们人来，事事都要按规矩”。华夏民众自称“烝民”，当跟“粒食”相关。我们找到了佐证，就是“烝民乃粒”。据文献记载，大禹治水成功后，用这句话宣告中原百姓种粮食吃米饭的时代开始了。《尚书·皋陶谟》:“禹曰:‘洪水滔天……予决九川……烝民乃粒。’”“乃粒”后来成了粒食的历史界标。例如名著《天工开物》，明朝的工艺百科全书，第一章的题目就叫“乃粒”。吃米饭就得蒸（烝）。

西人从未喝开水，华人有“汤”常沸腾

网上有篇趣文叫《洋人眼里中国旅游者的“十大怪”》，“一怪”就是“到处找热水”。笔者头回出国时，见同行的一位老先生提了个暖瓶，他本该带个电热壶。过关时打破了，吓了洋人一大跳。外国极

少供热水，也就中国人非喝不可。写到这一节，笔者对那件小事突然有了新认识：中国人的暖瓶里盛的是什么？可以说不是水，而是“水跟火的融合”。

“水火”在英文里只能翻译成两个词，water and fire. 汉语则注重它俩的关系。“水火”对中国人的重要性，怎么强调也不过分。你会说那洋人离得开水跟火吗？没错，洋人也喝水，也烧火，但它俩并不总是凑到一块儿。中国人日常生活里的“水火”可是紧密结合，没法儿分开的。这是由饮食文化的殊途决定的。

古代洋人就很少喝水，远古的欧洲猎人不算，他们渴了，茂密的森林里到处有清溪甘泉。西方饮食史的论著里基本上不谈“饮”水的问题。“饮食”是个汉语传统词，人家不会照字面翻译成 drink and food。那他们为什么渴不死？笔者经过长期留意，才揭开心里这个谜团：进入游牧时代，他们从饮溪水直接过渡到喝牛奶。最近笔者才找到这根据。科学家报告说，从新石器时代人的骸骨中发现早期欧洲人缺少消化牛奶的基因。在谈到喝牛奶的意义时说：“跟溪水相比，牛奶是更安全的饮料。”[1] 天天喝奶，饮就是食，灌得够呛还喝水？进入城市生活，欧洲人又大量喝啤酒，有史料表明，平均每人一天差不多能喝一斤半！《欧洲饮食史》说：在十四五世纪的（德国）科隆，“啤酒平均消耗量，每人每年……295 公升”。每公升含纯水 1 公斤，酒比水轻也考虑到了。另一方面，人口稠密以后，15 世纪时《饮用水供应标准》就出台了，不会达到现代自来水的无菌化。[2] 现代洋人直接饮用生水，当是延续了那古老的习惯。

洋人对沸水一直比较陌生，喝开水应当说是跟中国人学的，因

---

［1］ 伊川：《喝牛奶的能力》，《中华读书报》，2007 年 3 月 21 日。

［2］［德］希旭菲尔德：《欧洲饮食文化》，台湾左岸文化公司，2004 年，第 156 页。

为上了茶瘾，要煮茶。英国人最早记载茶叶是1615年的事，见《简明不列颠百科全书》“茶”条目。直到巴斯德（Louis Pasteur，1822—1895）发现细菌，1857年发现微生物繁生导致食物腐败，见《简明不列颠百科全书》“巴斯德”条目。这才懂得用100 ℃的水煮可以杀菌，到现代才不过100多年。

跟洋人完全相反，中国人离不开沸水该有一万多年了。有理由说，“煮法灭菌”是中华文化最早的重大发明。超前的灵感哪里来的？只能说是被“饥饿”所迫。前边说过，神农开始的“粒食”，不能沿用原始的烧烤来弄熟，必须借助水煮，煮具是“鼎”，这样自然就有了开水，古代叫“汤”。《说文解字》：“汤，热水也。”用鼎把粒食煮成粥，顺便也用它把肉煮成羹，或煮菜和一切能充饥的东西。

沸水在中华文化中的不可缺少，还有一个重大缘由，就是为蚕桑业中的缫丝所必需。考古学家夏鼐说，蚕茧的丝胶要经过沸汤的溶解，才能进行缫丝。引《春秋繁露·实性》：“茧待缫以涫汤。”[1]

可以推想，我们的祖先的生活中就常有一鼎水在沸腾着，以至于人们会琢磨怎么能让水停止沸腾，是“扬汤止沸”呢，还是“釜底抽薪”？这两个成语至今还经常挂在国人的口头上，分别代表治标、治本两种途径。类似的成语还有，例如股票交易所里的热闹场景用“人声鼎沸”来形容。

“水火”关系奇妙，识者独我华人

中国人连文盲都会说“水火不容”的成语。说全了该是“水火不相

[1] 夏鼐：《敦煌考古漫记》，百花文艺出版社，2002年，第253页。

容”。宋代欧阳修《祭丁学士文》：“如火与水，不能相容。”“水火不相容”这话看似简单，实则包含着相当深的观察思考，值得哲学家专题研究。

水、火都是人类熟悉的自然现象，可是对它俩的亲近程度，中国人跟洋人大有不同。火，洋人像我们一样必需，用它把食物弄熟；水，洋人跟它的关系就比不上中国人了。前边说的洋人有牛奶和啤酒帮助解渴，那还算不得重要理由。他们的肉食和面包能直接用火烤熟；可中国人煮饭呢，未曾用火先得加水。《诗经》描写蒸饭，就是先提水后提火。《诗经·大雅·生民》：“释之叟叟，烝之浮浮。”“水火不相容”这话也是水在火的前边。

水能灭火，这是人类日常的经验；火能灭水，则是洋人生活里比较少见的现象。洋人煮奶，奶没有生熟之分，起先没有热喝的习惯。也不是没有烧干锅的情况，但奶毕竟不像纯水那样能启发“水火对立”的思维。在中国古人的烹饪中，加到鼎里的可是清水，点火一烧，眼睁睁地看着水越来越少；烧干煳锅，简直是“家常便饭”。先民煮粥，陶鼎粗陋容易损坏，《易经·鼎卦》：“鼎折足，覆公𫗧，其形渥。”灶火也没有欧洲的火堆旺，水把火完全浇灭的事，就时有发生。总之，独特的“粒食”要求特殊的烹饪方法，决定了“水火”关系在中华文化中的特殊重要性。

中国人心目中的“水火关系”，还有让洋人更惊奇的一面——“水火相济”。这四个字常听中医提到，孙思邈《备急千金要方》：“夫心者，火也；肾者，水也。水火相济。”后来成了中国人的人生哲学。宋代《鹤林玉露》卷一二在形容两个历史人物的关系时，就说他俩“水火相济，盐梅相成，各以一事自任”。“水火相济”出自《易经》的“既济”卦。“象曰：水在火上，既济。”它的卦象，是“坎”（代表水）在上边，“离”（代表火）在下边，常用“水在火上”来描述。水的天性是往下流，火的天性是往上升，中国先民早有认识。《尚书·洪范·九畴》："五行：……水曰润下，火曰炎上。"愣让水在上火在下，这违反了水火的天性，是最早的人为创造之一。

世界公认，中国文化不大关注自然现象，从来不做物理实验。墨子学派有点例外，还早早失传了。是什么让先民产生"水在火上"的奇想的呢？只能是饮食的烹饪活动。《易经》的古代注释正是这么说的。唐人孔颖达疏曰："水在火上，炊爨之象，饮食以之而成，性命以之而济，故曰……既济也。"鼎里边盛米盛水，下边烧火，能煮饭充饥的事就办成了，用文言词说就是"事济矣"。敌对的水火互相合作，完成了"生米变熟饭"的任务，这就叫"水火相济"。

我们的祖先利用"水火交攻"煮出熟饭来，水火这种奇异的关系，古人曾用四个字来概括，就叫"相灭相生"。《汉书·艺文志》谈到百家争鸣能促进学术发展时说："其言虽殊，譬犹水火，相灭亦相生也。""水火相生"，还有一种解释更复杂，就是"五行"学说里"相生相克"的循环。《春秋繁露·五行之义》："木生火、火生土、土生金、金生水、水生木。"

用"水在火上"象征烹饪，对比"既济"卦的相反卦象，道理就更明显了。"既济"卦前边的"未济"卦，卦象是火（离）在水（坎）上，那样水火就不会发生关系。从烹饪的角度来看，那意味着还没开始变化。故称"未济"。西方的烧烤有火没水，"相济"就谈不到了。

"水火"：烹饪带来的哲学"范畴"

发现"水火"关系的微妙，是笔者研究中餐的一大诱因。1991

年第一次参加研讨会，论文的题目就是“水火范畴和中国烹饪”[1]。会上结识的美国中餐业界侨领汤富翔先生会后来信（珍藏中）鼓励，说这种研究“既深且广，足以传之后世，为我华人之光”。

洋人不会发现“水火”的奇特关系，甚至难得把它俩扯到一起，因为水、火是完全不同的“事物”。水是“物”，火是“事”。火是碳之类的物质剧烈氧化的现象，科学上看火是无形的“热”，但先民眼里的“火”只是有形的火焰，也叫“火舌”，俗话“火苗儿”。因为有象，就被误认为是物。可巧水火的共象是都善于变形，于是它俩就有理由被看成同类。华夏先民的熬粥提供了难得的机遇，水火真的结成一对了。

水火的微妙关系，大自然里难以出现，然而，复杂的人类社会无奇不有，“相灭而又相生”的现象并不罕见，需要归纳成一个“范畴”。哲学名词，“维基百科”解释成：“范畴（category）：反映事物本质属性和普遍联系的基本概念，人类理性思维的逻辑形式。”因为别人没有像煮粥这样的日常实践，没有机会受到启发，这个任务注定只能由中国人来完成。“范畴”的名称必须准确、明快，“水火”实在是个理想的“范畴”。

“水火”要形成范畴，当然得超出烹饪领域。这首先反映在中国的古代神话中。根据荣格（Carl Gustav Jung）的心理学理论，神话最能表现一个民族的“集体潜意识”（collective unconscious）[2]。中国神话里有水神跟火神斗争的著名故事。祝融是火神。《吕氏春

---

[1] 高成鸢：《水火范畴和中国烹饪》，《首届中国饮食文化国际研讨会论文集》，1991年。

[2] ［瑞士］荣格：《个体无意识与超个体或集体无意识》，《西方心理学家文选》，人民教育出版社，1983年。

秋·季夏纪》:"其帝炎帝,其神祝融。"注:"祝融,……为高辛氏火正,死为火官之神。"共工是水神。《尚书·尧典》有"共工",郑玄注:"共工,水官名。"《淮南子》记载他俩之间发生了一场激烈的决斗,引起了惊天动地的巨变,结果显然是水神取得了优势,造就了中国水流向东的地形。《淮南子·天文训》:"昔者共工与颛顼争为帝,怒而触不周之山。天柱折,地维绝。天倾西北,故日月星辰移焉;地不满东南,故水潦尘埃归焉。"

"水火"成为范畴,还得有理论依据:"水火"是阴阳、八卦、五行这三大观念体系的共同成分,用理论词语来表示,就是其"可通约性"(commensurability)。因而成为它们的结合部件。"阴阳"和"五行"的"通约"。"阴阳"理论里包括水火;前边反复提到,水属"阴"而火属"阳"。"八卦"里也包括水火;"坎"卦为水,"离"卦属火。"五行"里又包括水火。"五行"的五大元素本来是平等的,但其中的水、火又有特殊关系,并且名列前茅。《尚书·洪范·五行》:"一曰水,二曰火……"假设没有"水火"把三大体系联结在一起,那么中国人的思想就成了"三国志",互相独立争斗,中国文化也就完了。

"阴燧取水"美梦的破灭,使中国人知道水火的对应不是万灵的。我们的祖先很早发现了"阳燧取火",用凹透镜的聚焦原理来集中阳光的热能,点火燃烧。全凭推演,又产生了"阴燧取水"的迷信,妄图用特殊装置把月光变成水。"阴燧"又称"方诸"(《淮南子·天文训》)。反复试验都告以失败,只收集到了几滴露水。《淮南子》高诱注:"阴燧,大蛤也,熟摩令热,月盛时,以向月下,则水生,以铜盘受之,下水数滴。"

本简体字版修正补记:此处以下,删除香港三联书店2012版原书中的一节("水火范畴"涵盖中华文化的方方面面,第278~279页)。因为笔者发现西方人没有"水火互动"的概念

(汉英词典中与“水火”对应的只能是fire and water，即“火以及水”)；华人连文盲都熟知的成语“水火不容”，英语根本无法对译或做简短解释，遑论水火“相济（相反相成)”。循此理路深入思考，意外地开拓出广阔的文化天地，据以写成的三万字专论，题为《“水火”范畴是中华文化的轴心——兼论“阴阳”的归纳、“格物”的诠释》，已经发表。[1]

[1]《社会科学论坛》，2014年第8期。

第二节 “和”＞烹调＋音乐＋伦理＋政治＋哲学……

“和”字厚重，宜免轻用

“和”等于英文的and，白话文里像“的”一样满眼都是。也许细心的读者已经看出：本书几乎不用“和”字。“和”本有特别厚重的内涵，在我们的祖先眼里有些神圣，不该当连词被人连连地随口带过，甚至省略。

文言文及众多方言里都说“及”“与”，北方话用“和”当连词的历史也不长。《汉语大字典》列为第22个义项。比较古老的广东话里，至今都说“同”。北京话里“和”也有被“跟”代替的趋势。

“和”是中华文化特有的古怪概念，跟“味”字类似，外延极为广大，而内涵相当模糊。根据比较详细的字典《汉语大字典》，“和”字有5种读音，去声 hè、阳平声 hé、去声 huò、阳平 huó、阳平 hú。其义项总数多达34项。[1] 从字形来看，“和”可说是个异体字。篆字本是

[1] 汉语大字典编辑委员会编：《汉语大字典》（缩印本），四川辞书出版社、湖北辞书出版社，1993年，第453页。

"龢"的篆字

"咊"，读去声，意思是相应，唱和。《说文解字》："咊，相应也，从口，禾声。"阳平声的"和"有26个义项，字形原为"龢"，段玉裁注释："经传多假和为龢。""和"是后来写"白"了。

"龢"字包含了文化起源的很多信息，发人深思。其中"龠"表意、"禾"表音。《说文解字》："龢，调也，从龠，禾声。读与咊同。""龠"，就是竹管做的古排箫（至今云南少数民族还有），后世改进成笙。笙类似西方的风琴，有多音响共奏的和声功能。《说文解字》："龠，乐之竹管，三孔，以和众声也。"

"和"的主要义项有三条：烹调、音乐、伦理。《中国大百科全书·哲学卷》。[1]据段玉裁考证，"龢""和"两字原先都读"禾"。《说文解字》注："古唱和字不读去声。"烹调、音乐都跟"禾"有密切关联。前边说过，古文字表音的部分更能说明本义，前边还提到《说文解字》解释"禾"为谷子植株的图像，上边一撇表示谷穗下垂。这表明，"和"字的多义跟吃小米饭相关。

"和"字又跟"味"相近，"味"就是"未"，《说文解字》："未：味也。象木重枝叶也。"段玉裁注释："老则枝叶重叠，故其字象之。""禾""未"都是成熟的植株，不过"禾"是谷物，能做成淡淡的饭；"未"是其他植物，能做成有"味"的羹。"和""味"同是基本词干，都派生出不少新词语来。

【"和"与烹调】"龢"的本义跟"调"全同。《说文解字》："龢，调也。调，和也。"做羹也叫"调羹"。《辞源》有"调羹"条目。"调和"就是烹调，相当于英文的cuisine（法语来源）。枚乘《七发》说："伊尹割烹，易牙调和。"单个"和"字就当名词"菜肴"讲，相当于英文的

[1]《中国大百科全书·哲学》I，中国大百科全书出版社，1987年，第286页。

dishes。齐桓公最爱吃易牙做的菜肴,《淮南子·精神训》就说“桓公甘易牙之‘和’”。汉代文人枚乘歌颂美食，提到狗肉羹，也叫“和”。《文选·七发》:“肥狗之和，冒(同‘芼’，配加蔬菜)以山肤(石耳)。”

【“和”与音乐】“和”是音乐的本质。《礼记·乐记》:“乐者，天地之和也。”《礼记·中庸》:“发而皆中节，谓之和。”“和”也是乐器的名称。《尔雅·释乐》:“大笙谓之巢，小笙谓之和。”

【“和”与伦理】《说文解字》中“侖”的释文还顺便提到“仑”，用一个“理”字解释，“仑”又派生出“伦”,“伦理”一词也有了来历。作为中华精神文明本源的伦理，是从血缘关系的辈分来的。《说文解字》:“伦，辈也。”辈分在先民看来是最基本的“道”(理)、理“论”。《说文解字》在侖、仑、伦的解释中都涉及“道”字。段玉裁在“论”的注释中说“论，以仑会意”。总之“和”是人际关系的和睦。《论语·学而》:“礼之用，和为贵。”用音乐跟烹调来做类比，表明对和乐境界的向往。

先秦论文 No.1:《论烹羹等于奏琴》

关于羹的发明，煮粥技术是前提，不过美味从无到有要比“生米变熟”复杂得多得多。创造使人兴奋，更能启发人们的思考。这样就产生了“形而上”的观念，也就是“和”的道理。“阴阳”的道理要靠三种经验的归纳，本书认为是从日月、男女、水火三种现象中归纳出来的。“和”的道理也该从三种经验中归纳出来，就是调羹、音乐、君臣关系。

林语堂谈中餐的“调和”时说，“白菜煮鸡，鸡味渗进白菜里，白菜味钻进鸡肉中”。[1]“调羹”的一大原理，就是让植物的清香跟肉类的恶气两相抵消，创生出肉肴的美味。最早认识到这个原理的，是春秋时代的智者史伯。他只用两句话来表述：第一，“以他平他，谓之‘和’”。说白了，“和”是让两种东西互相改变对方。第二，“‘和’实生物”。意思是“和”确实能创生出新的事物来。《国语·郑语》记载有史伯对郑桓公（前806—前744年）的谈话。这两句话太过简单，难以讲透深奥的道理，更没有交代道理是怎么提炼出来的，只是稍微涉及乐音及味道，强调都要避免单一。“……声一无听，物一无文，味一无果。”

之后二百年，即公元前522年，齐国的晏子又给出了完整的论述，可说是中华历史上第一篇哲学论文。篇幅长达三四百字。另一篇更成规模的《周易·系辞》，学者公认在孔子以后[2]，大大晚于《左传》。论文采用对话体裁，借以回答齐景公的问题：“和”跟“同”有什么差别？围绕着做羹的实例，结合音乐演奏的原理，讨论理想的君臣关系。文章阐述“和”的定义说：“和”最好的比喻是调羹。调羹借助水、火、醋、酱、盐、酸梅等物质，共同跟作为主料的鱼肉发生作用，让鱼肉本味的缺陷得到矫正，使其过分强烈的气息挥发出去。《左传·昭公二十年》：“和如羹焉，水、火、醯、醢、盐、梅以烹鱼肉，……宰夫和之，齐之以味，济其不及，以泄其过。”

晏子跟君主大谈调羹，是比喻君臣关系。他接着说：君主认为对的，臣下可以说错；君主认为错的，臣下也可以说对，这样商量着办，制定的政策才圆满。“君臣亦然。君所谓可而有否焉，臣献其否以成其可。君所谓否而有可焉，臣献其可以去其否。是以政平……”君臣互相改变对方的意见，看似等于史伯的“以他平他”，其实不然，差异在于臣下是多

[1] 林语堂：《中国人的饮食》，聿君编《学人谈吃》，中国商业出版社，1991年，第15页。

[2] 南怀瑾、徐芹庭：《周易今注今译》，台湾商务印书馆，1974年，第7页。

数，君臣关系不是一对一，而是一对多。多个臣下各有个性，这使主从关系变得很复杂。晏子的比喻等于提出新理论：多种调料代表多个臣下，加上水火的催化作用，这样君臣“互动”就能使政治达到理想的结果。

用烹羹的调料代表臣下还是有不贴切之处：各种调料都是跟主料鱼肉（君主）起互克作用的，而在烹羹中盐跟醋合成的味儿又咸又酸。于是他又拿音乐补充烹羹：多音阶并没有对立面，经过适当配合，声音效果一派和谐。晏子讲了烹调，“先王之济五味。”又谈音乐，“和五声也。”强调音阶旋律、节奏、乐器音色忌单一，要追求变化，否则会叫人听不下去。原文：“……声亦如味，……若琴瑟之专一，谁能听之？”

晏子谈论烹羹、音乐，正是上述史伯说过的“声一无听”“味一无果”命题的展开。两位智者同样拿烹羹跟音乐来象征君臣关系。三个主题词就是“和”的基本内涵。

中华文化“和”于一鼎

饮食文化作为“母文化”，跟多种文化领域相关。首先是音乐，笔者认为最古怪的乐器“埙”就是华夏先民“炮”鸟（江浙名菜“叫化鸡”的前身）的副产品。笔者曾写万字推理散文《埙里乾坤》，见拙著饮食文化文集[1]。古代贵族生活常用“钟鸣鼎食”来形容，王勃《滕王阁序》：

[1] 高成鸢：《埙里乾坤》，《饮食之道——中国饮食文化的理路思考》，山东画报出版社，2008年，第311～332页。

“钟鸣鼎食之家。”青铜鼎倒过来就成了铜钟，鼎跟乐器又是孪生兄弟。震惊维也纳金色大厅的战国编钟是怎么发明的？哪用发明，最早是把铜鼎倒挂了，稍加改进，就成了铜钟。贵族被称为“钟鸣鼎食之家”，《周礼·天官·膳夫》的“以乐宥食”就是音乐伴奏。其实没有青铜光有陶器那年头，炊具就是乐器。“黄钟毁弃，瓦釜雷鸣”，铜钟瓦罐一贵一贱。《将相和》故事中，蔺相如让秦王敲瓦盆，还记入了史册。秦王竟肯栽这个面儿，因为瓦盆确是秦国落后的乐器。

跟“乐”并行更重要的是“礼”。商周青铜器的主要功用是礼器。越兴越笨重，有的甚至将近一吨，最大的礼器“后（司）母戊大方鼎”重832公斤。以象征礼仪的隆重。

鼎可以作为中华文化的符号，它集多种功用于一身，其中突出的是当刑具。古代君王演出杀戮功臣的把戏，就得用这个道具，留下了“狡兔死，走狗烹”的名言。《韩非子·内储说下》：“狡兔尽则良犬烹，敌国灭则谋臣亡。”楚汉战争中项羽威胁刘邦要把他爹烹了，未来的流氓皇帝竟说，那好，别忘了分给我一杯羹。《汉书·项籍传》。

青铜鼎在中华文化中成了政权的象征。春秋时楚庄王向周天子“问鼎之大小轻重”，《左传·宣公三年》。后来“问鼎”成了夺权图谋的象征。

物质文明进步了，鼎被“镬”（大锅）代替。君王照旧杀人，不过刑具有时用“镬”。“鼎镬”“汤镬”也成了“死刑”的代称。《汉书·郦食其传》：“犹不免鼎镬。”《史记·廉颇蔺相如列传》：“臣知欺大王之罪当诛，臣请就汤镬。”奴性十足的臣下甘心为君王去死，于是有了通行的誓词“赴汤蹈火”。跟沸水有密切关系的还有中国古代的法律。中国的第一部刑法就是铸在青铜鼎上的。公元前536年，郑国子产铸刑鼎；公元前513年，实行“法治”的魏国，制定了《法经》，比西方的《汉谟拉比法典》迟了大约1200

年。这提示着中国的刑法跟饮食密切相关。

本来是炊具的鼎，成了礼器，又是乐器、刑具，叫人想到孔老夫子常常念叨的“礼、乐、征、伐自天子出”，《论语·季氏》。政治全听皇帝老儿的。鼎就是政权的象征。这表明，中国古代的“礼、乐、刑、政”可以用“烩于一鼎”来比喻，用古语说，就是“尝一脔肉，而知一镬之味”。《吕氏春秋·察今》。

经典说“器以藏礼”。《左传·成公二年》。饮食是中华文化的核心，祭祀是“礼”的核心；鼎从食器转变成礼器，岂是偶然？

中华文化的“一锅烩”，表现在学术上，就是不大懂得“学科”的划分。近代中西文化接触后，这成了学者们的共识。用梁漱溟先生的话说，就是“暧昧而不明爽”。他从事过“比较文化”的课题研究，名著叫《东西文化及其哲学》。[1] 他说，跟西洋文化相对照，（中国文化）“令人特有‘看不清楚、疑莫能明’之感”。例如宗教，“中国像有，又像缺乏”。[2] 什么原因？严复说得好：中国学术只有整体认识，没有分科。他说是“得之以‘浑’，而未为其‘晰’故也。……盖知之晰者始于能析”，像“化学之分物质”为元素。[3]

“原汤化原食”及“平抑百味大‘酱’军”

老辈人吃完饺子忘不了喝半碗饺子汤，还念念有词，叫“原汤化原食”。报纸上有文章解释“科学原理”，说“汤里有维生素”云

[1] 梁漱溟：《东西文化及其哲学》，商务印书馆，1999 年。

[2] 梁漱溟：《中国文化要义》，学林出版社，1987 年，第 300 页。

[3] 严复：《〈穆勒名学〉按语》，《严复集》，中华书局，1986 年，第 1046 页。

云，那赶得上吃片维生素吗！但试过的都有体会：喝了原汤确实说不出来地舒服。舒服就是“美”，那跟科学没关系，属于林语堂说的“生活的艺术”。

笔者经过冥思苦想，突然跟美工的调色联系起来了。“文化大革命”中有段时间笔者被分配去帮忙画宣传牌子，见老美工在画蓝广告色时却从红色瓶里挑出一点儿掺和进去。问为什么，他说，这样画出来才能让人觉得相邻的红蓝不“发诤”，“诤”也叫“侉”，就是不雅致、不柔和。美术上，彩色的雅致缘于同时呈现的各种颜色中有共同的成分。现代色彩学上称之为“色调”。《辞海》：“色调：……色与色之间的整体关系，其中主要的色相为主调。”英文 tinge（色调）的汉语解释，包括“淡色”“微染”。

烹调艺术的老祖伊尹透露过一句秘诀：微小的剂量就能影响人的美感。《吕氏春秋·本味篇》：“其齐（剂）甚微。”“原汤化原食”的体验表明，纯粹的艺术跟“生活的艺术”原理是一样的。

这个调和原理在中餐烹调上的典型体现，就是酱油的角色。酱油的前身是“酱”，最早的酱是用肉做的，叫“醢”。《说文解字》：“酱，醢也。”段玉裁注：“醢无不用肉也。”为什么中国古人特别重视肉酱？推想是因为肉料缺乏。弄成咸肉末，可以提高赏味的功效；添加到菜羹中，更能发挥调味作用。后来寻求肉的代用品，到汉代，豆酱才大为流行，[1]被比作统帅百味的大将军，常见引用东汉《释名》：“酱，将也，制饮食之毒，如将之平祸乱也。”经核《释名》无此语，实出自史游《急就篇》颜师古注：“酱之为言将也，食之有酱，如将军之须将，取其率领进导之也。”宋代以后再改进成“清酱”（酱油），遂成为华人烹调不可缺少的调料。

为什么酱能调和百味？因为原产中国的大豆跟肉一样是蛋白

[1] 赵荣光：《中国饮食文化史》，上海人民出版社，2006年，第315页。

质；制作中又要掺上面粉，经过用曲发酵，变得跟酒也沾亲带故了。“酱”字属于酒部。酉为酒。这样，酱跟任何烹饪材料都有共同的成分，就像个公关能力杰出的“穴头”，跟谁都合得来，加上本身也有艺术才能（味道），所以能把种种荤素食料“角色”都笼络在一起，组成“美味艺术团”。就像颜色搭配一样，共同的成分哪怕微少，也是造成调和、雅致的要素。

不为良相，即为高厨

中华文化医食同源，古语说“不为良相，便为良医”，仿照此语，也可说“不为良相，即为高厨”。

应海外中餐业者的要求，中国烹饪协会曾经邀请几位研究者商讨“厨祖”问题。资深研究者聂凤乔先生说“中国最早的厨师都是宰相级的”。这话乍一听很吓人，但的确曾是事实，与会者认定的厨祖伊尹就是典型。

伊尹，前边提到不少回了，此人为奴隶出身，本来只是一个背着大锅及菜板的炊事兵，借着烹饪原理大谈政治哲学，愣说服了汤王，成就了商朝的开国大业。王利器考据出有12种秦汉古籍记载了这一传说[1]，这里引两条。《吕氏春秋·本味篇》：“（伊尹）说汤以至味。”《淮南子·氾论训》：“伊尹之负鼎。”高诱注：“伊尹负鼎俎，调五味以干汤，卒为贤相。”后来商王武丁开拓疆界，达到强盛的顶峰，辅佐他的贤相叫傅说，他也是奴隶出

[1] 王利器：《烹调之圣伊尹说》，孙润田等编《伊尹与开封饮食文化》，作家出版社，2004年，第22页。

身，后一跃为宰相。武丁说服傅说担当重任时，就曾夸赞他有烹调天才，说：要想做羹，您就像咸盐、酸梅，少了您可不行。《尚书·说命下》："若作和羹，尔惟盐梅。"孔颖达解释说："盐咸，梅醋。羹须咸、醋以和之。"《说命》虽是伪篇，道理不伪。这话让人猜想傅说可能也精通厨师这一行当。

周代宫廷里有"膳夫"的官职，《周礼·天官·冢宰》："膳夫：掌王之饮食膳羞。"学者王学泰先生说膳夫"可以参与周王室的最高政务"。根据《克鼎》铭文："善（膳）夫克，可以出纳王命、遹正八师。"[1] 章太炎有篇《专制时代宰相用奴说》，认为远古厨师都是奴隶，像太监一样容易成为天子的心腹。[2]

厨师当宰相有忠臣也有奸臣，奸臣如齐国的宫廷厨师易牙。他的厨艺天下无双，是"知味"的样板。《孟子·告子上》："至于味，天下期于易牙。"苏东坡《老饕赋》："庖丁鼓刀，易牙烹熬。"所以有些地方的餐饮业界曾供奉他，以标榜美味压倒一切。他没能正式成神，是因为人格太卑劣：竟把亲生儿子宰了，清蒸成创新菜肴，巴结馋鬼齐桓公。桓公吃得丧心病狂，不听管仲遗言，让易牙当了宰相，结果连老命也丢在这个奸臣手里了。《史记·齐太公世家》。

后世惯于把"烹调大师"的角色跟"治国贤相"的角色结合起来，常用"调羹""调鼎"之类的词来象征从政。唐代诗人孟浩然报国无门，就发牢骚说："未逢调鼎用，徒有济川心。"《都下送辛大之鄂》。钱锺书先生议论过烹调跟治国相通的现象，说："自从《尚书·顾命》起，做宰相总比为'和羹调鼎'。"[3]

---

[1] 王学泰：《中国饮食文化史》，广西师范大学出版社，2006年，第98页。

[2] 转引自周树山：《说宰相》，《书屋》杂志，2011年第3期。

[3] 钱锺书：《吃饭》，聿君编《学人谈吃》，中国商业出版社，1991年，第82页。

顺便谈谈对一句古代名言的理解问题："治大国若烹小鲜。"《道德经》第六十章。历来注本都解释为：治国跟烹鱼一样切忌频频翻搅，否则会成一锅烂酱。南宋道士范应元概括说："治大国譬如亨小鳞。夫亨小鳞者不可扰，扰之则鱼烂。治大国者当无为，为之则民伤。"从烹饪的角度来看，笔者认为此说不通，应当存疑。"烹鲜"就是煮鱼，无数小鱼在沸水里自会翻腾不止，用得着翻搅吗？拿烹鱼比喻治国没有问题，加上大、小，不过是修辞手段：强调治国很简单，别运动不断。若是强调国之大、鱼之小，难道说治小国就得像烹大鱼（大鱼才需要翻搅）？"治国如烹鲜"是先秦各家的共识，"逆向思维"的老子也不例外。

德国的和声，中国的"和味"

烹调像包括美术、音乐等要素的戏剧一样是"综合艺术"。前边说过绘画，而音乐跟烹调更为接近，音乐纯属"时间艺术"，烹调也离不开时间。

中国烹调发达，音乐却跟西方的差距太大了。就拿乐器说，钢琴结构的精密，是几百年前的华人能够想象的吗？跟二胡比，小提琴的音色是何等纯净。你会说二胡也有特殊表现力？噎你一句：别忘了那个"胡"字。

笔者不是"民族虚无主义"者，而是还很有民族自豪感。中国音乐的有些方面是超过西方的。过去认为中国只有五声音阶，这是无知。最高级的乐理——"十二平均律"理论，发明者是明代音乐家朱载堉，他堪称欧洲音乐家们的祖师。明朝万历二十四年（1596年），朱载堉的乐理专著《律吕精义》问世，非常有可能是由耶稣会传到欧洲的；1636年，法国人梅森（Pere Marin Mersenne）的《谐声通论》阐述了相似的理论。1722年，德国作曲家巴赫发表了《十二平均律曲集》。依据《中国音乐史》。[1]

说中国音乐更先进，根据在于音乐在文化中的地位。儒家把音乐提到叫洋人吃惊的高度。都知道中华文化以政治伦理为核心，而儒家把乐、礼并列为官方意识形态的两翼，是治国的主要手段。《史记·乐书》："揖让而治天下者，礼乐之谓也。"按阴阳理论，"乐"甚至高于"礼"。《礼记·乐记》说"乐由天作，礼以地制"；《白虎通·礼乐》："乐者，阳也……礼者，阴也。"对照《简明不列颠百科全书》音乐条目："康德把音乐列入艺术中的最低等。"

中国音乐地位高、理论精，怎么实际反而那么简陋？这个问题像窗户纸似的一捅就破：音乐属于人的高级精神食粮，岂是"糠菜半年粮"的"饿鬼"玩得起的！牧童可以吹吹短笛，发明复杂的器械会被骂"吃饱了撑的"。没有民间创造，宫廷音乐也无从提高。研究空头理论倒可以，只要有闲工夫。朱载堉就是皇族（明太祖九世孙）。

德国人最擅长音乐，巴赫、贝多芬……一连串的名字何等响亮。形成对照的是，德国的烹调可真够可怜的。《简明不列颠百科全书》"烹饪"条目长达3000字，只字未提德国。《西方饮食文化》的"西方饮食历史"一节详述意大利、法国、英美，分别作为古代、近代、现代西餐的代表，也没理睬德国。[2]在这样的背景下，康德他们否认烹调属于艺术，就不是偶然的了。

德国音乐发达，突出表现在和声上。《简明不列颠百科全书》"和声"条目提到的作曲家全是德国人。作为对照，恰好中国没有和声。《简明

---

[1] 王光祈编：《中国音乐史》，广西师范大学出版社，2005年。

[2] 杜莉等主编：《西方饮食文化》，中国轻工业出版社，2006年。

不列颠百科全书》“和声”条目说，和声“专指西方音乐中采用的和弦体系。……中国的音乐是非和声的”。[1]发达的中国烹调，其本质原理跟和声一样。代称烹调的“和”，《淮南子·精神训》：“桓公甘易牙之‘和’。”汉英词典译为harmony，再翻译成汉语，头一个义项正是“和声”。

林语堂断言西餐不懂调和，典型的表现是西餐把菠菜、胡萝卜三类“分别烹煮，而且与猪肉或烧鹅放在同一个盘子里”。[2]他赞美中餐的白菜煮鸡是“味道调和”。中餐菜肴的调和，相当于德国音乐的和声。为了跟“和声”做鲜明对照，不妨把“味道调和”叫作“和味”。“和味”的原则，袁枚《随园食单·须知单》言之甚明：“一物烹成，必有辅佐”，搭配的原则，要求像男女恋爱，原话是“相女配夫”。中餐菜肴的搭配，就像音乐和声中的do及sol两音阶共鸣一样，听着无比优美。袁枚又把调和分为两类，一类是“清者配清，浓者配浓”；另一类则相反，炒荤菜用素油，炒素菜用荤油，叫作“交互见功”。这两类的效果都是“和合之妙”。这不正是烹调中的和声学吗？

和声的每个音都得是乐音，肉类固有的荤气却相当于噪音。袁枚说葱韭等是“可荤不可素者”，它们跟肉料的恶气同归于尽，音乐中还缺少这种“以他平他”类型的“和”，所以这种“交互见功”甚至超过了和声。袁枚说蘑菇、鲜笋、冬瓜“可荤可素”，永远是“乐音”。所以，跟和声完全相当的是两种素料的搭配，例如家常菜青椒炒土豆片。明末清初的才子金圣叹（因为学生运动而被腰斩的文学批评家）临刑前发了一通感叹，末尾一句是：“黄豆与盐菜合食，其味至美，圣叹可死，此法不可不传！”《新世说》卷七“任诞”。黄

[1]《简明不列颠百科全书》中文版卷三，中国大百科全书出版社，1985年，第711页。

[2] 林语堂：《中国人的饮食》，聿君编《学人谈吃》，中国商业出版社，1991年，第15页。

豆配腌雪菜是美上加美，而不是以恶制恶。笔者曾提出一个观点：炒蔬菜才最能代表中国烹饪的高境界。

以上是烹调中的正面共鸣。跟和声比，还缺少不和谐音阶的反面禁忌。这方面，袁枚也谈得很清楚，他说芹菜、刀豆忌配荤，“蟹粉忌入燕窝”，还用拟人法形容说，搭配失当就像让“唐尧与苏峻对坐”。唐尧是上古的圣贤，苏峻是晋代的流氓军阀。这显然相当于 do、re 齐鸣造成的噪音效果。

奥地利的莫扎特跟中国的袁枚恰好是同时代人。前者的绝世之作《安魂曲》作于 1792 年，后者的《随园食单》1792 年出版，几乎同时。欧洲的“和声”、中国的“和味”，恰好也有“交互见功”的“和合之妙”。

缥缈无际的“食德饮和”

前几年去云南旅游，参观宣威火腿公司的商场，见到孙中山先生为这一中华美食书写的题词“食德饮和”——这个词频频出现在谈论饮食文化的书刊中。查查《成语大辞典》，意外地不见，考证出处，原来是“食德”“饮和”二词的连用。《周易·讼卦》：“六三：食旧德。”《庄子·则阳》：“饮人以和。”合起来用，只能追溯到明代的《广平府志》。网上检索，例句出自近代香港思想家、孙中山战友何启（1859—1914）。《曾（纪泽）论书后》：“夫人生于中国，长于中国，其宗祖千百年食德饮和于中国者，虽身居异地，……”[1] 但文中意思是“享用先人留下的德泽”，跟饮食无

[1] 何启、胡礼垣：《新政真诠》，上海格致新报馆，1901 年。

关。推想“食德饮和”的流行当是中山先生题词的结果。

饮食上“食德饮和”的流行也是必然的，客观上需要这么个词语，因它最能概括中华饮食文化的渊博与高深。饮食行为要符合“德”与“和”的原则，这是伦理；再深一层，要通过饮食领悟宇宙的道理，这是哲学。先看“德”“和”是什么意思。“德”，笔者曾给出的定义是“家族群体的凝聚力”，是繁生聚居的保证；“和”（义兼烹调）可说是“德”的手段。新年的“团圆饭”至今仍是阖家和乐的纽带。

往消极方面说，饥饿文化特别需要用“和”来避免食物的争夺，由此形成了中国特有的“礼”。《论语·学而》：“礼之用，和为贵。”《荀子·礼论》：“礼者，养也。”最早的“礼”就是用美食养老、祭祖。推及族群以外，吃喝就被赋予了“融洽人际关系”的功用，用今天的话说，就是宴席的“公关”功能，即用酒席来润滑人际关系的种种摩擦。林语堂说过，洋人解决纠纷通过打官司，华人则通过请客吃饭。《论肚子》：“中国人不是拿争论去对簿公堂，却解决于筵席之上。”[1]

往广处说，“和”更可以用作国际交往的巧妙手段。春秋战国时代刚有“国际关系”，就用大摆宴席来从事外交活动，还形成了一个专用成语叫“折冲尊俎”，意思是在饮酒吃肉之间就攻克了对方的城池，宴席之上就取得了战争的胜利。《战国策·齐策》：“此臣之所谓……拔城于尊俎之间，折冲席上者也。”“尊俎”通“樽俎”，酒樽、肉案；“折冲”，乃消弭攻势。历史上最有名的国际斗争宴席，是项羽、刘邦斗争中的“鸿门宴”，从刘邦一方来看，利用对方宴会招待的机会，机敏应

[1] 林语堂：《论肚子》，《生活的艺术》，陕西师范大学出版社，2003年。

对，一举取得决定性的胜利。更多的外交宴会是用来调解双方冲突的“化干戈为玉帛”。出自《淮南子·原道训》。

华人饮食的这种功用，到现代仍然长盛不衰，就连市井之徒也能运用纯熟。老舍的戏剧道白中，喝大碗茶的流氓打手也说出了这个文绉绉的语句。《茶馆》第一幕：“三五十口子打手，经调人东说西说，便都喝碗茶，吃碗烂肉面，就可以化干戈为玉帛了。”

“改革开放”之初，某县引进外资，一见面就招待了一顿山珍海味。客人觉得这样不懂成本核算，没法儿合作。先吃酒席的礼俗根植于社会的家族结构。人们本能地认为“外人”不可信任，得设法变得像“自家人”一样，最有效的莫过于一起吃饭。

华人吃席最可怪的是灌酒，近年来官场尤甚。初次相识就要把你灌得酩酊大醉，你得用“杀身以成仁”的气概来舍命相陪。《学人谈吃》中，王力《劝菜》。其原理笔者最近才恍然大悟：让客人醉到失态才能突破礼仪的拘禁，像亲人一样不分彼此，甚至能一起干无耻的勾当。

“国宴”的丰盛会让外宾大为吃惊，这不是哪个君王的风格，而是儒家的治国原则。孔夫子的学生曾请教攻打某小国的事，老人家极为反对，谆谆教导说，对于“远人”只能靠“修文德”吸引人家来归附。《论语·季氏》：“远人不服，则修文德以来之。”盛大的国宴是“和”的形式、“德”的体现。

第三节 吃出来的华人“通感”及“诗性思维”

华人美学“通感”的超常发达

上面提到的“鼻能闻苦”就是美学理论所谓的“通感”现象。钱锺书先生首次使用“通感”一词，用来翻译英文里的“synaesthesia”。举的例子有宋词里的“红杏枝头春意闹”之句，让人在视觉里仿佛获得听觉的感受。[1] 古代文艺作品里的“通感”手法俯拾即是。“通感”，用钱锺书先生的通俗说法，就是“视觉、听觉、触觉、嗅觉、味觉往往可以彼此打通或交通，眼、耳、舌、鼻、身各个官能的领域可以不分界限”。[2]

“通感”的精神状态可以追溯到远古时代。记述传说的《列子》里就说：列子修炼到“眼如耳，耳如鼻，鼻如口”五官不分的境界。传说老子就有这种特异功能。《列子·黄帝篇》：“眼如耳，耳如鼻，鼻如口，无不同也，心凝形释，……”又《仲尼篇》：“老聃之弟子有亢仓子者，得

---

[1] 吴泰昌：《我认识的钱锺书》，上海文艺出版社，2005年。

[2] 钱锺书：《旧文四篇》，上海古籍出版社，1979年。

聃之道，能以耳视而目听。”佛家也谈到耳、目、口、鼻等感官之间的通感现象。《楞严经》卷四：“六根互用”“无目而见”“无耳而听”“非鼻闻香”“异舌知味”。

洋人也曾注意到“通感”现象，德国美学家费希尔说：“各个感官不是孤立的，它们是一个感官的分支，多少能够互相代替。”[1]但绝不像在中国传统文化里那样极为常见。“通感”在中国文化里如此发达，是什么原因造成的呢？这里又要提出一个假说：中国人的“通感”跟特殊的饮食有密切关系。在宋代词人吴文英的笔下，风是酸味的，花的颜色也带有腥气。吴文英《八声甘州》：“箭径酸风射眼，腻水染花腥。”仿佛皮肤的触觉能感知味觉的对象；视觉能看出嗅觉的对象。再如曹植的名句，把“五味”的感受跟“五音”的音阶分别对应起来。《七启》：“弹徵则苦发，叩宫则甘生。”见《文选》卷三四。这一来一往，岂不都反映了吃的经验对心理的特殊影响吗？

中餐讲究“色、香、味”，视觉的“色”是打头阵的。大美食家都能从菜肴的色泽看出味道的鲜香来。袁枚就有经典的论述，还说眼睛是口的媒介，好菜端上来，看一眼就知味道如何，甭等拿嘴尝。《随园食单·色臭须知》：“目与鼻，口之邻也，亦口之媒介也。……或净若秋云，或艳如琥珀……不必齿决之、舌尝之而后知其妙也。”

季羡林先生曾借中餐来谈模糊逻辑，十分生动精彩。《从哲学的高度来看中餐与西餐》：“（中国烹饪）运用之妙，存乎一心。……这是东方基本思维模式——综合的思维模式在起作用。有‘科学’头脑的人，也许认为这有点模糊。然而，妙就妙在模糊，最新的科学告诉我们，模糊无所不在。”[2]

---

[1] 转引自陈宪年等：《通感论》，《文艺理论研究》，2000 年第 6 期。

[2] 季羡林：《从哲学的高度来看中餐与西餐》，《视野》，2001 年第 2 期。

惊人的考据：馄饨 = 混沌 = 糊涂 = 古董 = 黄帝

馄饨是饺子的前身，南北朝时期就开始流行。唐人段公路《北户录·食目》注释引南北朝颜之推之语："今之馄饨，形如偃月，天下通食也。""馄饨"这个名称本来就是庄子寓言中的"混沌"。不过加个"食"字旁，很多食品的名字都是这么来的，例如"饱子与包子"。据明代学者方以智考证，馄饨（混沌）又叫"鹘突"，也就是"糊涂"。《通雅·饮食》："凡浑沌、馄饨、混沌、糊涂、鹘突、榾柮，皆声转。"还说"糊涂羹"也叫"古董羹"，所以又跟"古董"相通。

有人说馄饨的得名，取其形状像开天辟地之前的一团"混沌"。清末富察敦崇《燕京岁时记》："夫馄饨之形有如鸡卵，颇似天地浑沌之象，故于冬至日食之。"从中华饮食文化发展的理路来看，饺子的本质就是从饭（面）、菜（馅）分野再演化到重归"混沌"。"糊涂""古董"也是混沌，让人联想到咱们祖先老古董的主食"糊涂粥"。《辞海》解释"糊"字说："稠粥。《尔雅·释言》：'糊，饘饮也。'""饘"就是原始稀粥改进的稠粥。传说粥是黄帝发明的，谯周《古史考》："黄帝始蒸谷为饭，烹谷为粥。"于是又牵扯到"人文始祖"的黄帝。

令人感到神秘莫测的是，据大学者庞朴先生考证，馄饨、混沌居然能跟"黄帝"本人等同起来。笔者敬佩庞先生，他是上世纪80年代以"中国文化书院"为核心的"文化热"的主导人物之一。觉得他喜欢提出大胆观点，他题赠笔者的书中就有一组短文详谈他惊人的考证，结论是：馄饨或黄帝，乃是黄河上漂浮的皮囊！三篇短文分别考证"黄帝就是混沌"，《帝江、帝鸿即黄帝》。混沌就是"陕甘间横渡黄河时常用的牛皮筏子”，《混沌小考》。“馄饨”的得名是因为像皮囊。《混沌与馄饨》。文章是随笔体的，其中的推理像破案小说一样引人入胜。[1]

馄饨 = 混沌 = 糊涂 = 古董 = 黄帝，这个古怪的等式会给人一种印象：中国的古老文化本身就像五官不分的一团混沌、一锅“糊涂粥”。馄饨具有很多“混沌”的特性：主食、副食合一；饭、汤合一；甚至荤而贵素，虽然须用鸡汤之类的“高汤”，但最讲究的馄饨汤要求清到可以沏茶。唐人段成式《酉阳杂俎》卷七“酒食”：“有萧家馄饨，漉去汤肥，可以瀹茗。”馄饨堪称“中华第一美食”，北方民谚说“好吃不如饺子”，但南人很少吃。它由水中皮囊变成形似天际浮云的“云吞”，从远古的西北飘浮到现代的东南，飘到黄帝子孙足迹所至的世界各地。

华人“艺术生活”“诗性思维”的由来

《列子》说的“眼如耳，耳如鼻，鼻如口”，钱锺书先生认为是发挥了先秦庄子的思想。钱锺书《管锥编》认为乃撮合《庄子》之《达生》《寓言》《大宗师》之意而成。[2]美学家李泽厚先生断言，庄子的哲学就是美学。庄子用“游”来表示无限自由的精神活动，例如《庄子·大宗师》：“游乎天地之一气。”就是后世文艺理论《文心雕龙》中的“神与物游”。南朝刘勰《文心雕龙·神思》：“文之思也，其神远矣。故寂然凝虑，思接千载；悄焉动容，视通万里。吟咏之间，吐纳珠玉之声；眉睫之前，卷舒风云之色：其思理之致乎！故思理为妙，神与物游。”

---

[1] 庞朴：《蓟门散思》，上海文艺出版社，1996 年，第 343～349 页。

[2] 转引自谭家健：《〈列子〉书中的先秦诸子》，《管子学刊》，1998 年第 2 期。

哲学家徐复观说："作为审美命题，'神与物游'……乃是使人的精神获得自由解放，就是'主体之神'与'物之神'间的双向交流与同构。"[1]醋的酸味、姜的辣气，突破了嗅觉、味觉的界限，提高了中国人对美食的欣赏能力，这不正是人的感官跟食物的味道之间的交流、同构吗？

林语堂有一大观点，让他的洋人读者耳目一新：中国人最懂得享受"艺术的生活"。他以英文写就的名著《吾国与吾民》最后一章的题目就是"生活的艺术"。其中说："人文主义使人成为一切事物的中心……只有古老的文化才知道'人生的持久快乐之道'。"[2]书里列举了几十种中国人自得其乐的生活细节，头两件就是吃螃蟹与品茶。"嚼蟹""啜茗"，此外还有吃鸡鸭肝、嗑西瓜子、吃馄饨等。他举清朝美食家李渔的名著《闲情偶寄》为代表。《闲情偶寄》专有一章谈吃，题为"饮馔部"。林语堂特别提到"李笠翁自称他是'蟹奴'"。"因为蟹具'味香色'三者之极。"

林语堂又拿诗人跟美食的关系当焦点，就中、英两国文化的比较大发议论。他说我们有"苏东坡肉"，而"在英国，'华尔华兹肉排'将为不可思议"。甚至"英国语言中没有'烹饪'一词，干脆叫它'烧'"。高按，cuisine（烹饪）借自法语，英文只有cooking（煮）。作为鲜明对比的是中国诗人袁枚，他"写了一本专书论述烹调术"。指《随园食单》，也是"中国烹饪古籍丛刊"之一，被法国安妮·居里安女士（Ms.Annie Curie，陆文夫小说《美食家》的法文译者）誉为"美食经典"。

诗与美味在袁枚心中简直融为一体了，其共性就是"味"。同道友人赵荣光先生认为，袁枚的诗句"平生品味似评诗"可说是

[1] 徐复观：《中国艺术精神》，春风文艺出版社，1987年，第69页。

[2] 林语堂：《吾国与吾民》，华龄出版社，1995年，第330页。

"总结自己一生的学术成就"。[1]

近年，中国美学研究者又根据李泽厚的观点进一步提出"中国文化的'诗性智慧'"的新命题。有两位青年学者专文论述，很有见地。大致观点为：中国诗性智慧特别强调透过对审美客体的整体直观把握，在内心世界浮想运思，通过寓意于物象的"内游""内视""神遇""玄化""目想""心虑""澄怀"等体验方式，获得对世界本原的洞见和内心世界的愉悦与至乐。[2]

"艺术生活"与"人生哲学"

林语堂的英文书《生活的艺术》曾轰动西方世界，1937年在美国出版，曾"霸占""畅销书排行榜"榜首达52星期，再版40余次，被译成10多种文字。使他差点荣获诺贝尔奖。笔者曾误以为那书不过以文采取胜，读后才知道它的哲学深度。

林语堂说，从人生观上中国人就"和西洋人成对照"，"中国人比较过着一种接近大自然和儿童时代的生活，……深切热烈地享受快乐的人生。"[3]又说哲学不一定要苦苦思索，相反，华人"生活艺术的哲学"才更够得上"深湛的哲学"。《生活的艺术》第一章"醒觉"："如果世间有东西可以用尼采所谓愉快哲学（gay science）这个名称的话，那么中国人生活艺术的哲学确实可以称为名副其实了。……西方那些严肃的哲学理论，我想还不曾开始了解人生的真意义哩。"作者用种花养鸟之类生活细节的描述来阐释自己的观点，书中有大量的

[1] 赵荣光：《袁子知味》，《社会学家茶座》第五辑，山东人民出版社，2004年。

[2] 黄念然等：《和合：中国古代诗性智慧之根》，《湛江师范学院学报》，1999年第4期。

[3] 林语堂：《生活的艺术》，陕西师范大学出版社，2003年。

美食体验。第二章“关于人类的观念”：“人类天性的本质，……喜欢一个好的思想和喜爱一盆美味的笋炒肉……”“看见一盆北平或长岛（Long Island）的鸭肉，但没有舌头可以尝它的滋味；看见烘饼，但没有牙齿可以咀嚼；……”“真等于一种可怕的刑罚”。

“哲学”简直是普通华人的催眠药，强钻下去也会觉得苦涩沉重。汉语里自古没有“哲学”一词，故宫太和殿龙椅上的对联说“知人则哲，安民则惠”，出自《尚书·皋陶谟》。古注说“哲，智也”。“哲”限于“五伦”（君臣、父子、夫妻、兄弟、朋友）的人际关系，哲学只有伦理学分支一枝独秀。牟宗三说过：“中国知识分子十分聪明，什么都可以研究。”[1]千百年间的千万智者，为什么死盯着人际关系，不去观察研究大自然呢？有一个解释：中国人始终没有解决饱肚问题；饥饿必然加剧争夺，造成各级人际关系的凶险。智者们都为“长治久安”绞尽脑汁，累极了就渴望散散心，就是林语堂说的“闲适”。就连主张积极“入世”的儒家，实际上也持这种人生观。《论语·泰伯》：“天下有道则见，无道则隐。”

人能活着就算侥幸，以庄子为代表的高人都“想开了”，只求苟全性命，尽情享受世间的欢乐。《庄子》充满这类寓言，例如《山木》篇里的大树，“以不材，得终其天年”。李泽厚先生提出了中国人的“乐感文化”及“审美的天人合一”。[2]这属于“人生哲学”范畴。“人生哲学”也包括“入世”者在人际关系中的“处世之道”，是中国哲学的重心。可举笔者友人刘长林先生的书为代表：《中国人生哲学的重建——陈独秀、胡适、梁漱溟人生哲学研究》[3]。

---

[1] 牟宗三：《时代与感受》，台湾鹅湖出版社，1988年，第220页。

[2] 李泽厚：《实用理性与乐感文化》，三联书店，2005年，第144页。

[3] 刘长林：《中国人生哲学的重建——陈独秀、胡适、梁漱溟人生哲学研究》，华东师范大学出版社，2001年。

"人生哲学"更学术的名称是"生命哲学"。philosophy life，西语 life 对应着汉语的"生活""生命"。认为非合理的感性高于知性和理性。"生命哲学，在认识论上，认为直觉高于理性；在心理学上，认为情意高于认知，……""生命哲学"在西方的出现要迟至近代，德国哲学家狄尔泰（Wilhelm Dilthey，1833—1911）首次提出这个名目。第一位"人生哲学家"是叔本华（1788—1860）。[1] 这还是可以从饮食角度来解释：西方没有食物危机，人际关系远不像华人那样紧张，有充分的余裕去探索自然。近代社会发展速度加快，德国人也感到有"生存压力"，开始关注人际关系及相应的哲学。

前边说过，德国文化不重视饮食，而其哲学跟音乐同样杰出，大哲学家群星灿烂。恰好形成对应的是，音乐、哲学同为华人的弱项。谙熟西方文化的现代美食家林语堂成了"人生哲学家"，岂偶然哉？

[1] [德] 叔本华：《叔本华人生哲学》，九州出版社，2003 年。

第十讲

饮食文化比较观

- 饮食功用中西异型：营养 VS 味道、科学 VS 艺术
- 医食同源与体质差异
- 吃与文化全球化

第一节　饮食功用中西异型：营养 VS 味道、科学 VS 艺术

高厨近似大艺术家

前边多次涉及一大判断：中餐近于艺术，形成对照的是西餐近于科学。这里通过讲述高厨的掌故，来表明他们的艺术家属性。

第一个故事。大美食家袁枚写过一篇《厨者王小余传》[1]，内容惊人地精彩。小余是袁枚的家厨，死后十年间，袁枚每到吃饭，常常想念小余，甚至落泪，所以为他写传记，以寄托哀思。小余怎么死的？做菜累死的。他自己说，每做一款佳肴，都要倾注全部心血。原文说："吾苦思殚力以食人，一肴上，则吾之心腹肾肠亦与俱上。"把心肝都炒进菜里了，能不死吗？袁枚曾经问他：你这样的高才，为什么不往豪门高就，却屈尊服侍敝人？小余的答话更惊人：您天天挑我的毛病，这样我才能不断提高水平，您的教训斥责，对于我就像甘露，如果一味赞美，那我就完

[1]〔清〕袁枚：《袁枚全集》第二册，江苏古籍出版社，1993 年，第 144 页。

了！读了这段对话，就会想到艺术家跟批评家的依存关系，更会相信真正的高厨就像大艺术家一样把为艺术而献身当作人生最高的享受。

第二个故事。清代大美食家梁章钜记述某公馆高厨董某的事迹，更加惊人。[1]他厨艺高超。一天，主人的好友要去四川任督学，想带董某去，主人答应了，董某不肯。对于主人的怒斥，董某却冷冷地回应道：实话告诉你，我非常人，乃天厨星下凡，天帝派我伺候你，督学是普通，他不配！厨师竟是天神，跟希腊神话中的文艺女神缪斯平起平坐。对于洋人，这类故事肯定是闻所未闻、无法理解的。

洋人不明"味道"，华人未闻"营养"

在1991年"首届中国饮食文化国际研讨会"上，笔者有幸结识美国中餐业界领袖汤富翔先生，后来听他讲过不少海外奇谈。例如，几次国际奥林匹克烹饪大赛，自称来自"烹饪王国"的中国团队都名落孙山。2002年，笔者又结识了当年的中国烹饪代表团团长李耀云大师，我俩同为"中国烹饪协会专家小组"成员，赴淮安审定"淮扬菜之乡"的申请，还曾合撰了论文《满汉全席源自淮安说》[2]。他的事迹广泛流传。[3]他说第17届世界奥林匹克烹饪大赛在德国法兰克福举行时，赛场只提

[1]〔清〕梁章钜：《浪迹丛谈四种·饮食部分》，中国商业出版社，1991年，第79页。

[2] 高成鸢、李耀云：《满汉全席源自淮安说》，淮安市政府编印《淮扬菜美食文化论文集》，2003年。

[3] 晓蓉等：《"厨神"传奇》，《青岛画报》，2003年第4期。

供电磁炉，经他力争，请示市长同意，破例提供明火，同时还搬去大型灭火器。结果中国选手获得七块金牌，令世界同行刮目相看。李大师现今已是世界厨师联合会的评委，但回想起当年还是觉得很窝火。他说，中餐跟西餐比赛，就像让中国的太极拳跟洋人的"捣皮拳"比赛，boxing match，今天译名为"拳击运动"。裁判标准就很成问题。

前边说，华人追求的"味"是食物的"轻清者"，其实，西方人也同样越来越重视轻清者，但那不是"味"而是"营养"（nutriment）和"热量"（quantity of heat）。热量以"卡路里"为单位，简称"卡"。"营养"虽然精微还是有形的物质，"热量"则像"味"一样是纯粹无形的。

"味"和"营养"的差异，可说是中西文化差异的象征。"味"是非常模糊的、感性的，而"热量"是十分精确的、理性的。林语堂说："英国人不郑重其事地对待饮食。"对于法国人说的"好吃"他们"不屑一顾"，"英国人所感兴趣的，是怎样保持身体的健康与结实，比如多吃点保卫尔（Bovril）牛肉汁，从而抵抗感冒的侵袭"。[1]洋人也懂得贪恋美味。孙中山先生说：关于烹调，西人先前只知道法国烹调为世界之冠，"及一尝中国之味，莫不以中国为冠矣"。[2]

但我们绝不能说洋人饮食文化落后，人家还很看不起华人不懂营养学呢。这就叫美食的"价值标准"不同。简单地说，中餐以"味道"突出，西餐以营养见长。"味道"有很深的道理，洋人有所不知，但至少有相应的词 flavour，然而汉语里原有的"营养"一

---

[1] 林语堂：《中国人的饮食》，聿君编《学人谈吃》，中国商业出版社，1991年，第11页。

[2] 孙中山：《建国方略》，中州古籍出版社，1998年，第63页。

词，意思是“生计”。《辞源》里的例句出自《宋史·地理志》。新名词“营养”是日本人生造的，“营”字好像莫名其妙，本义是居所、营造。看不出跟“养”有半点关系。笔者经过深入考究，才知道出自一个冷僻的中医学术语“营卫”，《黄帝内经·灵枢经·营卫生会》：“谷入于胃，以传与肺，五脏六腑，皆以受气，其清者为营、浊者为卫。”让人不禁服了日本人。

上溯万年，我们的祖先从“粒食”开始走上歧路。中餐进入光怪陆离的境界，回看西餐不免觉得没啥长进。然而人家不是“白吃饱”，近代以来，随着科学技术的发展，营养学日新月异，从脂肪、蛋白质之类的区分，到品类繁多的维生素、微量元素的发现。从尚能分辨，到不可感知，越来越趋向精微、无形。西餐跟中餐的“味”表面上颇多相似，而本质却根本不相同。营养素尽管跟华人的“味”一样属于“食”的“轻清者”，却绝没有从食里异化出来、以致对立起来。

中餐、西餐不同的发展路途，可说就是“味道”和“营养”的殊途。一个近于艺术领域，一个属于科学范畴，两者难说有高下之分。强为比较，倒是洋人对“味道”也不陌生，只是不知其所以然；相对而言，华人在“营养”上实在是低下过甚。

两个相反的苏东坡：饮食文化的两个层次

河豚是有剧毒的，北宋时代江苏人才开始试着吃。北宋科学家沈括在《梦溪笔谈·补笔谈》卷三中说：“吴人嗜河豚鱼，有遇毒者，往往杀人，可为深戒。”大美食家苏东坡当算是吃河豚的先驱。同时代的笔记说，他

"盛称河豚之美"；有人问"其味如何"，他回答说"值那一死"。那段记载的结论说："由东坡之言，则可谓知味。"宋代吴曾《能改斋漫录》卷一〇。

还是这个苏东坡，有时又像是"味盲"一个。宋朝又有笔记说，什么恶劣的吃食他都能痛快咽下。陆游记载说，东坡跟苏辙相遇于外地，两人在路旁的小饭摊儿上买汤面充饥，味道糟糕透了。苏辙放下筷子叹气，东坡却很快吞光，大笑着对苏辙说，你还想拿嘴嚼吗？陆游《老学庵笔记》卷一："东坡先生与黄门公南迁，相遇于梧、藤间。道旁有鬻汤饼者，共买食之，粗恶不可食。黄门置箸而叹，东坡已尽之矣。徐谓黄门曰：'九三郎，尔尚欲咀嚼耶？'"看来他是囫囵吞下的。

苏东坡吃河豚是为了欣赏美味，跟营养毫无关系；苏东坡吞汤面是为了充饥，味道可以全不考虑。两种场合，判若两人。河豚经常危及性命，按照"营养保健"的价值标准，应当绝对否定，但吃河豚却属于"知味"的最高表现。比粗劣的汤面更糟的吃食，哪怕草根树皮，也会给快饿死的人提供一点儿宝贵的热量。"两个苏东坡"的典型故事，生动地表明，人的饮食行为有着高、低两个层次，哪个高哪个低，不言自明。

个人如此，人类亦然。人属于动物又高于动物，人的感官活动有两个层次，低层次的是生理需要，高层次的就是精神需要了。精神的活动近于美学。这个道理，美学家汪济生先生讲得最透彻。20世纪80年代，年轻的他就创立了自己的美学体系，跟朱光潜等大师并立，有人指出，因为他不是"专业"者，其学说远未发挥社会效应。他曾在专著《系统进化论美学观》里论证，感官依附于身体，首先要为身体的生存服务，所以感官有"谋生活动"；但高级生物感官发达，谋生之余又有"游戏活动"。他举例说猫捉老鼠是"谋生活动"，猫玩线团则是"游戏活动”。[1]美食属于精神活动，比游戏更高级，已进入审美境界。

中、西饮食文化有高低之分吗？这跟奥林匹克烹饪大赛一样，得看什么标准：科学？艺术？

笔者对西方的营养分析佩服得五体投地，但还是要“冒天下之大不韪”说，从总体来看，中华饮食文化还是高出一等。理由是，营养分析再精微也是物质上的，而就连“唯物主义者”，也承认精神是高于物质的。

只顾营养、无视味道的主张，已有失败的教训。美国航天局营养生物化学部的负责人斯科特·史密斯说：“在实施阿波罗空间计划时代，宇航员食用的是装在类似牙膏盒中的鸡肉沙拉。宇航员在飞行中有拒绝进食的情况，只能摄取正常需要热量的一半。今天，我们试图提供尽可能像平常食用的那种食品。”[2]

“营养学家”孙中山站在中餐一边

中餐高于西餐，这么说肯定挨骂。幸而可以获得孙中山先生的有力支持。都知道他是个医生，洋人称他 Doctor Sun Yat-sen，就是“孙医生”之意，国人翻译为孙逸仙博士。却想不到他研究过营养学，而且有十足专业的长篇论述。孙先生怎么会谈起营养学来了？皆因要借用人人熟悉的吃来解释他的哲学思想。见《建国方略》中“孙文学说”第一章“以饮食为证”，一篇洋洋万言的

---

[1] 汪济生：《系统进化论美学观》第二章第二节，北京大学出版社，1987 年。

[2] 《火星上的食谱》，《参考消息》，2000 年 7 月 5 日。

专论，大半内容纯是营养学。[1]

营养学家不离口的是多少卡路里的热量。最早向国人介绍“卡路里”这个概念的，据笔者所见，就是孙逸仙博士。他不得不独创一个名词“热率”来表示 calorie（卡路里）。他说，“近年生理学家之言食物分量者，不言其物质之多少，而言其所生热力之多少以为准”，接着介绍热力的测试方法，说“以物质燃化后，能令一格廉（高按，‘格廉’即‘克’gram 的音译）水热至百度表（按，即摄氏温度计）一度，为一热率”。

中山先生的营养学论文贯彻着全新的科学精神。他从人体的细胞讲起，为了哲理的透彻，不用通行的名词“细胞”，而另造新名词“生元”。“生物之元子，学者多译之为‘细胞’，而作者今特创名之曰‘生元’。”他管食物的本质叫“燃料”，把脂肪看成是燃料的蓄积。“燃料之用有二：其一为暖体，是犹人之升火以御寒；二为工作，是犹工厂之烧煤以发力也。……倘食物足以供身内之燃料而有余，而其所余者乃化成脂肪而蓄之体内。”他还分别介绍了蛋白质、碳水化合物、脂肪等营养成分的含热量。他率先断言大豆是蛋白质的重要来源。“植物中亦涵有淡气质，而以黄豆、青豆为最多。”国人都知道豆腐是我们的祖先的一大发明，西方营养学家盛赞它是理想的“健康食品”。洋人熟悉豆腐，多亏了中山战友、民国元老李石曾先生。李石曾（1881—1973），名煜瀛，其父李鸿藻是晚清重臣，皇帝之师。他目睹清廷腐败，誓不当官，留学法国学习农学、化学，后来发起留法勤工俭学运动。[2]他曾专门研究大豆，有法文著作，并创立巴黎豆腐公司。为了让洋人亲尝美味，又开设欧洲第一家中国餐馆。名为“中华饭店”，位于巴黎蒙帕纳斯大街。中山先生高度评价豆腐，说它要胜过肉类，有

[1] 孙中山：《建国方略》，中州古籍出版社，1998 年，第 61～70 页。

[2] 陈纪滢：《一代振奇人：李石曾传》，台北近代中国出版社，1982 年。

其长处而没有其缺点。他说："夫豆腐者，实植物中之肉料也，此物有肉料之功，而无肉料之毒。"先生为肇造民国而心力交瘁，怎么会分心于豆腐和中国烹调？推想是受到李石曾的影响。反过来说，李石曾之研究豆腐同样可能是受到研究营养学的孙逸仙博士的启示。

在关于中餐、西餐高下的争论中，"营养派"总是攻击"艺术派"是"营养盲"。笔者搬出精通营养学的中山先生，他竟站在中餐一边，这会使对方容易信服。

美食家梁实秋有个营养学家女儿

任何学派都有代表人物，饮食文化中的"科学派""艺术派"也一样。"艺术派"的代表，非大美食家梁实秋莫属。林语堂也热衷于谈吃，但那是把吃当成华人"艺术生活"的内容，《吾国与吾民》里的"饮食"一节就属于"生活的艺术"一章。而且他总爱在吃的现象里找出点儿道理来。梁先生则一味沉溺在对美食的津津乐道中。

饮食文化的"科学派"举不出个代表人物来。早的不用说了，单看新时期中餐蓬勃兴起之后的情况。经过奥林匹克大赛惨败的教训，中国现代烹饪教育及饮食文化研究圈内才开始有重视科学的呼声。例如扬州商学院烹饪系的季鸿昆先生。1994年，他在研讨会上批评"当前的饮食文化研究，比较多地偏向于文史，而存在的实际问题却多为自然和技术科学问题"，所以"尤其要注意提倡实验和量化的科学方法"。[1] 他主持开设了

[1] 季鸿昆：《我国当代饮食文化研究中的几个问题》，《中国烹饪走向新世纪——第二届中国烹饪学术研讨会论文选集》，经济日报出版社，1995年，第76页。

营养学专业，但是万没想到，培养出来的首批“营养师”竟分配不出去——星级宾馆都说用不着，只有两名毕业生在医院里找到了位置。这真富有讽刺意味：现代华人还像老祖宗一样“医食不分”。

代表人物必须是大众熟悉的。有一位美国华裔营养学家倒能当“科学派”的代表，就是梁实秋的女儿梁文蔷女士（1933— ）。她曾任美国西雅图海滨学院“食物与营养”专业教授20多年，有《营养问答集》等专著，包括风靡华人女性世界的《曲线救美：减肥瘦身秘诀》一书。都有中文版。她的著作显示了家学渊源：不光文采斐然，更体现了讲吃家风。饮食文化的两大派分别由梁实秋先生和他女儿来代表，这样，激烈的争论就变成了梁家的家事，必然像亲情一样和谐。

假设你是个顽固的“营养科学派”，当你否定“味道艺术派”时，必然强调“他们都是不懂营养学的老中国人”。对于美食家梁实秋，你也会说同样的话。你只信服营养学家的观点？那你就陷进自相矛盾的窘境了。听听梁文蔷教授是怎么看待她老爸的饮食观的。她对自己的营养学立场当然无比坚定，但同时又对老爸迷恋美味的那一套非常尊重，是个孝顺女儿。[1]《论语·学而》：“三年无改于父之道，可谓孝矣。”可见，用洋人的“营养”来否定华人的“味道”，实属浅薄之见。营养、味道压根儿不在同一个层次上，就像父亲跟女儿不是同辈儿一样。写到这里，笔者忽然有个念头：假设我们的营养学家不是梁实秋的女儿，而是林语堂的，假设她像林先生一样总想在吃的现象中找出道理，那她就不会满足于琢磨女人“曲线救美”的小事儿，而会担当起“中西饮食文化比较研究”这个重大的课题。那样就从“生活艺术”提高到“人生哲学”了。

---

[1] 梁文蔷：《长相思：槐园北海忆双亲》，台湾时报文化出版公司，1988年。

第二节　医食同源与体质差异

食物何来“寒凉温热”？

人们都有体验：同是花生米，炒的香，煮的不香。老人会说炒的“热”，煮的“凉”。老外听了会奇怪：煮的凉？刚开锅就吃，不一样烫嘴？后来懂点中医才知道，炒花生那叫“性热”，煮的“性凉”。可是洋人弄不懂吃的东西分什么“性”。

中华文化“药食同源”，饥饿的神农无所不尝，就根据感受或反应，把种种动植物都定了“性”：寒、凉、温、热。从秦汉之间的《神农本草经》（含药物 365 种）到明代的《本草纲目》（含 1892 种），每一种药物都先标明药“性”。四类是“热”在量上的四个级别，可以归为寒、热两类。又是“热”又是“量”，那跟用“卡路里”计算的“热量”是什么关系呢？这没法儿说；可是从炒花生、煮花生的一热一凉来看，就能心领神会：“性”其实是水、火关系：跟“火”接近多点儿的就“热”，跟“水”接近多点儿的就“凉”。拿花生为例子不大合适，《本草纲目》里还没有花生。从粳米可以看得很清楚：同一种粮食，本来“性”寒，烘熟就变成“热”了。唐代孙思邈《千金食治·谷米第四》：粳米，“生者冷，燔者热”。

根据华人的“水火”对应观念，“火”也是一种物质，也属于中药。《本草纲目》专设“火部”，包含11项。跟“水部”平行，作者在这章先发了一通宏论，把火分成三种：天火、地火、人火。“天火”指太阳、闪电之类；“地火”就是平常的火。“人火”是个中医术语，指人体内部的“火”，也就是“热”。人体的主要成分是水，这叫人想到中国烹饪的“水火平衡”，不过“锅灶”在体内，“水火”已成为抽象观念。病人体温高，有点像“地火”，就叫“发烧”。

正常的人体，“水”“火”要保持微妙的平衡。不同体质的人之间也有一定的差异，就是中医说的“虚、实”，跟“寒、热”两两结合，成为“虚寒”或“实热”等病状。人体分寒热，吃的也分寒热，中医理论要求两套寒热互相协调。既然中华文化“药食同源”，这也是理所当然的事。唐朝“药王”孙思邈名著《千金食治》开篇有句话，洋人听了会吃一惊：犯了病别吃药，先拿食物来治，治不好才吃药。《千金食治·序论第一》：“知其所犯，以食治之，食疗不愈，然后命药。”如今流行的“食疗”一词就是他创造的。他活了一百多岁（581—682），多亏了他懂得拿饭当药。无独有偶，元朝又出了一位百岁“食疗”老医生、《饮食须知》著者贾铭，生在南宋活到明初，享寿106岁。据《饮食须知》王渑华整理本“本书简介”。[1]

从《神农本草经》开始，食物的“性”都是光凭人们的感觉及反应来定的。你说这是古老的迷信？可番茄是清初才传来的，现代食疗书刊中照样说“番茄性平，有清热解毒作用”。这么说，也长期没见有人反对。这样看来，食物的“寒热”当是客观存在的。然而洋人为什么又不接受你这个伟大发现呢？

---

[1]〔元〕贾铭：《饮食须知》，中国商业出版社，1985年。

有不少孩子连吃几粒大枣，鼻子就流血了，老中医说是体质虚热，建议多吃梨。梨有人能连吃两三个，有人半个都不敢吃，一吃准泻肚子，中医说梨性寒，体质寒凉者忌食。那么，整体上看，洋人跟华人体质上是否也有所不同?

华人“上火”大谜试解

外资企业里的华人员工感觉严重“上火”，全身难受，洋医生量量体温，正常；嗓子红肿，给点漱口药水。再说别的，医生“NO，NO”连声，过两天发了高烧。要是听老华人的话，吃两片“黄连上清丸”，拉一泡稀屎，浑身舒畅，好了。

“上火”华人都懂，可英文里查不到这个词。《汉英词典》只能用一大篇话来描述病状：“上火：〈中医〉Have symptoms such as constipation，inflammation of the nasal and oral cavities，conjunctivitis，etc.”翻译成中文是：“有了以下症状：便秘、口腔和鼻腔发炎、结膜炎，以及诸如此类，等等。”说了半天，意思还很不全，上火常闹牙疼，俗话“火牙”，就漏掉了。更有中医说，上火得分胃火、肺火、肝火，胃火有大便干等症状，肺火则咳嗽、吐黄痰，肝火则烦躁、失眠。这用多少单词也没法儿翻译。华人还认为“火”是百病之源。《本草纲目·果部·茗》讲到茶能降火，说“火为百病，火降则上清矣”。

没人能否认华人“上火”现象的普遍存在，甚至包括某位否定中医的“反伪专家”。他曾跟一位“意识形态科学家”共同宣称中医是“伪科学”。他还特地写了篇《“上火”病毒与中毒》，从现代医学角度看什么是上火。这位“专家”在博客中说：“‘上火’是中医对许多症状的一个笼统、模糊的说法。”他反对吃中药清火，说那反而会引起中毒。他并没有断言“上火”属于迷信的幻觉，有的说辞倒很值得玩味：“这（上火）是个很富有中国特色的问题。”也就是说，只有中国人会上火。至于为什么，这位留美专攻生物化学的才子却不置一词。

笔者从探究饮食文化之始，就留意寻求这个重大疑谜的答案。直到本书写到这章，在琢磨食物的“寒热”问题时才豁然开朗：原来华人爱“上火”，这是由于体质特殊。提个假说：从肉食改成粒食后，世世代代的适应，引起人体基因的变化。

“粒食”跟肉食的性质（中医所谓“性”），差别可太大了。单说含水量，谷物是成熟的种子，含水量本来很少，为了“积谷防饥”长期保存，新谷入仓前必须经过晒干工序，有时还用火烘，这就决定了“粒食”干涩的突出特性。据有关资料，猪肉的含水量最高，可达59%，粟米最低，仅有18%。所以中餐必然有“干稀搭配”的“餐式”，汉语习惯更是“饮”在“食”先。根据上节所引《千金食治》所说的粳米“生者冷，燔者热”孙思邈《千金食治·谷米第四》。的道理，粮食经过曝晒也会增加“火”性。神农的子孙世世代代吃“火”，难免导致体质的特殊，病理的特殊。有句话老中医挂在嘴上：“火是百病之源。”或“上火引起感冒，感冒是百病之源”。古语断言“吃五谷杂粮没有不得病的”，吃粮食，应当就是中国人“上火”的根源。

“上火”不吃药，严重后果是转为“上呼吸道发炎”。这时需服“上清丸”。名叫“上清”，其实是“下清”，清除大肠的淤塞。也怪，大肠一通，气管很快通畅。中医理论“肺与大肠相表里”每每得到明显的验证。再一想更有道理：加煤的胃肠和化气的肺不就是产生能量的人体锅炉吗？“火”太旺，肺当然会被烧出毛病来。

文字学上更有直接的证明。中华文化的很多密码都藏在汉字古老的字形里，“疏”字就潜含着重要的信息。“疏”等于“上清丸”的“清”。《国语·楚语上》：“教之乐，以疏其秽而镇其浮。”东吴韦昭注：“疏，涤也。”“疏”的字形什么意思？《说文解字》并没讲透彻。其中的密码直到清朝一位文字学家才破译出来，那简直有点叫人发瘆：一幅胎儿分娩图！右边的“㐬”像胎儿下生，左边的“𤴓”像胎儿蹬腿！朱骏声《说文通训定声》：“㐬者，子生也；𤴓者，破包足动也。孕则塞，生则通。”[1] 孩子一生下来，孕妇肚子就通了，大肠里的也一样。

附：饮食确能改变人体基因

老中医常嘱咐“上火”患者多吃蔬菜，在这一点上，中西医可说不谋而合。蔬＝疏，蔬菜的蔬，草字头是后来加的，宋代人才把这字补进《说文解字》中，以前“疏”是正字。《集韵·鱼韵》：“凡草菜可食者通名为蔬。通作疏。”多吃蔬菜就能疏通大肠壅塞。蔬菜能“清火”，蔬菜也叫“水菜”，九成是水。你说那也不如喝杯凉水？绝对不然。要清的“火”既然是“人火”，李时珍创造的词，特指人或动物体内的“火”。哪有用天然水的道理？

西医治大便壅塞好像多一招：要你多吃粗粮，说是富含纤维素。其实，咱老祖先最不缺的就是这玩意儿：疏，本义正是特粗的粮食。《诗经·大雅·召旻》：“彼疏斯粺。”郑玄笺：“疏，粗也，谓粝米也。”“疏”的解释还有“草之可食者”。中国人荒年拿“草根树皮”

[1] 〔清〕朱骏声：《说文通训定声》，中华书局影印本，1984 年，第 413 页。

来填肚皮，常年“吃糠咽菜”，俗话“糠菜半年粮”，这都包括在“疏”之内。“疏”的本义跟饮食无关，它还有疏远、不合情理等意思，《礼记·檀弓》孔颖达疏：“疏，言甚疏远于道理矣。”用到饮食上，可以理解为权且“果腹”的杂物，例如糟糠。糠也没了，光吃野菜，后来“疏”字变“蔬”。

常吃的瓜菜，多数的“药性”都属于寒凉类；例如黄瓜、冬瓜、菠菜、苋菜、莴苣、茄子、竹笋都是性寒、冷，见《本草纲目·菜部》。更有些菜同时还有“滑”“利”的属性，例如菠菜性“冷滑”、蕨菜性“寒滑”、苋菜性“冷利”；就连性“温”的菘（大白菜），也有“通利肠胃”的效应。吃多了会引起腹泻。至于“不可食”的杂草，更有中毒反应，直接造成体力虚弱，“热”就谈不到了。

人类经历过肉食生活，肉类含水量天然接近人体，对肠胃没刺激，还能锻炼消化力，肉食民族的胃肠当然壮实。可怜中国的先民，世世代代吃些“寒滑”的东西，跟人家比，胃肠想不“弱”也难！经常泻肚必然“阴虚”，恶性循环更爱“上火”。

论证至此，似乎已能自圆其说。不，严谨的读者还会质问：食物对人体也许有影响，然而你怎么能肯定食物的影响可以变成民族体质的基因？问得好。用达尔文“进化论”的术语说，就是“获得性的变异能否遗传、积累”。笔者也曾经自问，直到找到确定的根据。前几年美国科学家发表权威报告说，考古学家从古人类遗骸中发现，欧洲人本来也没有消化牛奶的基因，这证明，拿牛奶当主要食物，确实能改变民族的体质，而且改变得“非常快”[1]。那篇报道很有意思，摘录如下：《喝牛奶的能力》：伦敦大学和美国因茨大学

［1］ 伊川：《喝牛奶的能力》，《中华读书报》，2007年3月21日。

的科学家们日前找到了早期欧洲人不能消化牛奶的直接证据。科学家们发现公元前5840年至5000年期间的新石器人类骸骨中没有消化牛奶的基因。从进化的角度来看，“乳糖基因”在人类接触牛奶的过程中普及得非常快。仅仅过了七八千年，90%的北欧人的体内就有了这种基因。

这篇短文没有标明出处，不合乎引据的规范。笔者已找到原文的题目是*Early Europeans unable to digest milk*，专业人士不难查阅。

顺便弄明白了一大疑问：为什么中餐里绝少用奶类材料。人类学家马文·哈里斯（Marvin Harris）在饮食文化的名著中提到“东亚地区的人对牛奶有根深蒂固的厌恶”，原因除了缺乏“乳糖基因”，也没有机会养成习惯。[1]他的观点终于得到上述考古报告的支持。这也打通了“体质人类学”到“文化人类学”的途径。叶舒宪先生《译本序》的题目中已提出了“饮食人类学”的名目。

[1] [美]马文·哈里斯：《好吃：食物与文化之谜》，山东画报出版社，2001年，第141页。

第三节　吃与文化全球化

饮食在中西文化中地位悬殊

“吃”，对人类的社会、文化有多大重要性？ 在这个问题上，华人跟洋人观点的差异实在大得惊人。

首先表现于史料多寡的悬殊。孔夫子的学术遗产《论语》内容零乱支离，唯独谈吃的集中而有条理。见《乡党》一章，除了正面的“食不厌精，脍不厌细”，还从反面列出八条“不食”的讲究，包括肉块“割不正不食”。先秦诸子的言论几乎无不涉及饮食。唐代李白、杜甫、白居易歌颂美食的诗篇，多到难以计数。宋代大文豪苏东坡不光放言高论，更亲自实践，发明了“东坡肉”“东坡羹”等一系列古典菜肴，还都配上文学体裁的解说。如《猪肉颂》《菜羹赋》等。后来更流行起文化名人撰写美食专著之风：元代大画家倪瓒，明代音乐家朱权，清代诗人朱彝尊、戏剧家李渔等，各有名著传世。元代倪瓒《云林堂饮食制度集》、明代朱权《神隐·修馔类》、清代朱彝尊《食宪鸿秘》、清代李渔《闲情偶寄·饮馔部》。[1]最突出的

[1] 《云林堂饮食制度集》《食宪鸿秘》《闲情偶寄·饮馔部》均被收入“中国烹饪古籍丛刊”，中国商业出版社，1984—1992年；《神隐》，有日本浅草文库本。

是清代诗人袁枚，中国饮食史上里程碑式的人物。他的专著《随园食单》不但被中国厨艺家奉为圭臬，在烹饪大国法国也被奉为“美食经典”。

笔者发现，古今文人中只有“异类”鲁迅几乎没谈过吃。杂文里偶尔提到绍兴腌菜及吃笋能壮阳之类，也带着贬义，再就是抄过荒年充饥的《野菜谱》。更有意思的是，跟鲁迅对立的文人个个都对美食津津乐道。周作人谈美食有散文近百篇，被集成《知堂谈吃》一书[1]；梁实秋因脍炙人口的散文专集《雅舍谈吃》而成为公认的现代美食家。鲁迅跟这两位争吵也最激烈。鲁迅对传统文化给予深刻批判，这跟他对中国美食的态度肯定有关联。

跟中国的情况相反，饮食在西方文化中几乎遭到无视。最早觉察这个事实的，是熟谙西方文化的华人智者林语堂，他对西方饮食有较为专注的考察。林语堂拿英国人跟法国人当作不同的典型，说他们“各自代表一种不同的饮食观”。本节中林语堂的话都引自《中国人的饮食》一文。法国人“放开肚皮大吃”，跟中国人一样吃得理直气壮，而“英国人则是心中略有几分愧意地吃”，显然愧在觉得吃近乎动物本能。作为忽视饮食的代表，英国人很少谈吃，以免“损害他们优美的语言”。这是讽刺，因为林文强调，英语中原本没有 cuisine（烹饪）一词，他们只有 cooking（烧煮），没有 chef（厨师），只有 cook（伙夫）。“没有一个英国诗人或作家，肯屈尊俯就，去写一本有关烹调的书”，像中国的袁枚、李渔那样。

法国人的讲吃，有特殊的历史渊源，林语堂好像不知道那是受了意大利公主下嫁的影响。《简明不列颠百科全书》“烹饪”条目。意大利人

[1] 钟叔河编:《知堂谈吃》，中国商业出版社，1990 年。

的烹调一枝独秀，目前只有一种假说可以解释：马可·波罗从中国带去的影响。日本有饮食史学者就持此观点[1]。

西方文献中的饮食史料少得可怜，有学者考察，古希腊《荷马史诗》描写的生活细节中涉及饮食的只有七处，[2]不像中国的《诗经》中那样触目皆是。杜莉教授的《西方饮食文化》中“西方饮食文献”一节断言，西方“涉及饮食烹饪之事的文献相对较少”，最早论及饮食理论的是迟至近代的法国人傅立叶（Charles Fourier，1772—1837）。[3]从时间来看，中国的影响不能排除。西方最注重专题研究，饮食史的资料却很难找。从专著的问世来看，《欧洲洗浴文化史》居然早于《欧洲饮食文化》，[4]真是令华人匪夷所思。

跟中国比较，西方饮食史论著更有一大差异：其主题都不外乎“食物”，food或diet，接近原生态的食料。德国的《欧洲饮食文化》中加工最深的不过香肠之类。受西方的影响，日本学者研究中国饮食文化的专著也多题为“中国食物史”。例如前引筱田统《中国食物史研究》、田中静一《中国食物事典》等名著，及“海外中国研究丛书”之一的《中国食物》。[5]反观华人学者的研究，多是烹饪史、菜肴史，例如前引陶文台《中国烹饪概论》、邱庞同《中国菜肴史》。

“无话则短”，文献贫乏，反映了西方饮食文化相对简单。由于

---

[1]［日］辻原康夫：《阅读世界美食史趣谈》，台湾世潮出版有限公司，2003年，第15页。

[2] 杨周翰等：《欧洲文学史》，人民文学出版社，1979年。

[3] 杜莉等主编：《西方饮食文化》，中国轻工业出版社，2006年，第23页。

[4]［德］克蒂斯·克莱默等：《欧洲洗浴文化史》，海南出版社，2001年；［德］希旭菲尔德：《欧洲饮食文化》，台湾左岸文化公司，2004年。

[5]［美］尤金·N.安德森：《中国食物》，江苏人民出版社，2003年。

食物充足，吃在西方历来没人重视。直到“后现代”，“文化研究”（cultural studies）学科兴起，麦当劳快餐跟摇滚乐之类的“低俗文化”受到批判，饮食在西方才总算进了“文化”领域。

“男女文化”与“饮食文化”

百年前就有这样的说法：“中国文化是饮食文化，西方文化是男女文化。”不过都是酒席上的闲话，大家会心一笑，接着夹菜。谁敢当作学理命题提出来，必会遭到痛斥。理由还愁没有？比方“红学家”会责问：“《红楼梦》里有饮食没男女？”

拿这当学术的，笔者见到的只有台湾哲学教授张起钧。他说：“西方文化，特别是美国式的文化，可说是男女文化，而中国则是一种饮食文化。”只见于《烹调原理》的“自序”，正文里也没有再谈。[1]这类的命题，一做判断就有人反感；要详加论证，学者会拼命抵制，闲人又怕伤脑筋。那就讲些掌故趣闻吧，说服力一点儿也不弱。

话说战国时代，吴王特聘军事家孙武为他练兵，孙武取得吴王的同意，先拿宫中美女们做个演习。众美女觉得好玩，嘻嘻哈哈。孙武见军令不行，喝令把两个队长斩首示众，当然是最受宠的娇娃。吴王吓丢了魂，大叫道：“没了这宝贝俩，我吃饭也没味了！”《史记·孙子吴起列传》：“吴王大骇曰：‘寡人已知将军能用兵矣！寡人非此二姬，食不甘味，愿勿斩也！’”你看，跟“口福”比起来，多大的“艳福”也得让位。说到这里，人们就会联想到英国国王“不爱江山爱美人”的

[1] 张起钧：《烹调原理》，中国商业出版社，1985年。

洋掌故。20世纪时英王爱德华八世为了跟辛普森夫人结合而毅然逊位。吴王跟英王可真有天壤之别。

你会说这吴王碰巧是个大馋鬼，那么再看一个有名的故事。《世说新语·汰侈》说，晋代富豪石崇跟另一个大款“斗富”比阔，每逢举办家宴都要让美人劝酒，客人不肯干杯就将美女砍头，真的连杀多人。两个故事都说明在中华文化中酒食远比女人重要。推想西方绅士阶层的“女士优先”也跟“男女文化”有关。

说西方重视男女，事例更多。从古希腊古罗马时就有男女裸体模特，而中国古人连肢体的轮廓都得用宽袍遮蔽起来。性学家刘达临先生描述，古罗马的公共浴池简直是公开的淫窟。他写道：“男女混杂，夜间也可共浴，浴场因此堕落为淫荡之地。……充斥了猥亵下流的语言与欢笑。”就连酒席，也像沐浴一样，和淫乱结合起来了，不光有色情表演，连一向严谨的哲学家西塞罗，晚餐时也有神女伺候，“一面爱抚着她们冶艳的肉体，一面进食”。[1]如果这是在中国，连现今的记者也会写条“新闻”高叫“不堪入目”。在《现代西方礼仪》一书中，英国学者唐纳德（Elsie Burch Donald）则写道：“酒会的另一功能”是提供“无与媲美的男女交谊场所。这是一种由来已久的传统”。进餐过程中男士自顾大嚼，不跟邻座的主人之妻没话找话，那是极大的失礼。[2]

为什么中西文化一个重饮食一个重男女？对这个现代问题，中国古人早就给出了答案：“饱暖思淫欲。”在饥饿的中国，最重要的是吃。饿得半死，淫棍也会阳痿了。洋人没挨过饿，也不懂欣赏美

---

[1] 刘达临：《世界古代性文化》第七章，上海三联书店，1998年。

[2] ［英］埃尔西·伯奇·唐纳德：《现代西方礼仪》，上海翻译出版公司，1986年，第35页。

味，精神当然全用到男欢女爱上了。

中国古人说到“淫”，最著名事例是商纣王的“酒池肉林”。尽管也叫一些裸体男女在里边鬼混，但“酒肉”还是主角，“男女”倒成了陪衬。《史记·殷本纪》：纣王“以酒为池，悬肉为林，使男女裸，相逐其间”。汉语的“放荡”，古文常说“耽于酒色”；《汉英词典》里对应的是 debauchery，洋人的理解是“色”（sex）在前头而“酒”是陪衬。《朗文英汉双解词典》的 debauchery：“behavior that goes beyond socially approved limits，esp. in relation to sex and alcohol.” 酒、色又是颠倒的。

从理论上，儒家文化绝不主张禁绝性欲，家族多子多福全靠生育。孔夫子谆谆教导说：性欲跟吃一样是人的本性。《礼记·礼运》：子曰：“饮食男女，人之大欲存焉。”然而，中国人的生活中却实际存在着性的忌讳，民间谚语断言“万恶淫为首，百善孝为先”。性禁忌是为了维护家族聚居。“四世同堂”要求弟兄和睦，叔嫂之间“男女授受不亲”。

学科地位：烹调竟与理发并列

盛大的“首届中国饮食文化国际研讨会”1991 年在北京举行，各路才俊聚首一堂，包括自然科学史家、考古学家、文字训诂学家等等。俨然“饮食文化”新学科的诞生宣言。然而，会后这个虚幻的学界立即风消云散，留下“盛筵难再”的遗憾。

“饮食文化”是中华文化的基础（或曰“母文化”），尽管古昔经典中言之凿凿，加上 20 世纪 80 年代以来众位开拓者硕果累累，至今广大文史学界对此还是茫无所思。莫非因为开拓者们人微言轻？世界伟人孙中山先生曾专门论述“饮食之一道”，说得头头是道，前述《建国方略》中“孙文学说”第一章“以饮食为证”。也只是在上述小圈子里才被重新“发现”。若说孙先生不是文化人士。林语堂先生，誉满中外的文化大师，被骂为“西仔”，饮食上却是顽固的国粹派。早就宣称洋人不懂“调和”而华人是“毋庸置疑的烹饪大家”。但他的呐喊只能被当作“幽默”而博得散文读者一笑。

人类文化的进步，物质上由科学家带头，精神上由哲学家带头。学术对群体行为（包括吃）的支配力看似无形，却极为强大。譬如说，尽管饮食传统是顽强的，但由于科学家断言胆固醇会引起心血管病，洋人万古的肉食习惯居然发生了变化。又如，孙中山先生早就指出豆腐胜过肉类，但只有营养学权威出来肯定后，WHO（世界卫生组织）1985年认定大豆的蛋白质与优质动物蛋白质相当，1977年美国科学家证实有降低胆固醇的效果。[1] 豆腐才大为风行。

世界级的大学者赞美中餐，早已屡有传闻，但那是在宴席上，他们的身份已降低为一般的食客。他们的说话，有效的场合只能是国际学术论坛。但当今的世界学科体系中“饮食文化”根本没有获得立足之地。纵使我们提出并论证了重大观点体系，足以影响学术整体，也似无望进入学术殿堂，无缘跟各科学者对话。

“饮食文化”没有学科地位，这突出反映在图书馆的分类法中。唐君毅先生在《中国书籍之分类与知识之分类》中指出：“知识之分类,与学术之分类及书籍之分类密切相关。”[2] 西方哲学历来重视知识分类，与生物学的分类法同用术语classification。背景是从古希腊起就有发达的逻辑学，整个知识就

---

[1] 李里特：《中外大豆食品研发的观念取向》，《农产品加工》，2006年第7期。

[2] 唐君毅：《哲学概论》（上），台湾学生书局，1979年，第323～326页。

是一个逻辑体系，近代形成了分支繁密的“学科之树”。浩如烟海的书籍怎么管理？全靠“图书分类法”。洋人谈饮食文化的书几乎没有，分类法当然缺少相关类目。至于原料及其生产，在“农业”“轻工业”大类之下有较细的分科。

学者公认中华文化的特点是“整体性”，古代学术几乎没有分科，“四库”分类法简单而违背逻辑。经、史、子、集四分法，容纳专科知识的只有子类。子类无所不包，等于没有分类。用西方分类的观点看来，中国学术整体属于政治伦理学，蔡元培说：“（吾国）一切精神界之科学悉以伦理学为范围。”[1] 连天文学都属于政治。流传至今的古医书汗牛充栋，那多亏单独设类，利于保存。“子部”之下有“医家”。饮食之书也曾大大地有，据《隋书·经籍志》，汉代有《淮南王食经》《食法》等专著，前者部头大到130卷。但几乎全部失传。

近代中国全面接受了西方学术，照搬了西方的学科分类体系。中华文化与西方文化根本异型，却也得按照西方的学科框格被生生分割，最为令人痛惜的是，西方所没有的东西，恰巧是中华传统的瑰宝，因为无所归属而遭到遗弃。笔者有切身感受：属于伦理学、史学交叉的“尚齿（尊老）传统”研究成果，被强归于“社会学”而注定被埋没的命运。

美国杜威（John Dewey）首创十进分类法，后来又引入字母标记，容许类目的级别无限加多。新时期中餐繁荣，引起饮食文化的书籍爆炸，这些书的分类成为图书馆的难题。现行的《中国图书馆图书分类法》给饮食的书增设了类目，但学科的大格局是容不得变动的。看看给饮食之书的分类号，就知道“饮食文化”

---

[1] 蔡元培：《中国伦理学史》序言，商务印书馆，1910年。

在学科分类体系中的地位何等卑微："烹饪法"的类号是六位数的TS972.1。具体的上下关系是这样的：T工业技术→TS轻工业（手工业）→TS97生活服务技术→TS972饮食调制技术→TS972.1烹饪法。[1]就是说，"烹饪法"只能作为TS97"生活服务技术"类（理发等）的下属。归于此类的书却是文史经哲无所不包，诸如《先秦烹饪史料选注》《陆游饮食诗选注》《千金食治》《烹饪美学》等。图书分类的荒谬，表明了"饮食文化"学科地位问题的严重性。

"饮食人类学"的半壁江山

西方学术偏重自然现象，中国偏重"人际关系"。《易经》的"三才"，可算作古代简单的学科划分，旧时的"类书"均依这种"三分法"："天"指天文、气象，"地"指地理、物理，"人"指天人关系、社会关系。《横渠易说·说卦》："《易》一物而三才备：阴阳气也，而谓之天；刚柔质也，而谓之地；仁义德也，而谓之人。"至于大自然跟人的关系，最早提出者是中国伟人司马迁。《汉书·司马迁传》："究天人之际，通古今之变。"在西方，天人关系（人在自然中的出现、人与自然的日常关系）长期受到上帝信仰的掩盖。人要活命，最要紧的是吃。食物的不同跟民族习尚大有关联，所以"饮食文化"知识领域是实际存在的，尽管在西方学科体系里还是空白。

学科是不断变化的，19世纪时学科开始大分化，20世纪出现了综合的倾向。量子力学家普朗克说："实际上存在着由物理到化学、通过生物学

[1]《中国图书馆图书分类法》初版，科学技术文献出版社，1975年，第537页。

和人类学到社会科学的连续的链条。"[1]正当中国全面接受西方学科体系时，1901年美国出现"文化人类学"。顾名思义，此学科要对不同文化的面貌进行比较研究，是跨越自然与人文社会的综合学科。值得注意的是，此学科在英国叫"社会人类学"。美国人来自各民族，理应关注文化的多样性，比较英美两种名称，显然美国的具有更深广的视界。"文化"是积累而来的，历史悠久的华人对"文化人类学"当然更为认同。然而实际中，此学科跟中华文化之间却隔着一道鸿沟。

年轻的人类学似乎显露出两点不成熟之处。其一，人类有个体生命，更有群体生命，分别靠饮食、生育来维持；吃饱了才能生育，所以中华先贤把"食"摆在"性"的前面。西方没经历过危及群体生存的饥饿，不关注饮食问题，因而"文化人类学"实际上只谈群体。不外乎婚姻、家庭，以及部落、族群等问题。吃的问题本该居于学科内容的首位，却没有被纳入视野。其二，人类学像社会学一样限于用"田野考察"（field work）的研究方法，极少参照历史记载。张光直："社会人类学者对历史的态度，还一直处于犹豫不定的状态中。"[2]其考察对象都是没有文字的小文明，对于历史悠久、文献浩繁的中华文化一直"敬而远之"。

中华饮食文化，按其内涵，若要进入世界学术视野，其归宿必定是"文化人类学"框格，[3]或者说，它在期待着被这一学科发现、

---

[1] [德]普朗克：《世界物理图景的统一性》，转引自黎鸣：《试论唯物辩证法的拟化形式》，《中国社会科学》，1981年第3期。

[2] 张光直：《考古学与"如何建设具有中国特色的人类学"》，陈国强等：《建设中国人类学》，上海三联书店，1992年，第31页。

[3] 高成鸢：《论饮食文化在世界学术体系中的地位》，《中国食文化学术研讨会论文集》，1997年。

接纳。从另一方面来看，恰好人类学也向中华饮食文化走来。

“二战”以后，冷僻文化已被“开发”殆尽。学科的生存与发展，逼迫文化人类学实行与历史文献的结合；最广阔的空间在中华文化，同时这一学科在中国勃兴。费孝通的《乡土中国》及《江村经济》，因开拓新天地而被学科权威马林诺夫斯基赞为“里程碑”，[1]但仍然未能与历史文献结合。20世纪50年代，在中国人类学跟社会学同时遭冷遇，这主要由于意识形态，但跟学科本身的缺陷也不无关系。新时期，文化人类学已重新抬头。

20世纪80年代，国际人类学权威张光直先生及时提出“中国特色的人类学”的新方向，继而又旗帜鲜明地倡议建立“饮食人类学”，还遗憾这个学科的“姗姗来迟”。提出的场合是台湾“中华饮食文化基金会”主办的“中华饮食文化学术研讨会”，他说：“近年来……史料扩张最快、最大的，应该是饮食的历史。我到今天没有看到任何人指出来。”这一倡议的提出也是鉴于国际上已有成熟的学术背景。张光直曾说：“近一二十年来，在文化人类学上，有可称为‘饮食人类学’的发展。”[2]美国哈佛大学“费正清东亚研究中心”主任华琛教授早已开始讲授中餐课程。他说：“我总结出有两个途径了解一个文化，一是婚姻，一是饮食。我也教一门有关饮食习惯的人类学课程。”[3]在中国，第一代人类学家林耀华的传人、厦门大学的陈巩群教授也曾不约而同地提出建立“饮食人类学”。[4]

可惜张光直先生很快就去世了，囿于“通识”眼界的不足，加之“饮食人类学”尚未获得官方地位，可能很少有人了解上述

---

[1] [英]马林诺夫斯基：费孝通《江村经济》序言（英文版），1939年。

[2] 张光直：《第四届中国饮食文化学术研讨会论文集》序言，1996年。

[3] 香港《信报》，1993年1月21日，第7版。

[4] 陈巩群：《建立饮食人类学的浅见》，陈国强等：《建设中国人类学》，上海三联书店，1992年。

重要的学术动向，更想不到它将成为文化人类学的半壁江山。饮食文化如被纳入世界学科体系，中餐的博大精深必将真正得到人类的重视。

老子预言“知白守黑，为天下式”

【中华文化的最后辉煌】面对来势汹汹的“文化全球化”，国人不免思忖：自家文化哪些东西最有价值？就拿衣、食来说。尽管中华自古号称“衣冠上国”，改革开放后，举国上下转眼就变得西装革履，然而人们却难以接受西餐。相反，中餐还大举出国占领世界市场，飘香于各国的偏僻小镇。中餐独能逆潮流而动，证明它的确有无比强大的生命力。

孙中山先生早就断言，中国近代“事事皆落人之后，唯饮食一道之进步，尚为文明各国所不及”。《建国方略·孙文学说》。梁实秋、林语堂都曾被批判为洋奴“西崽”，鲁迅《且介亭杂文二集·“题未定”草（二）》：“倚徙华洋之间，往来主奴之界，这就是现在洋场上的‘西崽相’。”然而，在饮食上，这俩“洋奴”居然都是“国粹派”老顽固，林语堂还满怀民族自豪感，蔑称洋人为“野蛮人”。他说，“在中国建造了几艘精良的军舰，有能力猛击西方人的下巴之前”，他们不会承认中国人是“烹饪大家”，我们也不会强行拯救那些不肯开口请求我们帮助的人。[1]这简直酷肖当代“愤青”的声口了。

中国历史曾经长期停滞。黑格尔说“中国很早就已经进展到它今日的情况”，

---

[1] 前引聿君编《学人谈吃》，中国商业出版社，1991年，第17页。

甚至“可以称为仅仅属于空间的国家”。[1]治乱的循环圈中，很多物质成果，一再发明而又失传，据“维基百科”，自动计时仪曾被“发明”五六次。唯有一项文明成果从远古至今从来没有倒退，一直在曲折地前进，那就是烹饪。

末代皇帝溥仪的弟妇、日本的嵯峨浩公主回国后，出版了《食在宫廷》一书，日本学者奥野信太郎在序言中拿京剧跟烹调并提，称两者为中华文化“最大的两座高峰”。[2]年轻的京剧怎么能跟古老的烹饪并提？不怪。两者都经过漫长的演进，最后在清代宫廷中到达顶峰。京剧的成熟，公认以“徽班进京”为标志；据《辞海》的“京剧”条目，这是1790年（乾隆五十五年）的事。烹饪技艺成熟的年代，饮食文化研究界公认，以美食经典《随园食单》的问世为标志。此书初版于1792年（乾隆五十七年）。比“徽班进京”只差两年，可说基本同时。此岂偶然？

【美食：洋人“生趣”的新空间】人类文明成果的一大部分是通过感官来受用的“美”。包括绘画、音乐，也包括美食。欣赏“味道”的舌、鼻跟眼、耳同为“五官”。洋人会说，吃的享用有“过度”的问题。老子最早断言，各种感官享受，过度了都有负面效应。《道德经》第十二章：“五色令人目盲，五音令人耳聋，五味令人口爽（伤）。”“五色”指视觉艺术，“五音”指听觉艺术，“五味”指美味。美术、音乐，“文艺复兴”以后蓬勃发展，到20世纪似乎已走到尽头。音乐尤其明显，“爵士乐”“摇滚乐”已有节奏压倒旋律的趋势，“后现代”兴起的“重金属音乐”追求音量的强度，真到了老子说的“令人耳聋”的地步，企图让人沉溺于死亡前的疯狂，“百科词典”说，这种音乐力图让听众“体验死亡、性、毒品或酒精之类冲击的情绪和感觉”。直接昭示了音乐的末路。

[1]［德］黑格尔：《历史哲学》，生活·读书·新知三联书店，1956年，第161、150页。
[2]［日］爱新觉罗·浩：《食在宫廷》，奥野信太郎序，中国食品出版社，1988年。

西方的感官文化还有发展空间吗？大大地有，眼睛、耳朵以外还有鼻子、舌头呢。鼻子不光能欣赏花香，更能倒着欣赏菜肴之香。跟单薄的气味比，“味道”醇厚难言，它是两种感官的微妙结合，天然优势上就有胜过美术、音乐的可能。欣赏水准依赖于艺术修养，中国饮食文化达到的境界表明，对于西方人的感官，美食是还待开拓的处女地。洋人还不懂得“吃之乐”是人“生趣”的大半，就像孩子没尝过“性”的禁果一样。

【老子的预言与遗训】“水火”是中华文化哲学特有的范畴。“黑”代表水，“五行”学说，黑色与水对应。“白”代表火，古汉语赤（红）白有时相近，例如唐诗“白日依山尽”。德国大哲学家海德格尔解释“知白守黑”，也把“白”比作太阳。参见北京大学张祥龙教授的哲学专著《海德格尔思想与中国天道》。[1]老子有句名言“知白守黑”，躲在一串排比句后面，人们不大注意。《道德经》第二十八章：“知其雄，守其雌，为天下溪。……知其荣，守其辱，为天下谷。……知其白，守其黑，为天下式。”笔者在研究饮食文化中恍然大悟：“知白守黑”的重大意义，是对原文中一连串排比句的概括，更深一步，它其实是个“万能公式”，用处介于阴阳、水火之间。比“水火”更宽泛，比“阴阳”更具体；因为“阴阳”要求平衡，不能说“知阴守阳”。

“知白守黑，为天下式”，是老子的偈语。“偈语”是佛教词语，辞书解释为“预言”，包括“遗训”。它适用于中餐的发展，也适用于中华文化在“全球化”中的命运。中餐、西餐的差别，可以用“水火”象征，也适用于“知白守黑”的公式。“为天下式”昭告西方人：你们有口福了！

老子的话能往吃上理解吗？孙中山先生教导国人说，中餐国宝可别丢了，那将是全人类的师傅。“吾人当保守之而勿失，以为世界人类之师

[1] 张祥龙：《海德格尔思想与中国天道》，生活·读书·新知三联书店，1996年，第434页。

导也可。”[1]这或可作为老子预言的天才注解？上世纪末，季羡林先生曾预言21世纪是中国文化的世纪，[2]引起不少非议。美国业界领袖汤富翔先生提出：中餐的普及是“华人世纪的依托”。[3]这样注释季老的预言，或许更可信些？

“知白守黑”用于整个人类文明，意义更是无比重大。迅猛发展的西方工业文明像熊熊大火，导致森林消失、水源枯竭。老子“祸福相依”的规律能启示西方，务要对物质主义的“火”加以节制。具体地说，就是记取华人用亿兆饿殍换来的惨痛教训：极力防范人口超量、气候变暖等致命的生存危机，并动员西方的强大智力，寻求“以水制火”的未知途径。

面对物质文明带来的种种危机，西方人对“东方智慧”日益重视。《道德经》的发行量仅次于《圣经》。本书论证老子之“道”紧密关联着中餐的“味道”，洋人通过对中餐的体认加深了对中华文化的了解。

“全球化”中的爱国心（patriotism本义是对血缘、文化的本源的爱），只能是让人类共同文化中含有尽可能多的本民族成分。这样，我们华人才能无愧于对人类的贡献，才对得起神农、黄帝、列祖列宗的在天之灵。

[1] 孙中山：《建国方略》，中州古籍出版社，1998年，第64页。

[2] 季羡林：《21世纪：东方文化的时代》，《季羡林学术精粹》，山东友谊出版社，2006年。

[3]《传播中国饮食文化的热心人》，《人民日报》海外版，1994年12月3日。

第十一讲

饮食歧路遇宝多

- 道可道，是“味道”
- 哲学概念与思维模式
- 吃与中华文化的种种古怪

第一节　道可道，是“味道”

“道”没法儿说，只能借“味”来意会

饮食的“味”近代叫“味道”，它复杂而微妙，还包括心理因素，是不可定义的概念。恰好，中华哲学上的“道”也一样。

“味”跟“道”都是最古怪、最神秘的概念，前面说过，连古代的大智者都弄不清楚什么是“道”。然而另一方面，对于“味”，连愚夫都不觉得有丝毫的陌生或艰深，反而感到无比亲切，不说就知道什么意思。既然人世间有这等好事，何不让“味”充当“万能代词”，一切说不出来的微妙感觉都拿它来代表？于是听马连良唱腔的感觉就叫“味儿”了。

“道”玄妙得没法儿说，道家鼻祖老子都承认一说就走样儿。《道德经》头一句就说：“道可道，非常道。”据流行本的晋代王弼注释，第二个“道”是“言说”的意思。主流的解释历来如此。用庄子的解释就是“道不可言”。《庄子·知北游》曰：“道不可言，言而非也。”但也有分歧，如有人认为老子时代“道”没有当“言说”讲的用法。“道”是开天辟地以前就存在的，老子不知管它叫什么，权且就叫“道”吧。《道德经》第二十五章：“有物

混成，先天地生……吾不知其名，字之曰道。”

“道”看不见、听不到，又说不出来，《吕氏春秋·大乐》：“道也者，视之不见，听之不闻。”那怎么能成为大家心里相通的东西？它必有特殊的感受方式，那就是华人俗话说的“意会”了。《官场现形记》第五十七回：“这些事可以意会，不可言传。”“意会”之说比《庄子·外物》说的“得意忘言”还进一步，根本不用经过语言传递。“意会”的发生，想必是双方早有了内心的共同性，那只能是共同生活方式长期的熏染造成的。这让人联想到人们对饮食的共同感受，就是“味”。庄子的“得意忘言”，体现在吃上，就是忽视“食”而重视“味”。于是我们恍然大悟：“道”的共同感受正是借助“味”的，此外再找不到同样重要的日常生活内容了。

看看老子对“味”是怎么说的。《道德经》五千言里，谈到“味”的有三处。“五味令人口爽”，见第十二章，指反对追求美味，“口”指胃口，“爽”释为“伤”，表明他确实是拿“味”代表食物的。“道之出口，淡乎其无味”，第三十五章，据朱谦之考证，“出口”为“出言”之误。[1]这是直接用“味”来解释“道”，说“道”讲不出来，就像“味”尝不出来一样。最值得注意的是“为无为，……味无味”，第六十三章。这话太微妙，需要深入探讨。

“味无味”：“无为有处有还无”

“无为有处有还无”，国人都会背诵《红楼梦》里这一句。不管“红学家”们在国际上吆喝得多卖力，那本小说洋人几乎没人读得

[1] 朱谦之：《老子校释》，中华书局，1963年。

下去。什么真真假假的，洋人的思想方法就讲认真。

那句顺口溜可说就是《道德经》“味无味”的通俗文本。“味无味”，头一个“味”是动词，意思是仔细咂摸味儿。华人先民挨饿的经历使动词“味”变得非常重要，先是为了寻找充饥之物而“味”，后来又为享受烹调菜肴而“味”。对象变得极其广泛，什么都要“味”一味。文人们更把“无所不味”当作旨趣高深的表现，喜欢用在自己的雅号中。宋朝以来，名人字号中使用动词“味”字的就有六七十人。[1]从“味琴”“味闲”，到“味水”“味空”。斋名叫“味无味”的也有好几位。连洋人都要取此雅号。

在北京“中国食文化研究会”所在的大院里，长眠着利玛窦、汤若望等洋传教士。暮色苍茫中，笔者曾在明清两代皇帝敕建的洋人墓地徘徊。“钦天监监正”、天文学家汤若望汉化到了可惊的程度：穿着清朝“翰林”官服、留着辫子。开明的顺治、康熙皇帝多半在他府邸中尝过西餐，顺治帝经常驾临汤若望府邸长谈，曾引起大臣们的不满，认为尊卑不分。那就不免谈到中西餐的比较，对“饮食之‘道’”的体会。汤若望给自己取的字号就叫“道味”（一作道未）。没味儿还咂摸什么呢？只有华人会产生这种怪念头。“道味”，古书里两字连用的本义是对“道”的体味。《晋书·成公简传》：“潜心道味。”“道味”更进了一步，是说汤若望把“道”吃透了。

要懂得“无味”，得先懂得“无”。在中华哲学里，“无”是个重要概念。道家认为“无”是万事万物的出发点。《道德经》第四十章：“天下万物生于有，有生于无。”《庄子·庚桑楚》：“万物出乎无有。”这只有用中国的饮食才能解释得通。洋人不容易想到“无”，中国人

[1] 陈德芸编：《古今人物别名索引》，岭南大学1937年版，上海书店影印，1982年。

却天天跟“无”打交道。那就是“粒食”的淡而无味。美食家断言，“无味”是菜肴的“美味”之本。袁枚《随园食单·饭粥单》：“粥饭，本也；余菜，末也。本立而道生。”“无味”先反衬出“有味”，“有味”又反衬出“无味”。就是老子所说的“有无相生”，《道德经》第二章。这样就抽象出了“有—无”这一对中国哲学特有的“范畴”来。

“道”跟“味”几乎是一回事儿。前边说过，在中华文化里，广义的“味”可指人的一切感受。如果说“味”是无所不指的，“道”则是一无所指。两个相反的极端却有共同之处：其实际含义都很难捉摸。顺着这个思路来看，一下就明白了：老子用“味”来象征他的“道”。“道”虽说不能靠说话来“道”，可是人人心里都有的“味道”就是它的活标本，只要静心领会对“味道”的感受，也就“吃”透了“道”的奥妙。

“禅味”：佛教禅宗的由来

“道”不用言语就能互相领会，这就是中国人常说的“意会”。“意会”的出处还没弄清。俗话“心领神会”是明朝才出现的。《成语词典》的例句出自明人李东阳的《麓堂诗话》。更早也只能追溯到宋朝的佛教禅宗典籍《五灯会元》。起先是“心融神会”，见《五灯会元·石霜园禅师法嗣》：“每阅经，心融神会。”汤用彤先生认为，禅宗的兴起是佛教中国化的标志。[1]禅宗的盛行当然是中华文化决定的。它主张“不立文字，

---

[1] 汤用彤：《汤用彤学术论文集》，中华书局，1983年。

直指人心”，这显然跟老子的“道不可道”与庄子的“得意忘言”一脉相承。

禅的深意跟“道”一样，可以用中国人熟悉的“味”来象征。笔者发现，“味”在《五灯会元》里就有“体味深奥道理”的用法。例如卷八“大章契如庵主”一节说：“遂诣庵所，颇味高论。”后世还出现了一个词就叫“禅味”。上网检索一下，显示的数目惊人。前些年举行过以《禅与人生》为题的散文比赛，有篇文章提到，弟子问禅宗高僧赵州大师“何为禅”，大师反问：“吃饭了么？”意思是懂了饭味就懂了禅。大师本来是个烧火做饭的小和尚。[1]该文与史料中略有不同，大师的回答本是“吃茶去！”。

茶跟禅的关系，有道是“禅茶一味”。此语在中日韩广泛流行，查不到出处。2002年，韩国信徒在中国建了一座“禅茶纪念碑”，碑名是“韩中友谊赵州古佛禅茶纪念碑”。碑文末尾两句颇能说明问题：“千七百则（按：指经训），独盛吃茶。……禅茶一味，古今同夸。”盛行于日本的“茶道”，公认是出自禅宗的。日本哲学家久松真一给茶道下了个定义：“茶道与禅宗并列，是禅的两种表现形式。”[2]“茶道”的“道”跟“倒味”的关系，请大家“回味”一下林语堂先生对茶的“回味”的分析。中国饮食文化中，茶的意义像是里程碑，标志着“返璞归真”的转折点。

中国旧诗最讲“韵味”，禅宗跟唐诗同时兴起，互相融通。参见吴言生《禅宗诗歌境界》等专著。禅宗还是宋代“理学”的来源之一。朱熹“一旦豁然贯通”的功夫就脱胎于禅宗的“顿悟说”。见《中国大百

[1] 张子开点校：《赵州录》，中州古籍出版社，2001年。

[2] 滕军：《茶道与禅》，《农业考古》学刊，1997年第4期。

科全书·哲学卷》“禅宗”条目。禅学与东方文明的关系，早有专著全面介绍，[1]可惜其中很少涉及饮食细节。

禅宗在现代西方也有流行趋势。笔者对禅学一窍不通，不敢多谈，只能提出一个“味”的思路。

张果老倒骑驴：“倒”与“道”

鲁迅有句话大意是：中国人口头是儒家，心里是道家。《论语一年》：“我们虽挂孔子门徒的招牌，却是庄生的私淑弟子。”见鲁迅文集《坟》。的确，“儒”只是庙堂的意识形态，“道”才是从圣贤到愚民一致信服的。这跟“倒味”的共同体味有什么关联吗？

“味道”的奥秘在于“倒味”，前边列举了四条机理，涉及声学、化学、热学，费了九牛二虎之力。谈到禅宗的“顿悟说”，笔者有点开窍，也许禅友们一听就会想到：“道”本来就是“倒”的，还用论证？“道”跟“倒”的相通，老子早就一语道破：“反者，道之动。”《道德经》第四十章。

还是借着饮食的“味”来说吧。“阴阳鱼图”的阴鱼代表水、鲜，阳鱼代表火、香。从最低层面来看，阴阳的互动关系，天生就是“倒”（或反）的。阴向阳运动，阳向阴运动。从最高层面来看，中国人美食的运动整体（阴阳合一的“味”的追求）也是向“倒”的方向发展的。用两个短句来概括，“苦尽甘来”“大味必淡”。西汉扬雄

[1] 陈兵：《佛教禅学与东方文明》，上海人民出版社，1992年。

《解难》："……大味必淡，大音必希。"[1]

这里还要补充：食物的醇香，作为鼻感的气味，方向也是倒流的。在"味道"的构成中，香味比舌感的五味重要得多，而香气必须倒流才能跟五味合成"味道"，这样就推论出"味道"的关键在"倒味"。既然味、道一体，省去"味"，结论就是"道"即"倒"了。

关于"倒"，老子还有一大名言："正言若反。"《道德经》第七十八章。正面的、肯定的言辞，都有反面的、否定的含义。例如"大象无形""大音希声"，以及"将欲弱之，必固强之"等。研究者认为，这跟黑格尔的辩证思想非常相似。黑格尔："理性……认识到此物中包含着此物的对方。"[2]结合到美味上，后世的老子的信徒扬雄又提出"大味必淡"。见《解难》："大味必淡，大音必希。"还有"少则得，多则惑"，《道德经》第二十二章。是美食家的口头禅。《红楼梦》第四十一回尼姑妙玉说，品茶只要一杯，多了那是"饮驴"。

顺便提个疑问。汉朝的《说文解字》还没收"倒"字，其时，古籍里却有个别的"倒"字。例如《史记·伍子胥列传》："吾日暮途远，吾故倒行而逆施之。"是后来用错了的字吗？不得而知。直到宋代徐铉的《说文·新附字》才把"倒"字正式补进去，解释却是往前跌倒。"倒，仆也。"《古代音义》引孙炎曰："前覆曰仆。"普通话读音是dǎo。直到"倒流"的"倒"才跟"反者，道之动"的"道"读音完全相同。去声dào。这个"倒"到底是什么时候出现的，有什么诱因，还是个谜。

一提"倒"，人们就会想到"张果老倒骑驴"。此老是道教传说"八仙"中年纪最大的一位。新、旧《唐书》有传。"倒骑驴"本来是

[1]〔清〕严可均辑：《全后汉文》卷五三，中华书局影印本，1958年。

[2]〔德〕黑格尔：《哲学史讲演录》第一卷，生活·读书·新知三联书店，1956年，第300页。

宋代诗人潘阆的事，后来加在张果老身上。清人翟灏《通俗编》卷二："俗言张果老倒骑驴，各传记未云，盖倒骑驴乃宋潘阆事。"这反映了"倒"之"道"的深入人心。"倒骑"，不光最形象，而且最准确。"骑"肯定了是往前走，看似"倒"的，实际还是正的。"道"的运动像螺旋上升，是"无往不复"与"一去不返"的统一。追求美味运动的"返璞归真"也一样。

第二节　哲学概念与思维模式

“气”的由来：蒸汽掩盖了“空气”

对于人的生命来说，空气比水要紧得多。但有件怪事你想过吗？古汉语里从来没有“空气”这个词。笔者能找到的最早的“空气”一词，是在汉译的《圣经》里，说上帝创世，紧接着就造了空气。《旧约·创世记》：“上帝说：‘诸水之间要有空气，将水分为上下。神就造出空气，……事就这样成了。”为什么洋人老早就知道空气必不可少，华人2000年后才跟人家学？这个问题是对文化史研究者的挑战。笔者要回答，不用说，又跟饮食的特殊扯在一起。

人要喘“气”，这事儿华人知道得更实在。张爱玲的小说中就描写过冬天人们“嘘气成云”。短篇小说《创世纪》：“实在冷，两人都是嘘气成云……”唐代韩愈早就写下了龙“嘘气成云”的名句，龙就凭着那弥漫在高空中的“气”而腾空飞行。韩愈《杂说》：“龙嘘气成云。云固弗灵于龙也。然龙乘是气，茫洋穷乎玄间……”

化学课本说空气是无形的，呼出的气为什么像白云一样有形？因为呼出的有大量水蒸气，一遇冷就凝成细小的水滴。蒸汽变水的现象，中国古人早就清楚，小孩子学的《千字文》就说“云腾致雨，露结为霜”。“蒸汽”跟“嘘气”什么关系？华人从来没弄清楚。在电脑的词库中，同音词有“蒸汽”，也有“蒸气”。按说，由水变成的该用“汽”，但实际上用“气”的更多。“汽”的右半边“气”的甲骨文是像水汽的三道曲线。编《辞海》的语义学家们倒是比电脑词库的编者严谨，试图把这两个词分辨清楚，但笔者戴着有色眼镜一查，立刻发现他们自己也乱了套。《辞海》“蒸气”条目的解释是“由液态物质汽化……”（按，不仅指水）。没有“蒸汽”条目而另有“水蒸气”条目，这总算清楚了。

“气”的甲骨文

华人没能发现空气，必有缘由。科学上水汽是无形的，生活中得另说：它对洋人是无形的，对华人却是有形的。埃及、印度、巴比伦等古文明都处在热带、亚热带，跟它们不同，中华文明处在北温带，寒冷季节比较漫长，人们常常看到“嘘气成云”的现象。“粥”的篆字：“米”字两边的“弓”，画的就是汽弯弯曲曲的形状。更重要的缘由是甑的使用。饭蒸熟了打开盖子，汽锅里的高压蒸汽腾空而起，冬天厨房里会雾气弥漫，对面不见人。从老祖宗起，华人天天跟蒸汽的云雾打交道，自然造成极强的印象。无形的空气完全被水汽掩盖而长期不能被发现，就是理所当然的了。反观欧洲，兽肉被放在三脚架上直接烧烤，肉类所含水分溢出的水汽，随着火堆上的高温空气而升腾，不可能凝为水汽；同时人们会从热气上升的压力中强烈地感受到空气（air）的存在。对空气的认识先入为主，对水汽（vapour，包括其纯者 steam）就不难做出本质的分辨。

从“汽”到“气”的问题对于中华文化极端重要，因为“气”泛化成无所不在的“元气”。张岱年论“中国哲学的基本概念”，首先谈的是“气”。[1]“气”的巨大意义更在于其“能量”的内涵。“气”的这种内涵也可以用水汽来解释：当人或牲畜运用体力时，呼出的水汽明显加多，因而会把气（汽）与体能联系起来，如《孟子·公孙丑上》“气，体之充也”。

哲学家郭齐勇先生说：“气译为西方语言则近于 matter-energy（物质和能量）。”[2]“气”从人的生命力推演到外界的物质力量，广泛运用于天地以至宇宙间，如杜甫诗所谓“一气转洪钧”。《上韦左相二十韵》，“洪钧”即运动中的天体系统。这同样可以用水汽来解释。蒸米饭的日常实践使先民很早就对水蒸气的力量极为熟悉。高温的甑内的水汽因剧烈膨胀而带来巨大内压。先民直感地把天地也看成大蒸锅，例如唐诗名句“气蒸云梦泽，波撼岳阳城”。孟浩然《望洞庭湖赠张丞相》。

本简体字版改写补记：以上一节已改写为哲学论文发表，题为《哲学之“气”来自华人生活实践中的水汽说》。[3]

“阴阳”的抽象：（日月＋雌雄）＋“水火”

按照“中华文化始于饮食”的总观点，古老的观念体系阴阳、五行都得从吃上给予解释。

---

[1] 张岱年：《中国古典哲学中若干基本概念的起源与演变》，《哲学研究》，1957 年第 2 期。

[2] 郭齐勇：《中国哲学史上的非实体思想》，《郭齐勇自选集》，广西师范大学出版社，1999 年。

[3] 《社会科学论坛》，2012 年第 10 期。

阴阳是认识世界的全能模式。万事万物都往里套，而且二者永远纠缠在一起，此消彼长。英文翻译为 negative or positive reaction，用于传染病的检验，内涵大不一样。

"阴阳"模式是怎么抽象出来的？中国特有的三足鼎能给我们重要的启发。鼎有三条腿就能立得住，比四条腿更稳定。哲人老子对"三"的意义最有认识。《道德经》第四十二章："道生一，一生二，二生三，三生万物。"普通华人也懂这个理儿，俗话说"事不过三"。若要找出三项重大客观现象来据以确立阴阳观念，就得看哪三项对于人类最重要。

首先是"日月"，不但是最触目的天象，关系到日夜的分割，扬雄《太玄经·玄图》："一昼一夜，然后作一日；一阴一阳，然后生万物。"而且是历法的依据，人们公认月为阴、太阳为阳。第二是"男女"，这是人类自身繁生的机理及天生欲望之所在，公认女子为阴、男子为阳。以上两条西方人同样熟悉。畜牧文化中牲畜更得靠雌雄两性来繁殖。还少第三个重要现象。什么重要经验是华人所特有的？最重要者莫过于烹饪实践中的"水火"了。

中国古人早就把男女、日月两大现象跟"阴阳"配好了对儿。至于水火，其实，古代智者也早就将其纳入阴阳格局了。《白虎通·五行》说得很明确："火者，阳也，尊，故上；水者，阴也，卑，故下。"比日月、男女更进一步，水火跟阴阳常常直接连用。明代医学名著里的提法就是证明。李中梓《医宗必读》中有"水火阴阳论"一节。

要抽象出阴阳观念，比起日月、男女来，"水火"有更充足的理由做依据。为什么？因为日月两者缺少交互作用；男女之间有交互作用，但比较简单；唯独水火，既是自然现象，又在烹饪中加入了人为因素，使人的感受更亲切，尤其是烹饪中水火"相灭相生"

的奇特关系，最能体现阴阳学说的深广内涵。

这当然只是个假说，但笔者相信有足够的说服力。“水火”不过是最基本的阴阳现象，其实，中餐发展中还有不少对立现象，都可以印证“阴阳”观念。例如饭与羹的对立，《礼记集解》解释古人的注疏就说“食饭燥为阳，……羹湿是阴”[1]。

本简体字版改写补记：以上一节已加以充实改写，纳入长篇论文发表，题为《“水火”范畴是中华文化的轴心——兼论“阴阳”的归纳、“格物”的诠释》。[2]

“五行”聚焦于“先民烹饪图”

“五行”作为认识模式的一套符号，比“阴阳”更能反映事物之间复杂的互动关系。《春秋繁露·五行相生》说：“五行者，五官也，比相生而间相胜也。”“相生相克”的“五行”循环，愚夫都能倒背如流，五行相生：木生火、火生土、土生金、金生水、水生木；五行相克：水克火、火克金、金克木、木克土、土克水。这样玄妙的体系是怎么琢磨出来的？正像胡适所说：“五行说大概是古代民间常识里的一个观念。”[3]

民间常识首先当然是饮食，正如《尚书大传》所说：“水火者，百姓之所饮食也”。[4]下文是“金木者，百姓之所兴作也；土者，万物

[1]〔清〕孙希旦：《礼记集解》，中华书局，1989年，第51页。

[2]《社会科学论坛》，2014年第8期。

[3] 胡适：《中国中古思想史长编》，《胡适学术文集·中国哲学史》上册，中华书局，1991年。

[4] 转引自《尚书正义》，《十三经注疏》，中华书局，1980年，第188页。

之所资生也。是为人用”。“人用”正是胡适所谓“民间常识”。关于“五行”的产生，别的古老文明给我们提供了参照：印度、希腊都有“四大元素”的观念。胡适说：“古印度人有地、火、水、风，名为‘四大’，古希腊人也认水、火、土、气为四种原质。”同上引书。两套模式基本相同，印度的“风”相当于希腊的“气”。中国的“五行”不仅多了一个元素，更大的差别是五者之间的双向互动。五行体系是战国时代才形成的，据《史记·邹衍传》。当然，那不可能突然冒出来，而是在民间经历过长久的酝酿。

让我们在想象中勾画出一幅先民的生活图景：一些神农子孙围坐在煮饭的灶坑鼎镬之旁，长久等待。他们的眼光集中于一个极小的世界：锅底、火焰、木柴、挡住火焰的土灶，还有锅中的水。饥饿的凝视中只有金、木、水、火、土，此外一切都视而不见；反过来说，又是五者俱全。常年的凝视和凝思，自然会使五者成为思辨的特殊凭借。这不足以形成五行观念吗？

你会说，饥饿的聚焦中还有锅中的“谷”。对极了，“五行”之前早有“六府”之说，就是外加一个“谷”。《左传·文公七年》：“水、火、金、木、土、谷，谓之六府。”“六府”就是中医理论的“六腑”，《白虎通·情性》：“六府者，何谓也？谓大肠、小肠、胃、膀胱、三焦、胆也。”把谷子当成事物的基本元素，更能表明“五行”的由来跟吃有紧密关系。人体的“六腑”也都跟饮食的代谢相关。“谷”属于炊事的对象，跟炊事活动主体的人处于对等的地位，后被除外自有道理。

“五行”观念中有一点最值得留意：跟水、土等自然现象完全不同，其中的“金”是人造的，把它纳入自然现象之列，有点不伦不类。最早的金属器物是商朝贵族用的青铜鼎。百姓对“金”的熟悉，是铁器普及以后的事。冯友兰《中国哲学史》：“用金之事渐繁，故于木、火、水、土外，益以金行。”铁锅跟土灶同时进入“烹饪图”的焦点，才能启发民间智者想出“五行”的念头。所以可说，“金”跟土木的并列，是“五行”产生于饮食活动的铁证。

“五行”源于饮食，也能从古人那里找到模糊的印证。古书在谈到用火烹饪时提到，做炊具需要金属铸造，做灶台需要“合土”。《礼记·礼运》：“……然后修火之利，范金合土……以亨以炙。”还有人在对灶的歌颂中直接提到“五行”。东汉李尤在《灶铭》中说：“五行接备，阴阳相乘。”

中土黄黍香：香＝乡（鄉）＝响（響）＝向（嚮）＝飨（饗）

“食”是中华文化的本源，“香”则是弥漫华人心灵中的混沌。分析起来，跟前文列出的“馄饨”等式一样，又是一长串。那么多字相通，叫人不敢相信，可都是历代考据家言之凿凿的。

“香”等于“乡（鄉）”，是清代大考据家王先谦得出的结论。他在《荀子·荣辱》的“集解”中断言：“‘乡’当为‘芗’之省；‘芗’亦‘香’字也。”见《汉语大字典》转引。

“乡（鄉）”等于“响（響）”。“香”借着加了“声（聲）”字头的“馨”而扩大了字义；常用词“响应”，古书就曾写成“乡应”。“响之应声”，古本《汉书·天文志》里就是“乡之应声”。《正字通·邑部》：“乡，与‘响’通。”

“乡”的篆字

“乡（鄉）”等于“向”。“乡”代替“向”近代还常见呢。严复《救亡决论》把成语“向壁虚造”写成

"乡壁虚造"。

"乡（鄉）"等于"飨（饗）"。《汉语大字典》引现代学者杨宽《古史新探》："'乡'和'飨'原本是一字。"

在这串等式中，"乡"字是枢纽。这个字什么意思？《说文解字》里"乡"字属于"邑"部，解释为最小的行政单位。《周礼·地官》有"乡大夫"的基层职务。大篆体的"乡"字，中间是"皀"，两边一正一反两个"邑"字。什么道理，段玉裁用一大篇话也没讲清楚。再查"皀"，却透露了重大的秘密：《说文解字》解释"皀"就是优种谷类（即黍）的香味，读音也是"香"！"皀，谷之馨香也，象嘉谷在裹中之形。……又读若香。"

甲骨文出土后，现代学者杨宽先生又重新解释了"乡"字：两边反向的"邑"是对面跪坐的人，而中间是盛着米饭的容器。结论令人豁然开朗：原来"乡"字是一幅"两人共餐图"！《汉语大字典》转引杨宽《古史新探》："整个字像两人相向对坐，共食一簋的情况。其本义应为'乡人共食'。"笔者在"尊老传统"课题的研究中揭示了"乡"字重大的文化意义。"共食"的是乡人不是族人，是同居一地（血缘较近）家族的代表，一般由老族长出面。"乡"字就是"乡礼"的写照。那是最早的礼仪，全称"乡饮酒礼"，其功能就是推行尊老教化。中国社会自古以家族为单位，"国家"形成过程中也没打破。不同于普遍规律，即恩格斯所说的国家建立在血缘关系的废墟上。[1]"乡"的本质，是血缘与地缘的结合点。[2]黍米饭是中华文化的物质本源，体现尊老的"乡人共食"则

[1] [德]恩格斯：《家庭、私有制和国家的起源》，《马克思恩格斯全集》第4卷，人民出版社，1995年，第165页。

[2] 高成鸢：《"尚齿"（尊老）：中华文化的精神本原》，《传统文化与现代化》，1996年第4期。

是中华文化的精神本源。

经典里说，“香”跟中心、土地、黄帝等事物都有同一性。《礼记·月令》在配比五行时说：“中央土，……其帝黄帝，……其味甘，其臭香。”“黄”米的“香”气、难舍的“乡”土、用美食供奉祖先的“飨”祭、被迫流离时对故土的“向”往，叫人仿佛听到《黍离》这首感人至深的乡愁之歌。《诗经·王风·黍离》：“彼黍离离，彼稷之苗。行迈靡靡，中心摇摇。知我者谓我心忧，不知我者谓我何求？悠悠苍天，此何人哉？”一堆观念互相衍射、难以名状，可以称之为“中华魂”。

烹出来的“中庸之道”

提到“中庸之道”，不懂哲学的也会说“不就是两头得好儿的老好人吗”，《现代汉语词典》：“脾气随和、爱憎不分明、没有原则的人。”可是孔夫子却骂他大坏蛋。给他起了个专名叫“乡愿”。《论语·阳货》：“子曰：乡愿，德之贼也。”常人误认为“中庸”就是“折中”，大错特错。“中庸”没那么简单，孔夫子说它比上刀山还难。《中庸》：“子曰：‘……白刃可蹈也，中庸不可能也。’”

“中”有何难？难在事物的复杂性上。事物常有空间、时间中的众多因素，而又是变动不居的，每条线上的中点都在变动中，要找出顾及全面的某个特定的中点，那可能性就趋向于无限小而几乎为“零”了。日常生活中最接近这种情势的实践，还是烹调。

从“黄帝烹谷为粥”开始，烹饪就严格要求各种要素的适“中”。熬粥看似简单，却有高难的技巧。就说水量，必须预先算好多少，不许追加，熟时还得不稀不稠，清人黄云鹄的专著《粥谱·粥之忌》就强调“忌熟后添水”。[1]这就必须控制得“精微极致”。美味的羹、菜更不用说。最早的烹饪经典里列出了一大串“不偏不倚”，都是对立句型：“熟而不烂，甘而不哝，酸而不酷，咸而不减，辛而不烈……”《吕氏春秋·本味篇》的“X而不Y”达八条之多。这些“中”的标准，有味道方面的，更多是口感方面的，所以烹调专家爱用“反正式构词”称呼口感，例如“粗细感”“老嫩感”。所以《随园食单·须知单》说：“儒家以无过、不及为中。司厨者，能知火候而谨伺之，则几于道矣。”

中庸之道深奥到难以言传，《中庸》正文试图借用对饮食的亲切感受来直接“意会”其微妙，先提示说：尽管人人都吃喝，但“知味”的很少有。“人莫不饮食也，鲜能知味也。”孟子说“饥渴未能得饮食之正”，意思是：饥渴者、醉饱者对味道美恶的感觉都会被主观放大。《孟子·尽心上》：“饥者甘食，渴者甘饮，是未得饮食之正也，饥渴害之也。”所以，无过、无不及的“正味”是难以认识的。

《中庸》里最深奥的一句话是“极高明而道中庸”。历来的论述连篇累牍，如今哲学家们公认，这七个字概括了儒家哲学的精华。“极高明”是人格的最高境界，甚至到了虚无缥缈的地步。冯友兰《新原道》用“经虚涉旷”“神游于象外”来形容。[2]然而到达这种境界的途径不过是日常生活实践，就是所谓“道中庸”。古人讲解《中庸》说，“庸”字的意思就是“用”。郑玄注：“中庸者，以其记中和之为用也；庸，用也。”经过历代学者的发展，明代哲学家王艮做出了“百姓日用即

[1]〔清〕曹庭栋、黄云鹄：《粥谱》（二种），中国商业出版社，1986年，第57页。

[2] 冯友兰：《三松堂全集》第五卷，河南人民出版社，1986年。

道”的断言，[1]这里的“道”可以理解为中庸之道。生活日用中，什么“用”得最勤？莫过于吃的了。《诗经·小雅·鹿鸣之什》：“民之质矣，日用饮食。”

最深奥的道理，怎么能通过日常活动来掌握？《中庸》给出的答案就是一个“诚”字。南宋叶适《水心别集》卷七：“诚者何也？曰，此其所以为中庸也。”最浅显地说，“诚”就是极端认真的态度，以及实践中对圆满的无尽追求。根据是《中庸》原文的话：“诚之者，择善而固执之者也。”“诚者，非自成己而已也，所以成物也。”

[1]〔清〕黄宗羲：《明儒学案》卷三二《泰州学案·王艮传》，中华书局，2008年。

第三节　吃与中华文化的种种古怪

独有三脚鼎，竟无三角形

对于中华文化，三脚鼎像天一样重要。前边曾论证“民以食为天”的天就是政权，而政权用鼎来象征，企图夺取政权就叫“问鼎”。统治者历来强调“稳定”，恰好三脚鼎比四条腿的更不容易推倒。三脚鼎唯独中国有，李泽厚先生认为，三足鼎立是最稳定的结构。自然界中没有三足动物，而中国人做出了三足鼎。[1]西方历史上不见踪影，近代洋物理学家还对它的“超稳定结构”惊异不已。

对于西方文化，三角形像“地”一样根本。中学的“几何学”课第一课就讲三角形，“几何”的英文 geometry 本义是“大地测量”。公认西方文明的大厦是在“几何学”的基础上建立的。英国大哲学家罗素断言：“几何学是从自明的公理出发，根据演绎的推理前进”，就“可能发现实际世界中一切事物”。几何学最重视逻辑上一步步的推演，罗素认为，连法国的人权学说、美国的“独立宣言”，都可以从三角形起步的逻辑

[1] 李泽厚：《美学三书》，天津社会科学院出版社，2003 年。

推演出来。[1]但中华文化中竟不存在“三角形”概念，《辞源》里没有收入；直到明末，大臣徐光启（1562—1633）跟来华传教的利玛窦（1552—1610）共同翻译《几何原本》，才造了新名词“三角形”。[2]

三脚鼎、三角形都是怎么来的？为什么前者产生在中国，后者产生在西方？可能没有比这更重大的“文化公案”了。然而中外古今未见有人把这两大现象联系起来考虑，更别说提出解释。笔者能在这里说三道四，完全由于偶然从事饮食史的比较研究。

推想“三角形”观念的产生，是远古欧洲猎人受到烤肉的大“三脚架”的启发。三根长木棍上端捆在一起，下端分立，中间垂下一根长绳吊着猎物，下边烧起篝火：这是最简陋却最有效的烤食手段。这种三脚架，从各个侧面来看都是现成的“三角形”。两根木棍跟地面像三条直线，构成它的三边。从三脚架很容易抽象出“三角形”的观念。中国远古较少大兽，后来裹着稀泥“炮”鸟或小兽，三脚架没等“抽象”就失传了。中国的“三脚鼎”来自炊米，从它身上只能抽象出三个点来。你会说中国有勾股弦定理，比希腊的毕达哥拉斯定理早得多呢。发明勾股弦定理的西周人商高，先于毕达哥拉斯几百年。“勾股弦”的“弦”是虚的，实物是只有两边的“直角尺”，“直角”这词还是利玛窦编造的。

三脚鼎、三角形，共同的是“三”。差异在于一个抽象，一个具体。这个数字确实意义重大，但对“三”认识最早的还是中国古人。《道德经》第四十二章：“三生万物。”当代学者庞朴先生建构了“一分为三”

[1] [英]罗素：《西方哲学史》上册，商务印书馆，1963年，第64页。

[2] 黄河清：《利玛窦对汉语的贡献》，中国经济史论坛，2003年10月8日。

的观点体系，是中华学术的真正突破。[1]从三脚鼎抽象出“三”，这个大成就让人故步自封，挡住了分析的眼光。这个道理，可以参考《周易》的“象数关系”：从“物”抽象出“象”，又从“象”抽象出“数”。《左传·僖公十五年》：“物生而后有象，象而后有滋，滋而后有数。”三脚架、三脚鼎属于“物”；三个点、三角形属于“象”；“三”属于“数”。中国古人从“物”直接到“数”，中间的一步被越过去了。《周易》的“象”（爻、卦）哪有形象应有的直观？

“三角形”，跟圆形同是图形的元素，分别由直线、曲线构成。缺了它们哪行？原来在中华文化中，相当于三角形的是“方”形，方、圆成双配对。《孟子·离娄上》：“不以规矩，不能成方圆。”《周易·系辞上》：“圆而神……方以知。”拿“方”形当元素，洋人会认为分析得不够彻底：“方”还能再分，就是三角。两个等腰三角形拼合起来，就是个正方形。正方形分成等腰三角形，这么简单的一步，世代的华人居然没走，这说明中华文化确实有点儿缺少分析头脑。但国人长于综合，今人季羡林先生说得很通俗。他说：“西方的自然科学走的是一条分析的道路，……东方人则是综合思维方式。”[2]

语文与思维：羊皮逻辑龟甲诗

传说在三国时代，有人献给孙权一只大龟，“焚柴万车”也煮不烂，诸葛恪献计说必须烧枯桑木才行，大龟果然煮烂了，留下

[1] 庞朴：《一分为三论》，上海古籍出版社，2003年。

[2] 王岳川：《〈季羡林学术精粹〉序言》，山东友谊出版社，2006年。

个成语“老龟烹不烂，移祸于枯桑”。按，南朝刘敬叔《异苑》、明代《警世通言》卷一五曾引用。乍听之下，华人只是觉得有趣，洋人必定会感到惊奇不解：莫非吴国宫廷上下都疯了，为什么非要把可怜的老龟煮烂？辞书说“龟，泛指龟鳖目的所有成员”，而华人美食家会告诉洋人：龟鳖属于中餐美味，特别是鳖甲周围那圈黑肉最为讲究。《五代史补》记载有个馋鬼留下句名言：恨不得“鳖长两重裙”！有人会说，龟自古在华人的观念中就是神圣的，岂能被吃？这是没有熟读《诗经》。《小雅·六月》：“饮御诸友，炰鳖脍鲤。”《大雅·韩奕》：“其肴维何？炰鳖鲜鱼。”

这类中餐故事成百上千，但谈的全是现象，很少涉及所以然的道理。王蒙先生说，中华文化的最大特色若是只谈两点，当是中餐和汉字。其实饮食更重要，很大程度上影响了文字。拿常用虚字“即”“既”来看，其篆体，左边同是食具的象形；右边都是人形而方向相反：“即”是凑上前去吃，“既”是吃后背身而去。大量汉字是“吃”出来的。

“既”的篆字

“即”的篆字

洋人会说，我们西方的文字可跟吃没有关系。且慢，我说关系更大，因为涉及书写方式的中西对比。烹老龟的故事，背后的道理正在于此。西方的古文字拼写在大张的羊皮上，古汉字则刻在零散的龟甲上。肉食文化，羊皮多的是；而华人自古就有“大夫无故不杀羊”的规矩。《礼记·王制》。好容易杀只羊，毛皮还做裘衣御寒呢，哪来那么多羊皮？洋人更万万想不到鳖、龟曾是先民的主食之一：管子谈生计，频频提到“鱼鳖”，见《管子》的《八观》《水地》《山国轨》等篇。简直跟畜牧文化的牛羊类似。孟子还拿“鱼鳖”跟主食谷子并提，其“不可胜食”（吃不完）成了生活富足的理想。《孟子·梁惠王》。

西方古人用羽毛笔蘸墨水，下笔千言挥洒自如，而龟板或竹简一片写不下多少字，自然得省就省。被省的往往是表示语法关系的虚字，这可能导致了古汉语没有语法，直到清末才有马建忠仿照英文编写的《马氏文通》。古希腊的亚里士多德留下的《全集》，[1]卷帙浩繁（新译本整十大册）、推理缜密，而一部《论语》，据杨伯峻先生说，“几乎每一章节都有两三种以至十多种不同的讲解”[2]。近年有些语言学家提出上古汉语像大多数语言一样也有复辅音，被定为“孤立语”的汉语曾经有过“曲折语”的形态变化，令人猜想后世趋于简单，也是书写不便的限制使然[3]。

语法是古希腊四大学科之一，跟逻辑并列。严格地说，中华文化中本来没有“逻辑（logic）”，以致难以接受音译的汉语竟引进了这个洋词。西方的思想方法是用“逻辑”来一步步演绎，中间每个环节都明明白白。华人则不同，例如“春江花月夜”一连五个名词，没人嫌其互相之间毫无语法关系，反而觉得非常优美而有诗意。所以辜鸿铭断言汉语是“一种诗的语言”[4]。

逻辑学家金岳霖先生曾根据“金钱如粪土”“朋友值千金”两句谚语推导出“朋友如粪土”的惊人判断，以表明华人不重视逻辑。[5]可惜他没想到美味“鸡肋”，从《三国志》中的“食之无所

---

[1] 苗力田主编:《亚里士多德全集》，中国人民大学出版社，1990～1997年。

[2] 杨伯峻:《论语译注》序言，中华书局，2006年。

[3] 参阅金理新:《上古汉语形态研究》，黄山书社，2006年。

[4] 辜鸿铭:《中国人的精神》，海南出版社，1996年，第101页。

[5] 金岳霖:《哲意的沉思》，百花文艺出版社，2000年。

得（无肉）”变为成语说的“食之无味”，竟然从来没人发现其荒谬。《论语》说孔夫子对吃特别讲究，“食不厌精，脍不厌细”；《论语·乡党》。反过来他又教导弟子说“耻（于）恶衣恶食者”不值得搭理。《论语·里仁》。这类看似自相矛盾之处，可能都跟文字省略有关。

为何中华文化崇尚黄色?

20 世纪中期中国“红”成一片，新时期开始淡化，代之而起的是“黄”色的流行——然而绝不是传统色彩的回归，相反是民族文化的自我亵渎——黄从历史上的神圣象征，变成淫邪的标志。

有无数条强大的理由让华人的祖先选中了黄色。你我是“黄种人”，国学大师刘师培（1884—1919）就曾拿这作为崇尚黄色的理由。他说中国“古代人民悉为黄种”，因此崇奉黄色。有人说按颜色分人种并非传统观念，那么，他提出“黄帝”该算理由吧？“黄帝者，犹言黄民所奉之帝王耳。”[1]传统上可做依据的理由还有以下几条。

其一，农耕文化最珍视土地，而先民务农于黄土地带。《说文解字》就用土地解释黄色。《说文》：“黄，地之色也。”《淮南子·天文训》：“黄者，土德之色。”其二，华夏之民因相信自己居于中心而自称“中国”，恰好黄色在色谱上居于从红到蓝的中间段，所以黄为“中”的颜色。王充《论衡·验符篇》：“黄为土色，位在中央。”其三，

[1] 刘师培：《古代以黄色为重》，《刘师培史学论著选集》，上海古籍出版社，2006 年。

儒家崇尚“中庸”哲学，认为黄色能体现“中和”的美德。《白虎通·号》：“黄者，中和之色，自然之性，万世不易。”《周易·坤卦》：“君子黄中通理，……美之至也。”朱熹注：“黄中，言中德在内。”其四，以音乐（声律）、天文等重要文化项目来解释：“黄钟”是最响亮的标准音；《吕氏春秋·适音》：“黄钟之宫，音之本也，清浊之衷也。”陈奇猷校释：“黄钟即今所谓标准音。”“黄道”即地球上所见的太阳运行轨道，“黄道吉日”是光明吉庆的象征。

最有力的是“五行学说”对以上各项做出的权威总结：中华文化以“土”为核心，恰好对应着“五方”（东西南北中）中的“中”方，“五帝”中的“黄”帝，“五色”中的“黄”色，“五虫”（动物）中的人，“五音”中的“宫”声……《礼记·月令》：“中央土，……其帝黄帝，其神后土。其虫倮（中国古人把动物分为‘五虫’，如鸟为羽虫、鱼为鳞虫，人为倮虫，即裸虫），其音宫，律中黄钟之宫。其数五。其味甘，其臭香。”这段话末尾更添几“黄”：天子的车要驾黄马，插黄旗，穿黄衣，戴黄玉。《吕氏春秋·季夏纪》：“天子……载黄旂，衣黄衣，服黄玉。”这就是帝王专用黄色的由来。

饮食的主题要求本书必须用吃食来解释“黄”的神圣。以上引文用“五行”系列提到“味甘”“臭（气味）香”，指的是雅称“黄粱”的黍米，平民吃的小米实际是灰黄色的。为弄清这个疑问，笔者去粮食市场向老农请教，才兴奋地得知：灰黄小米是脱了壳又多次去糠的细米，旧时舍不得去糠，颜色恰是正黄。这才明白为什么古书里的“脱粟”反而是粗米。《史记·平津侯传》形容简朴，说吃的是“脱粟之饭”，《史记索隐》解释说：“才脱壳而已，言不精也。”辞书早就明言：黄色本身就有“粟黄”之称。

“黄色”天经地义地是中国文化的象征。然而有些过左的宣传仍然说“黄色是西方资产阶级腐朽文化”的谬论，过左的“扫黄”中还闹出“夫妻看黄碟被捉”的丑闻。不管出于什么用心，口称“弘扬传统文化”，却用黄色代表淫秽，实属“往祖先头上扣屎盆子”。更何况所谓“西方”云云，本是毫无根据的。英文中黄色（yellow）不可表低俗。例如官办的假工会叫“黄色工会”。而蓝色（blue）才兼表淫秽。《英汉双解词典》有“blue movie”（蓝色电影）条目，解释是 a movie film about sex，esp. one that is shown at a private club。（在私人俱乐部里放映的关于性事的影片。）汉语解释就是“色情电影”。

“万本位”来自谷穗，“千本位”来自羊群

听当翻译的熟人说，同步翻译最怵头的就是碰见大数目字。汉语说一万，得换算成“十千”，洋人说“千千为百万”（thousand times thousand are million）。中文报纸引用西方通讯社的报道说游行者“数以千计”，可能是以万计。洋人用的是“千本位”，华人用的是“万本位”。“百”的基数中西相同，大数的计数，西人是百万个百万为 billion（兆）；华人是万万为亿。

银行存折上的金额，倒数每隔三个零，中间就加个逗点，当过会计的老人都记得，先前可是隔四个零加逗点的。1952 年宣布改变时，报纸解释说是为了计数便利，人们纳闷儿，怎么更麻烦了？用今天的话说就是“与国际接轨”。

专家说人类从使用石器的“穴居时代”就会计数，[1]那时只有数小数目才有需要。要形成“大数”的概念和词语，必须从客观现

[1]［英］巴特沃思：《数学脑》，东方出版中心，2004 年。

象中得到启发。从象形文字来看，“万（萬）”的字形来自蝎子，道理是它的生育是母体“爆炸”后涌出小蝎一片。“不计其数”太过模糊，生活实践中应该有精确点儿的启示。最重要的实践是吃。笔者从唐诗“春种一粒粟，秋收万颗子”中得到灵感，大胆假设华人“万”的观念来自谷穗，这当然要像胡适先生说的那样得“小心求证”。

一个谷穗到底长着多少粒谷子？问过几位农学专家，都说不上来。还得感谢互联网，经过大半天的“打捞”，获得的结果使笔者不禁惊叹：每个谷穗上有小穗约 100 个，每个小穗约有 100 粒，每穗总粒数恰好约 10000 粒！据农业网：粟穗棒型，长 25 cm，穗粗 4 cm，由“小穗”90 多个组成，穗粒总数约 10000 粒！鉴于“孤证不立”的学术规矩，笔者继续寻求佐证，几年后终于找到哲学家朱熹权威的判断：一个

谷穗。小穗累累，谷粒颗颗，足有上万之数

谷穗一百粒。《朱子语类》卷九四："穗有百粒。""粟，一穗百粒。"[1]他说的"穗"应当指小穗，因为百粒谷子才一丁点儿，整个谷穗半尺长呢。

这个想头另有重要理由，是在计量单位的由来方面。计量对于文明发展是至关重要的。美国历史学家黄仁宇无比重视社会的"按数量管理"。[2]中华文化的计量观念，归根结底，都以黍米为出发点。汉朝的官阶就用粟（俸禄）的多少来称呼，例如太守为"二千石（担）"，丞相为"万石"。《汉书·百官公卿表》。20世纪50年代初，工资标准还是按小米来折算的。

中华传统文化中，长度、音乐以及天文历法，概括为同一个名词，都属"律历"。《汉书·律历志》明确记载，度量衡的最小单位都是根据黍米粒来制定的，各级长度单位都是一粒中等大小的黍米直径的倍数。[3]一个黍粒的直径是一分，十个为一寸。《汉书·律历志》："度者，分、寸、尺、丈……一黍之广……为一分，十分为寸，十寸为尺，十尺为丈。"可以说中国文化是建立在黍米、粟米基础上的。

对照西方，英语度量的基点"英尺"跟"脚"是同一个词（foot，多数为feet），猜想这是因为打猎追野兽靠脚跑路。有人说，你得证明洋人的"千本位"也是从食物来的才行。西方游牧文化有什么大数目可数呢？西方常用"数羊"的谚语形容失眠，如人们常说："睡不着可以数羊；还睡不着就数羊腿；再睡不着，就只有数羊毛了。""千"的概念可能跟羊相关？查阅西方文化的经典《圣经》，得到了证实，

---

[1]〔宋〕朱熹：《朱子语类》卷六五，中华书局，1986年。

[2]〔美〕黄仁宇：《放宽历史的视界》，中国社会科学出版社，1998年。

[3] 吴承洛：《中国度量衡史》，商务印书馆，1937年。

最早的“千”就是用在羊群的计数上的。《旧约·撒母耳记上》:“在玛云有……一个大富户,有三千绵羊,一千山羊。”参照中国史料:《汉书·卜式传》说,卜式以畜牧为业,有羊“千余头”。

关于西方“千”的具体由来,也提个假说:一个大羊群有羊大约百只,一个部落能放牧10个羊群。笔者对西方文化了解很少,查到的材料只能供初步参考。美国名著《晨星之子》(*Son of the Morning Star*)(卡斯特将军传记)中记述,印第安人部落联盟的羊群有羊5000只,假定为5个部落,则各有羊1000只。

求解筷子由来之谜

网上竟有人说“用筷子吃饭是不文明的表现”。岂知日本学者有“箸文化圈”的提法,认为比“汉字文化圈”更广泛;科学家李政道说筷子深含哲理,华人的聪明跟它有关。年轻人以为餐叉先进,然而洋人使用餐叉是很晚的事。1611年,托马斯(Thomas Coryat)才从意大利把餐叉带到英国。[1]有教士说,用叉子取饭,那上帝给我们手指头做什么用?保守的英国女王直到18世纪才学会拿叉子就餐。

筷子古称“箸”。大连有规模可观的“中国箸文化博物馆”,附设研究所,笔者应邀参与研究时,总结性的专著已经问世,但其中有个重大空白:为什么只有华人用筷子?

游牧者腰间带着匕首,是武器也是餐具,随时用来割肉吃。我

[1] 王天佑主编:《西餐概论》,旅游教育出版社,2005年,第3页。

们的祖先也曾带着“匕”（至今小尖刀还叫“匕首”），那是最早的餐具，后来肉少了只有肉羹，“匕”就演变成羹匙（从匕）。“匕”与后来的“箸”连用叫“匕箸”，是取食餐具的总称。清代“类书”《古今图书集成》还把筷子归入“箸匕”类中。刘备“闻雷失箸”的掌故，《三国志》的原文是“失匕箸”。《蜀书·先主传》。《红楼梦》里筷子跟“匙”（匕的别名）形影不离。第五十九回说：“将黛玉的匙、箸用了一块洋巾包了。”“箸”是“箸”的变体。

最早的匕是骨头做的长舌形薄片，前部边缘有钝刃。出土于裴李岗遗址（距今约 8000 年）。[1] 这种构造能拨饭也能切割食物。“粒食”最早的吃法是煮成稠粥，吃起来要半舀半拨，带凹形的匕最方便（后来独立成汤匙）；煮肉比烤肉软烂，用钝刃的匕切割就行。这种多功能的餐具以西周流行的青铜匕（“尖叶形匙”）为典型。[2] 拨饭、舀羹、切肉三种功能由同一用具来行使，最能适应粒食初期的需要，这样就解开了“三物同源”之谜。

另一方面出现了小型的碗。《说文解字》里还没有“碗”字。“饭碗”是华人的命，但西方有碟无碗。碗柜，英文 cupboard 意思是“碟柜”。从功用看，碗跟筷子堪称“一丘之貉”，搭档着把饭送到嘴边、拨进口里。“饭羹搭配”格局形成后，匕就失去用处，它退出舞台是必然的。筷子结构极其简单而功能极其齐全，用一只手操纵两根棍儿，属于高难技巧，至今小孩儿也需练习很久才能掌握。要成为全民习惯，显然需要过渡时间。匕、箸的并提，可以用一定的推行过程来解释。

---

[1] 刘云主编：《中国箸文化大观》，科学出版社，1996 年，第 40 页。

[2] 同上，第 35 页。

探究筷子的由来，有个关键事实：“箸的出现要晚于餐匙。”[1]于是就有一大疑问：用“匕”既能割肉又能拨饭，又演变出舀羹汤的匙，取食的用具已很完备，何必再发明更为简陋的筷子？

值得注意的是，箸有别名“梜”（也作“筴”），带个“夹”字，看来起初曾用现成的枝杈做夹子，从热鼎羹中夹取小块食物。欠灵活的树杈难以应付频繁的需要，试用两手各执木棍“互动”吧，又会遇到操纵上的更大困难。推想经过具有明确目标的长期摸索，箸才终于出现。对此，要做“可行性”及“必要性”两方面的分析。

羹的本义是煮熟的肉，肉料极稀罕，反而变成菜羹的调料。为使肉的调味功用充分发挥，需要先行细切，《礼记·内则》说肉必须“薄切之”。材料切成小块了，筷子的运用就有了可行性的前提。更关键的是必要性。笔者曾研究“尊老”文化史，也许因为视角特殊，故能提出新说：为了保证老家长的寿康，“养老”礼仪强调要保证平民老人也能吃上肉，这方面有些记载很惊人。仅从《孟子》举两点。《尽心上》：“……导其妻子，使养其老。五十非帛不暖，七十非肉不饱。……文王之民，无冻馁之老者。”《梁惠王上》：“鸡豚狗彘之畜，无失其时，七十者可以食肉矣；……数口之家可以无饥矣。”可以看出，老人的“食肉”甚至要压倒孩子的“不饥”。

羹里少量的肉块必须择出来给老人享用，因而很需要一种能够选取小块食物的用具。以上只是推论，当然更要找到直接的记述。研究者翻遍古文献，关于箸的使用只有一句，就是《礼记·曲礼上》说的“羹之有菜者用梜，其无菜者不用梜”。至于何以只是吃

---

[1] 刘云主编：《中国箸文化史》，中华书局，2006年，第47页。

有菜的羹才许用筷子，历代注释者没人讲得合乎情理。

唐代孔颖达有半句具体的解释：羹里“有菜交横，非梜不可”。接着说没菜的羹直接拿嘴嘬就行。“无菜者，谓大羹湆也，直歠之而已。”“湆”即肉汁，“歠”为“啜”的别体，意为吸咂。贾公彦注《仪礼·士昏礼》曰“啜湆咂酱”。这只是把“‘无菜’之羹不用箸”的理由交代清楚了，至于一般“有菜交横”的羹，还是不通。“有菜交横”当是整棵菜，西餐烹饪才那样做。林语堂在《谈中国人的吃》中说过，那是洋人不懂调和的表现。中餐的肉菜都得细切，好跟细碎的主食配合。笔者认为《礼记》的原文只能有一种理解，即“用梜”的目标物乃是羹里的小肉块——择出来给老人吃。箸文化博物馆的刘云馆长告诉笔者，关于筷子由来的这一观点受到美国一位人类学家的激赏。

宋代文化中心转向多水的南方，船民为避讳“住”（箸），代之以反义的“快”（筷），显示筷子与语言相关。进一步琢磨，用筷子拣取，伴有“指示”的先行动作及“夹着了”的后续动作，因而笔者曾经用文字学方法，通过“箸”跟“者”（指示代词，唐代始有“者个”，后变为“这个”）、“着”（动词完成式，同“著”）的相通，试着论证筷子对汉语语法的影响。[1]

“假谦虚”是饿出来的

近代接触了西方文化的知识者，稍加比较都会发现中华文化的

[1] 高成鸢：《箸的中国“粒食文化”背景及其超饮食的文化意义》，《饮食之道——中国饮食文化的理路思考》，山东画报出版社，2008年，第275页。

饥饿背景。第一代白话散文作家夏丏尊说，中国人“两脚的爷娘不吃，四脚的眠床不吃”，可见“都从饿鬼道投胎而来”。夏丏尊《谈吃》。[1]古书里描写上古圣贤，神农、尧、舜，都是一副饿鬼尊容。《淮南子·修务训》：“神农憔悴，尧瘦臞，舜霉黑。”关于“饿鬼”的说法当时很流行，周作人就曾引用过。《知堂谈吃·三顿饭》。林语堂说：“出于爱好，我们吃螃蟹；由于必要我们又常吃草根。”《中国人的饮食》。台湾的张起钧教授说，洋人嘲笑华人穷得连猪羊的杂碎都吃，他们不懂对“杂碎”美味的欣赏是饿出来的。[2]

饥饿不但造就了中华文化，也造就了华人的心性，就是鲁迅说的“国民性”。看得最清楚的只能是洋人，鲁迅也信服这一点，所以他临死前写的短文里还念叨：快把一本叫《支那人气质》的洋书翻译过来。《“立此存照”（三）》：“我至今还在希望有人翻出斯密斯的《支那人气质》来。”[3]后来国人只顾打内战，接着是一味“民族自豪”，那书直到近年才问世，题为《中国人的性格》。这类书出了不少，其中共同的部分，都公认中国人“心口不一”。这种种表现，最恰当的概括就是“假谦虚”。可以概括《中国人的性格》一书中的“保全面子、讲究礼貌、易于误解、拐弯抹角、缺乏诚信”等章节。

柏杨在《丑陋的中国人》一书中说道，某领导请某人上台演讲，他不住地推辞，这时你不硬请他上去，他会恨你一辈子！外国人都对中国人的假谦虚、客套、含蓄不理解。[4]另一位洋人的书叫《中国人脸孔的后面》，*Beyond the Chinese Face*，或翻译成《难以捉摸的中国人》。

---

［1］ 夏丏尊：《谈吃》，聿君编《学人谈吃》，中国商业出版社，1991年，第7页。

［2］ 张起钧：《烹调原理》，中国商业出版社，1985年，第128页。

［3］ 杨义选评：《鲁迅作品精华》（第三卷），生活书店出版有限公司，2014年。

［4］ 柏杨：《丑陋的中国人》，时代文艺出版社，1987年。

书里写道，人们用些客气的谎话，以便有效地回避矛盾。[1]“假谦虚”绝不等于欺诈，其出发点是为了讨好别人，但在洋人看来有害而无益。

华人这种古怪的“善意虚伪”是从哪儿来的？是饿出来的。人最基本的行为是吃，老人教育孩子懂礼貌，常在饭桌上絮絮叨叨：要“吃有吃相”！“吃相”就是“礼貌”的出发点。《礼记》里专给后生们讲规矩的一章就叫《曲礼》，说的大半是“进食之礼”。其中规定了十来条，都属于“共食”的行为准则，细节大多是为了限制食量和吃的速度，强调谦让，避免“争饱”。下边分别来看：

规矩叮嘱人们不许吃饱。“共食不饱。”不许把饭翻动起来，那显得想让饭凉下来好快吃。“毋扬饭。”孔颖达疏：“饭热当待冷，若扬去热气，则为贪快，伤廉也。”不许把米饭聚成一团来取食，以免“不谦”。“毋抟饭。”郑玄注：“为欲致饱，不谦。”孔颖达解释说：“取饭作抟，则易得多，是欲争饱。”吃黍米饭不许用筷子，只许用手抓。黍饭是黏的，烫手，手抓就得等饭不烫，用筷子则有急切之嫌。“饭黍毋以箸。”清代学者的解释是“欲食之急，故不俟其凉，而以箸取之”。

更有甚者，有“三饭”之说，竟提倡做客时吃少许饭就要声称饱了，等主人劝才可再吃些。孔颖达疏释《曲礼》的“三饭”说：“谓三食也。《礼》食三飧而告饱，须劝乃更食。”有人解释成只吃三口饭就喊饱，《大戴礼记》贾公彦疏曰“一口谓之一饭”。[2]尽管对“三饭”有多种解释，无论如何，等主人来劝才吃，已远超出合理的谦让。

---

[1]〔英〕彭迈克（Michael Harris Bond）著、杨德译：《难以捉摸的中国人》，辽宁教育出版社，1997年，第65页。

[2]〔清〕孙希旦：《礼记集解》，中华书局，1989年，第55页。

这种古怪的礼仪，只能用长期而普遍的食物匮乏来解释。荀子讲“礼”的原理，说礼就是“养”，是为了避免“争则乱”。前引《荀子·礼论》。所有的礼仪，原理都跟吃饭一样。《曲礼》本身就总结出来了：“夫礼者，自卑而尊人。”

《曲礼》的“食礼”还有一条值得深思：不许嘬骨头。“毋啮骨。”什么道理？《礼记正义》的作者、唐代的孔颖达最能“深入领会”：怕被怀疑“嫌主人食不足”而拿骨头解饱。《礼记正义》：“嫌主人食不足，以骨致饱。”华人招待客人拼命“劝菜”，办酒席满桌堆砌，严重浪费，道理仍然是——饿出来的。

夏丏尊说，别的民族见面问早安、晚安，中国人见面问：“吃了早饭没有？吃了晚饭没有？”意思是饿了我肯管顿饭。真要赖着不走，主家心里会恼其“蹭饭”（居然有这种专用词），例句就免了，太难为情。

后　记

本书是我自己认可的饮食文化研究成果，二十多年探索的结晶。当年的同道，个个著作等身，而我则专门探寻缤纷现象背后的唯一“理路”。我以前的论著都是这部专著的完善过程：1. 2008年，山东画报出版社，《饮食之道——中国饮食文化的理路思考》，是十多年间论文的首次结集；2. 2011年，紫禁城出版社，《食·味·道：华人的饮食歧路与文化异彩》，是本专著的草创本；3. 2013年，香港三联书店，《从饥饿出发：华人饮食与文化》，是前书的改写洁本、问世在先的繁体版。本书则是香港三联版的简体字本，又经过再度修改及生活书店的精编。前三种书都不会再版。

前面的《前言》写于香港繁体版再修改完成之时，在等待出版中不觉又过去四年。其间世情速变，最早由我阐发的很多事、理，如今在网上流传时都被当作古人的常识，因此有必要做些补充说明。

1991年，盛大的“首届中国饮食文化国际研讨会”在北京举行，“饮食文化”在人类历史上空前发声。大会的文件袋中分装着当期的《中国烹饪》月刊，恰好首篇文章就是我的“敲门砖”，主题是中华尊老传统与中餐美食的关联。我在尊老课题的研究中突然旁骛于饮食史，犯了“不博二兔”的戒条；这里说说我的遭遇。大会开幕当晚进入餐厅时，猛然见到门楣横幅上写着“鸢飞”二字；鄙名“鸢”字中的“弋”（牵出了本书中的疑谜）是带丝线的，会限定飞的高度；这似乎昭示了华夏饮食“歧路”课题潜涵着难解的纠结——意义越重大，越是不获认同。中餐美味是饿出来的，中华文化是吃出来的。我的这个观点体系注定会受到现行学科系统和学术生态的排拒。

那次盛会使众多学科的人士聚集一堂，俨如“新学界”形成，但闭幕后立即消散，剩下以烹饪教育人士为主的少数研究者，默默耕耘。后来我在一篇论文（《论饮食文化在世界学术体系中的地位》）中揭示出难堪的事实：包罗万象的“饮食文化”书刊，在《中国图书馆图书分类法》中的位置竟然跟理发、制扇等“杂工艺”并列。这引起同道们的强烈共鸣，因此都以我为友。最活跃的赵荣光教授曾与我深度交流，后来他肇始了设立“食学”的宏图：与泰国公主共同发起“亚洲食学论坛”并任主席，年度盛会已扩大到二十多国，然而影响仍然难以超出圈外。我则试图借助“中华文化始于饮食”的论证，从另一端打通与“公共学术”之间的壁垒。

提出这类重大问题，自身必须具有相当的学术声望。当年我之所以产生奢望，除了对理由的坚信，也出于对本人成就“增速”之虚妄的预期。一时的顺境使我忘乎所以。这里不得不说说：那十年间我怎样遇到意外的幸运，接连获得哪些“声望”。

我偶然从《礼记》中发现“尚齿”课题的空白，1992年小书出版，贸然寄给大学者庞朴先生，回信称许为“存亡继绝，功德无量”[1]；持书谒见季羡林先生，他推荐我参加“东方伦理国际研讨

[1] 原件收藏备核。

会”[1]，引起韩国学者的重视，因而做客于该国“成均馆”（儒教最高机构）[2]；研讨会论文《“尚齿”（尊老）：中华文化的精神本原》在张岱年大师主编的一级学刊发表，被置于邓广铭、庞朴等名家之前[3]；承担 1994 年史学课题，成果鉴定组以国家社科基金“哲社类”召集人罗国杰先生为首，史学名家张岂之先生、来新夏先生等七位评委都给以较高评价[4]；专著《中华尊老文化探究》1999 年在中国社会科学出版社问世，有幸成为中国社会科学院“建国 50 周年献礼图书”[5]；长篇《引言》在《中华读书报·文史天地》周刊头篇刊出[6]，部分章节在《中国哲学史》学刊发表[7]。

当年我同时研究“孪生”两课题时，季羡林先生并不反对，还鼓励为“一家之言”，并嘱我把新成果寄给他的老友、台湾史学家、美食家逯耀东教授，还把地址写在我的笔记本上[8]；不久张岂之先生就来信约我为他主编的《华夏文化》撰写关于中国饮食之“道”的文章[9]；只是庞朴先生，在送我离开他家时突然问到我的年纪，得知我将近六十岁时，他露出失望而同情的神色。回味起来，可能

[1] 与季羡林先生同戴会议代表证，合影于会场。

[2] 高成鸢：《访问韩国“国子监”观感》，《道德与文明》（中国伦理学会会刊），1994 年第 5 期。

[3] 《传统文化与现代化》，1996 年第 4 期。

[4] 高成鸢：《中华尊老文化探究》，附录二《国家课题‘中华尊老传统的历史原委’鉴定摘要》，中国社会科学出版社，1999 年，第 412～413 页。

[5] 《我院推出 53 种图书向祖国母亲寿辰献礼》，《中国社会科学院通讯》，1999 年 9 月 21 日第 2 版。

[6] 高成鸢：《从狮身人面兽说到老龙——〈中华尊老文化探究〉引言》，《中华读书报》，1999 年 10 月 27 日。

[7] 高成鸢：《中国尊老文化的伦理学与哲学》，《中国哲学史》季刊，1997 年第 2 期。

[8] 原件收藏备核。

[9] 高成鸢：《中国烹饪之道》，《华夏文化》，1994 年第 5、6 期合刊。

跟他对“学术生态”变化的预感相关。

人事代谢，老一代学者惠予我的顺境，如今已不可想象。我只是个图书馆“研究馆员”，今天会被认为缺乏学术“资质”，连我自己也只看得起“博士生导师”。我意外获得的中国烹饪协会、世界中餐业联合会“文化顾问”等名衔，在学界只能加深反面印象。但我只有庆幸：从尊老研究中跌入“中华烹调”这一暗堡，使我有幸发现它最深层掩盖的宝匣，其中藏着“‘水火’范畴”——中华文化的密码。

我把新发现写成哲学论文时，才知道很难公之于世（后来发表于标榜创新的学刊[1]），一位熟识的学刊主编告诉我：“因为尊文涉及自然科学。”去年我以此题参加中央文史馆的“国学论坛”，发现老者较能容忍较大的创新。我对因“献玉”而致残的卞和有了新的感悟，他貌似犯贱，其实是舍命于价值认同的诉求。本书中的大量新异观点是否属于浅薄者的哗众取宠，可期待广大读者中的有识之士参与评定。

编辑希望获得著名学者与专家王学泰先生、赵荣光先生的推荐，两位老友闻知，都惠予应允，我在此深致谢忱。

末了还有些情况需要说明。本人曾坚持采用中华传统的“小字夹注”形式（优于数码上下对应），但因无人接受而使初稿延迟问世，后来香港三联书店李安副总编毅然认可；由她荐给北京三联分社生活书店又获采纳，可能成为传统复兴的范例。改题为“十一讲”是出于郑勇总编之意，原题的“冲击力”虽有所内敛，却能体

[1] 高成鸢：《“水火”范畴是中华文化的轴心——兼论“阴阳”的归纳、“格物”的诠释》，《社会科学论坛》，2014年第8期。

现对本书学术成熟性的认同；曾主《读书》杂志笔政的郑先生有足够的资望。

多年前本书初稿曾在三联遭拒，或许碍于大社编辑部特有的分工，那时的“生活编辑部”无法处置跨学科专著。“生活书店”恢复后，这一难题“不幸”落在责编廉勇先生身上：书中比一般专著引据远为广泛，但社方对严格到标点的规范不能含糊；本人对引文并未一一核查，致使廉先生代我受累，以至“受过”。他付出的心血之巨或许没有哪位责编所曾经受，非我一句“感谢”可以带过。但愿这是他为学术与“生活”结合立下的殊勋。

2017年4月25日